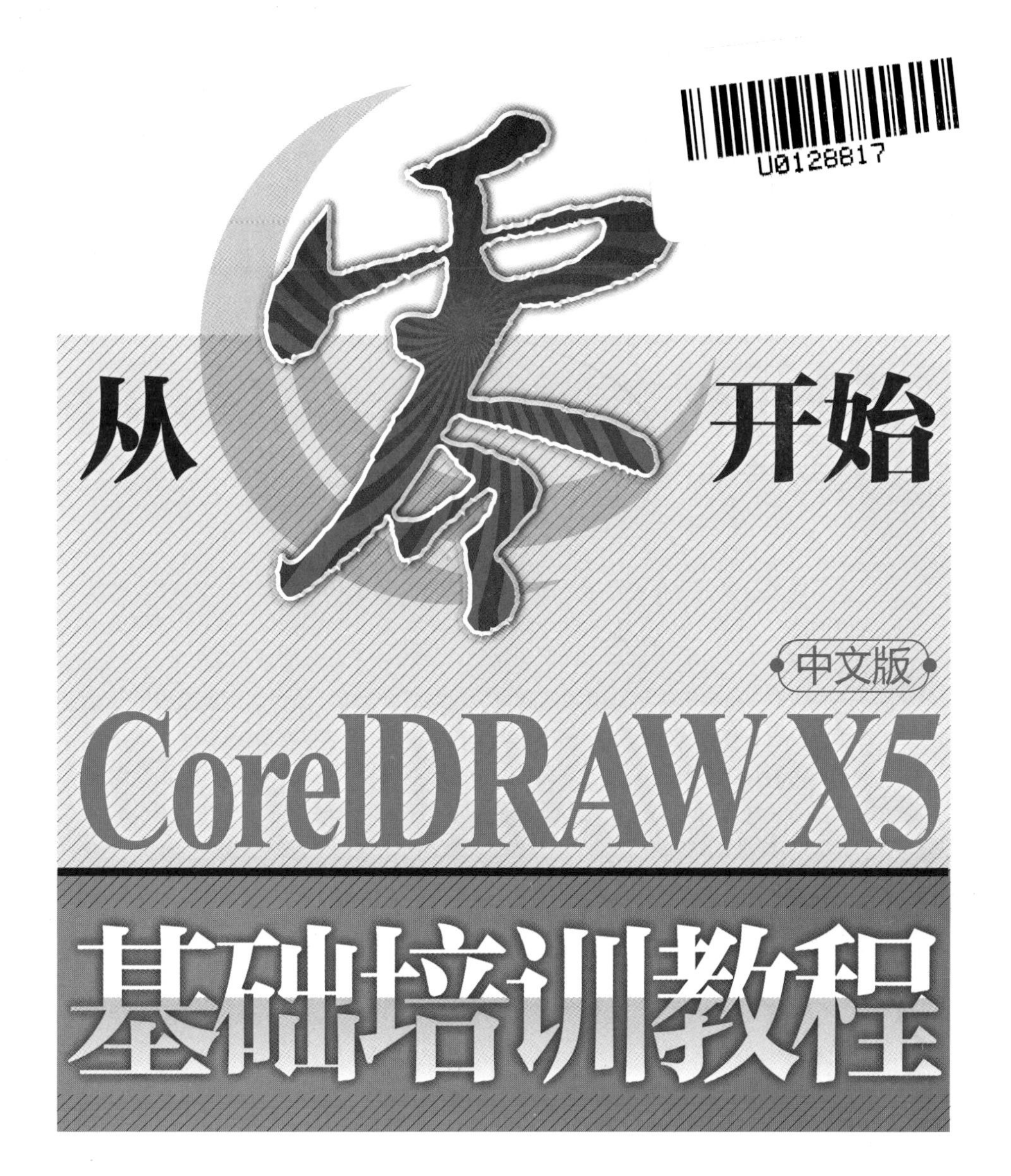

老虎工作室

郭万军　崔建成　李辉　编著

人 民 邮 电 出 版 社

北　京

图书在版编目（CIP）数据

从零开始：CorelDRAW X5中文版基础培训教程 / 郭万军，崔建成，李辉编著. -- 北京：人民邮电出版社，2012.3
ISBN 978-7-115-26649-1

Ⅰ. ①从… Ⅱ. ①郭… ②崔… ③李… Ⅲ. ①图形软件，CorelDRAW X5－教材 Ⅳ. ①TP391.41

中国版本图书馆CIP数据核字(2011)第266988号

内 容 提 要

本书通过命令讲解与实例结合的形式系统地介绍了CorelDRAW X5软件的基本使用方法和技巧，通过案例的练习，读者可以在较短的时间内熟练掌握该软件的使用方法。为了使读者对每一章的学习内容能够融会贯通，本书在每章最后还精心安排了课后作业，以加深读者对所学内容的掌握。

另外，本书所有操作实例用到的素材、制作结果、部分插图的彩色效果以及课后作业实例的动画演示文件等内容，可以到天天课堂网站下载。

本书内容详实，图文并茂，操作性和针对性都比较强，适合从事平面设计的专业人士和电脑美术爱好者阅读，还可作为高等院校相关专业师生的教材使用。

从零开始——CorelDRAW X5中文版基础培训教程

◆ 编　著　老虎工作室　郭万军　崔建成　李　辉
责任编辑　李永涛
◆ 人民邮电出版社出版发行　北京市崇文区夕照寺街14号
邮编　100061　电子邮件　315@ptpress.com.cn
网址　http://www.ptpress.com.cn
北京精彩雅恒印刷有限公司印刷
◆ 开本：787×1092　1/16
印张：9.75
字数：211千字　2012年3月第1版
印数：1-4 000册　2012年3月北京第1次印刷
ISBN 978-7-115-26649-1

定价：29.00元

读者服务热线：(010)67132692　印装质量热线：(010)67129223
反盗版热线：(010)67171154
广告经营许可证：京崇工商广字第0021号

老虎工作室

主　编：沈精虎

编　委：许曰滨　黄业清　姜　勇　宋一兵　高长铎
田博文　谭雪松　向先波　毕丽蕴　郭万军
宋雪岩　詹　翔　周　锦　冯　辉　王海英
蔡汉明　李　仲　赵治国　赵　晶　张　伟
朱　凯　臧乐善　郭英文　计晓明　孙　业
滕　玲　张艳花　董彩霞　郝庆文　田晓芳

关 于 本 书

Corel公司推出的CorelDRAW软件是集矢量图形绘制、印刷制版和文字编辑处理于一体的平面设计软件，自推出之日起一直受到广大平面设计人员和电脑美术爱好者的喜爱。最新的CorelDRAW X5软件，不仅保持了以前版本的超强功能，而且在图形的绘制和编辑功能方面又有了较大的改进，进一步巩固了它在图形、图案设计等领域的重要地位。

内容和特点

本书以基础命令讲解结合典型实例制作的形式，详细讲解了最新的CorelDRAW X5软件的使用方法和技巧。针对初学者的实际情况，本书从软件的基本操作入手，深入浅出地讲述软件的基本功能和使用方法。除每章的综合案例外，本书在每一章的最后还都给出了课后作业，以加深读者对所学内容的掌握。另外，在讲解命令对话框时，除对常用参数进行详细介绍外，重要和较难理解的地方将以穿插实例的形式进行讲解，使读者达到融会贯通、学以致用的目的，并在较短的时间内全面地掌握CorelDRAW X5的基本用法。

全书共分8章，各章的主要内容如下。

- 第1章：基本概念与文件基本操作。主要介绍学习CorelDRAW软件的有关平面设计基础知识，并对CorelDRAW X5软件的工作界面作简单介绍，然后对文件的基本操作作详细的讲解。
- 第2章：页面设置与基本绘图工具。介绍页面添加、删除及设置背景的方法以及基本图形绘制工具、挑选工具及填充色和轮廓色的设置方法等。
- 第3章：线形、形状和艺术笔工具。介绍各种线形的绘制方法及调整图形形状的方法以及艺术笔工具的灵活运用等。
- 第4章：填充、轮廓与其他编辑工具。介绍图形的特殊填充和轮廓笔工具，并对其他编辑工具进行讲解。
- 第5章：效果工具。介绍为图形添加调和、轮廓、变形、阴影、立体化及透明等特殊效果的方法。
- 第6章：文本和表格工具。介绍各种文字的输入方法、编辑方法及绘制表格和进行编排等操作。
- 第7章：常用菜单命令。介绍CorelDRAW X5软件中的常用菜单命令，主要包括辅助线的添加与应用及添加透视和图框精确剪裁等命令的使用。
- 第8章：位图特效。介绍位图菜单中位图的转换与编辑及滤镜命令的功能。

读者对象

本书以介绍CorelDRAW X5软件的基本工具和菜单命令操作为主，是为将要从事图案设计、地毯设计、服装效果图绘制、平面广告设计、工业设计、室内外装潢设计、CIS企业形

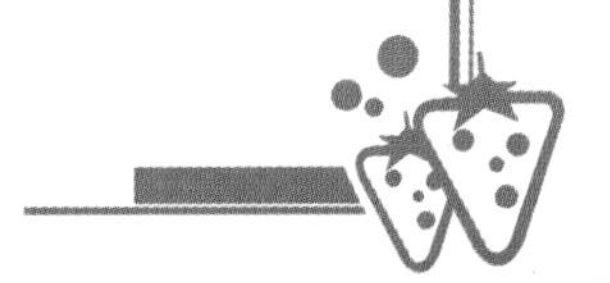

象策划、产品包装造型设计、网页制作、印刷制版等工作的人员及电脑美术爱好者而编写的。本书可作为CorelDRAW培训教材，也可作为大中专院校学生的自学教材和参考用书。

配套资源内容

为了满足培训的需求，我们为本书提供了配套资源文件，包括每章的PPT课件、重点案例的视频讲解（.avi）以及书中实例讲解中所用的图片和最终效果。读者可以到天天课堂网站（http://www.ttketang.com）上调用和参考这些文件。

1. “图库”目录

该目录下包含8个子目录，分别存放本书对应章节中图例及范例制作过程中用到的原始素材图片。

2. “作品”目录

该目录下包含8个子目录，分别存放本书对应章节中范例制作及课后作业的最终效果。读者在制作完范例后，可与这些效果进行对比，以查看自己的操作水平。

3. “avi”视频文件

该目录下包含8个子目录，分别存放本书对应章节中课后作业案例的动画演示文件。读者如果在制作课后作业的案例时遇到困难，可以参照这些演示文件进行操作。

感谢您选择了本书，希望我们的努力对您的工作和学习有所帮助，也请您把对本书的意见和建议告诉我们。

老虎工作室网站 www.laohu.net，电子函件ttketang@163.com。

老虎工作室

2011年10月

目　录

第1章 基本概念与文件基本操作

Corel公司推出的CorelDRAW软件，是集图形设计、文字编辑及图形高品质输出于一体的矢量图形绘制软件。CorelDRAW X5是其最新版本，功能更加强大，操作更为灵活。本章先来介绍学习该软件时涉及的一些基本概念及CorelDRAW X5版本的工作界面和基本的文件操作。

【本章课时】

本章课时为2小时。

【教学目标】

- 掌握平面设计的基本概念。
- 了解平面设计的常用文件格式。
- 熟悉CorelDRAW X5的工作界面。
- 掌握新建文件与打开文件的方法。
- 掌握导入、导出图像的方法。
- 掌握图形文件的保存和关闭操作。

1.1 基本概念及工作界面

本节来讲解矢量图形、位图图像及常用的几种文件格式等基本知识，然后对CorelDRAW X5的工作界面进行简单的介绍。

1.1.1 矢量图和位图

矢量图和位图，是根据运用软件以及最终存储方式的不同而生成的两种不同的文件类型。在图像处理过程中，分清矢量图和位图的不同性质是非常有必要的。

一、 矢量图

矢量图，又称向量图，是由线条和图块组成的图像。将矢量图放大后，图形仍能保持原来的清晰度，且色彩不失真，如图1-1所示。

图1-1 矢量图小图和放大后的显示对比效果

矢量图的特点如下。

- 文件小：由于图像中保存的是线条和图块的信息，所以矢量图形与分辨率和图像大小无关，只与图像的复杂程度有关，简单图像所占的存储空间小。
- 图像大小可以无级缩放：在对图形进行缩放、旋转或变形操作时，图形仍具有很高的显示和印刷质量，且不会产生锯齿模糊效果。
- 可采取高分辨率印刷：矢量图形文件可以在任何输出设备及打印机上以打印机或印刷机的最高分辨率打印输出。

在平面设计方面，制作矢量图的软件主要有CorelDRAW、Illustrator、InDesign、Freehand、PageMaker等，用户可以用它们对图形和文字等进行处理。

二、 位图

位图，也叫光栅图，是由很多个像小方块一样的颜色网格（即像素）组成的图像。位图中的像素由其位置值与颜色值表示，也就是将不同位置上的像素设置成不同的颜色，即组成了一幅图像。位图图像放大到一定的倍数后，看到的便是一个一个方形的色块，整体图像也会变得模糊、粗糙，如图1-2所示。

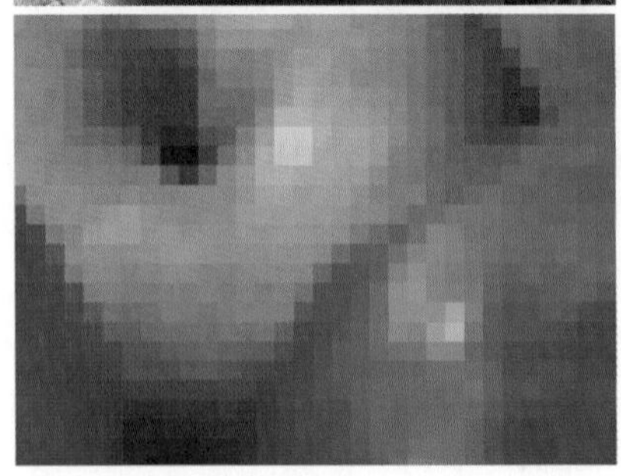

图1-2 位图图像小图与放大后的显示对比效果

位图具有以下特点。

- 文件所占的空间大：用位图存储高分

辨率的彩色图像需要较大储存空间，因为像素之间相互独立，所以占的硬盘空间、内存和显存比矢量图都大。

- 会产生锯齿：位图是由最小的色彩单位“像素”组成的，所以位图的清晰度与像素的多少有关。位图放大到一定的倍数后，看到的便是一个一个的像素，即一个一个方形的色块，整体图像便会变得模糊且会产生锯齿。
- 位图图像在表现色彩、色调方面的效果比矢量图更加优越，尤其是在表现图像的阴影和色彩的细微变化方面效果更佳。

在平面设计方面，制作位图的软件主要是Adobe公司推出的Photoshop，该软件可以说是目前平面设计中图形图像处理的首选软件。

1.1.2 常用文件格式

由于CorelDRAW是功能非常强大的矢量图软件，因此它支持的文件格式也非常多。了解各种文件格式对进行图像编辑、保存以及文件转换有很大的帮助。下面来介绍平面设计软件中常用的几种图形图像文件格式。

- CDR格式：此格式是CorelDRAW专用的矢量图格式。它将图片按照数学方式来计算，以矩形、线、文本、弧形和椭圆等形式表现出来，并以逐点的形式映射到页面上，因此在缩小或放大矢量图形时，原始数据不会发生变化。
- AI格式：此格式也是一种矢量图格式，在Illustrator中经常用到。在Photoshop中可以将保存了路径的图像文件输出为“*.AI”格式，然后在Illustrator和CorelDRAW中直接打开并进行修改处理。
- BMP格式：此格式是微软公司软件的专用格式，也是常用的位图格式之一，支持RGB、索引颜色、灰度和位图颜色模式的图像，但不支持Alpha通道。
- EPS格式：此格式是一种跨平台的通用格式，可以说几乎所有的图形图像和页面排版软件都支持该文件格式。它可以保存路径信息，并在各软件之间进行相互转换。另外，这种格式在保存时可选用JPEG编码方式压缩，不过这种压缩会破坏图像的外观质量。
- GIF格式：此格式是由CompuServe公司制定的，能存储背景透明化的图像格式，但只能处理256种色彩。它常用于网络传输，传输速度要比传输其他格式的文件快很多，并且可以将多张图像存成一个文件而形成动画效果。
- JPEG格式：此格式是较常用的图像格式，支持真彩色、CMYK、RGB和灰度颜色模式，但不支持Alpha通道。JPEG格式可用于Windows和Mac平台，是所有压缩格式中最卓越的。虽然它是一种有损失的压缩格式，但在文件压缩前，可以在弹出的对话框中设置压缩的大小，这样就可以有效地控制压缩时损失的数据量。JPEG格式也是目前网络可以支持的图像文件格式之一。
- PNG格式：此格式是Adobe公司针对网络图像开发的文件格式。这种格式可以使用无损压缩方式压缩图像文件，并利用Alpha通道制作透明背景，是功能非常强大的网络文件格式，但较早版本的Web浏览器可能不支持。
- PSD格式：此格式是Photoshop的专用格式。它能保存图像数据的每一个细节，包括图像的层、通道等信息，确保各层之间相互独立，便于以后进行修改。PSD格式还可以

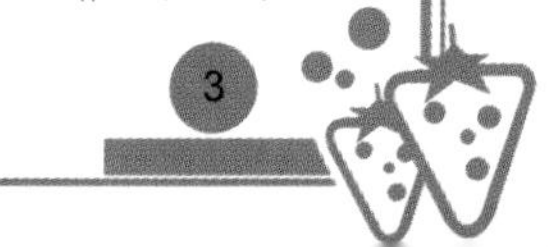

保存为RGB或CMYK等颜色模式的文件，但唯一的缺点是保存的文件比较大。

- TIFF格式：此格式是一种灵活的位图图像格式。TIFF格式可支持24个通道，是除了Photoshop自身格式外唯一能存储多个通道的文件格式。

1.1.3 软件窗口介绍

首先来介绍CorelDRAW X5软件的启动操作。

一、启动CorelDRAW X5

若计算机中已安装了CorelDRAW X5，单击Windows桌面左下角任务栏中的 开始 按钮，在弹出的菜单中选择【程序】/【CorelDRAW Graphics Suite X5】/【CorelDRAW X5】命令，即可启动该软件。如桌面上有CorelDRAW X5软件的快捷方式图标，双击该图标也可以启动该软件。

二、工作界面

启动CorelDRAW X5中文版软件后，界面中将显示【欢迎屏幕】窗口。在此窗口中，读者可以根据需要选择不同的标签选项。单击【新建空白文档】图标，将弹出【新建空白文档】对话框，单击 确定 按钮，即可新建一个默认尺寸的图形文件，且进入CorelDRAW X5的工作界面，如图1-3所示。

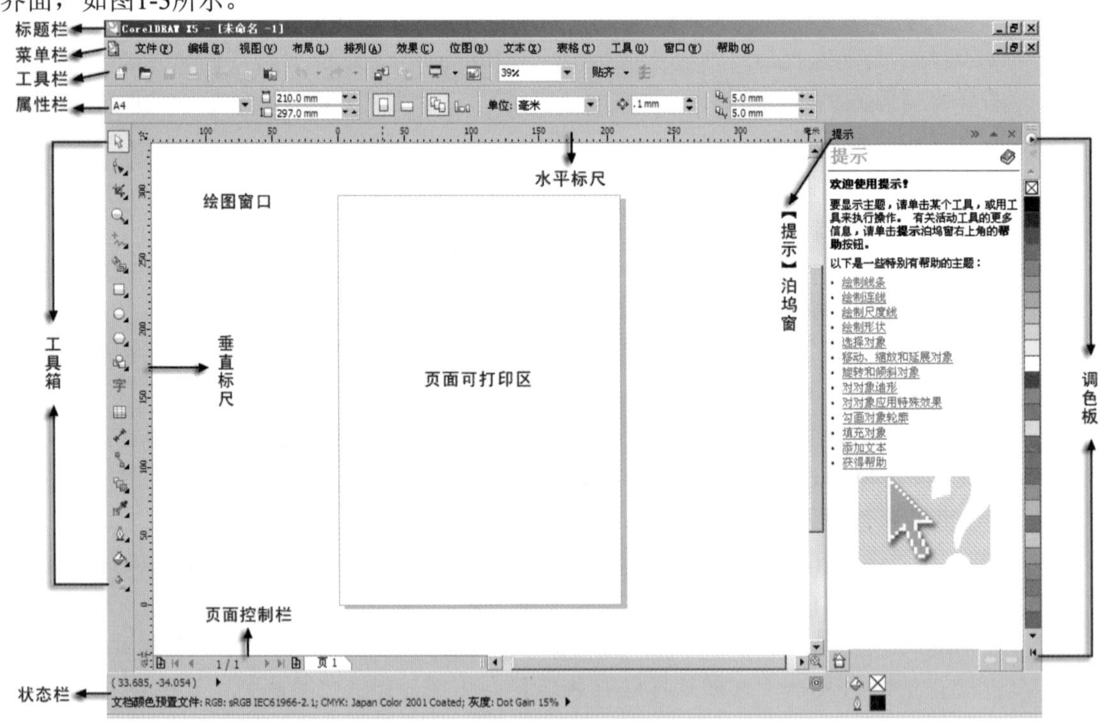

图1-3　界面窗口布局

CorelDRAW X5界面窗口按其功能可分为标题栏、菜单栏、工具栏、属性栏、工具箱、状态栏、页面控制栏、调色板、泊坞窗、标尺、绘图窗口及页面可打印区等几部分，下面介绍一下各部分的功能和作用。

- 标题栏：标题栏的默认位置位于界面的最顶端，主要显示当前软件的名称、版本号以

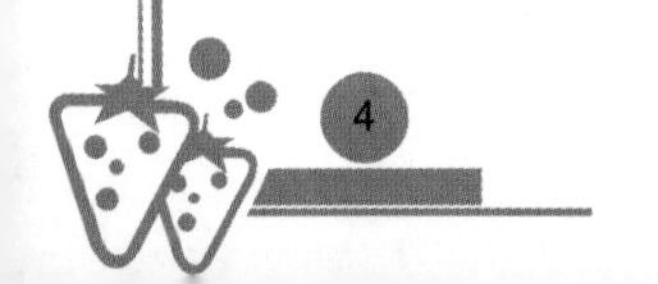

及编辑或处理图形文件的名称，其右侧有3个按钮，主要用来控制工作界面的大小切换及关闭操作。

- 菜单栏：菜单栏位于标题栏的下方，包括文件、编辑、视图以及窗口的设置和帮助等命令，每个菜单下又有若干个子菜单，打开任意子菜单可以执行相应的操作命令。
- 工具栏：工具栏位于菜单栏的下方，是菜单栏中常用菜单命令的快捷工具按钮。单击这些按钮，就可执行相应的菜单命令。
- 属性栏：属性栏位于工具栏的下方，是一个上下相关的命令栏，选择不同的工具按钮或对象，将显示不同的图标按钮和属性设置选项，具体内容详见各工具按钮的属性讲解。
- 工具箱：工具箱位于工作界面的最左侧，是CorelDRAW常用工具的集合，包括各种绘图工具、编辑工具、文字工具和效果工具等。单击任一按钮，则选择相应的工具进行操作。
- 状态栏：状态栏位于工作界面的最底部，提示当前鼠标所在的位置及图形操作的简要帮助和对象的有关信息等。
- 页面控制栏：页面控制栏位于状态栏的上方左侧位置，用来控制当前文件的页面添加、删除、切换方向和跳页等操作。
- 调色板：调色板位于工作界面的右侧，是给图形添加颜色的最快途径。单击调色板中的任意一种颜色，可以将其添加到选择的图形上；在选择的颜色上单击鼠标右键，可以将此颜色添加到选择图形的边缘轮廓上。
- 泊坞窗：泊坞窗位于调色板的左侧，在CorelDRAW X5中共提供了29种泊坞窗。利用这些泊坞窗可以对当前图形的属性、效果、变换和颜色等进行设置和控制。执行【窗口】/【泊坞窗】子菜单下的命令，即可将相应的泊坞窗显示或隐藏。
- 标尺：默认状态下，在绘图窗口的上边和左边各有一条水平和垂直的标尺，其作用是在绘制图形时帮助用户准确地绘制或对齐对象。
- 绘图窗口：是指工作界面中的白色区域，在此区域中可以绘制图形或编辑文本。只是在打印输出时，只有位于页面可打印区中的内容才可以被打印输出。
- 页面可打印区：页面可打印区是位于绘图窗口中的一个矩形区域，可以在上面绘制图形或编辑文本等。当对绘制的作品进行打印输出时，只有页面打印区内的图形可以打印输出，以外的图形将不会被打印。

三、退出CorelDRAW X5

单击CorelDRAW X5界面窗口右侧的【关闭】按钮☒，即可退出CorelDRAW X5。

执行【文件】/【退出】命令或按<Ctrl>+<Q>键、<Alt>+<F4>键也可以退出CorelDRAW X5。

退出软件时，系统会关闭所有的文件。如果打开的文件编辑后或新建的文件没保存，系统会给出提示，让用户决定是否保存。

1.2 文件的新建与打开

本节来讲解文件的新建和打开操作，这是用户进行工作的前提。

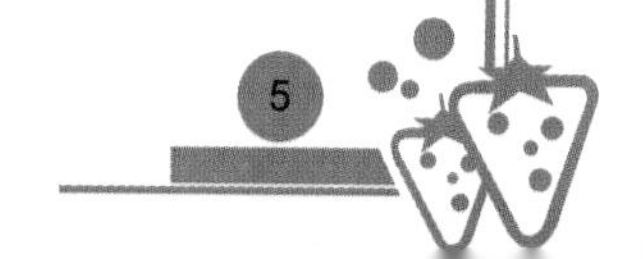

1.2.1 功能讲解

新建文件的方法主要有以下几种。

- 启动软件后，在弹出的【欢迎屏幕】窗口中选择【新建空白文档】选项。
- 进入软件的工作界面后，执行【文件】/【新建】命令（快捷键为<Ctrl>+<N>键），或在工具栏中单击【新建】按钮。

打开文件的方法分别如下。

- 在【欢迎屏幕】窗口中单击 打开其他文档... 按钮，在弹出的【打开绘图】对话框中选择需要打开的图形文件，再单击 打开 按钮，即可将文件打开。
- 进入工作界面后，执行【文件】/【打开】命令（快捷键为<Ctrl>+<O>键），或在工具栏中单击【打开】按钮，也可进行打开文件操作。

1.2.2 范例解析——新建文件

下面以新建一个名称为“新建文件”、尺寸为“B5”大小、页面方向为“横向”、颜色模式为“CMYK”模式、分辨率为“300”dpi的图形文件为例，来详细讲解新建文件操作。

1. 启动CorelDRAW X5软件，在弹出的【欢迎屏幕】窗口中单击【新建空白文档】图标，将弹出【创建新文档】对话框。
2. 在【创建新文档】对话框中，分别设置各选项如图1-4所示。
    - 【名称】选项：在右侧窗口中可以输入新建文件的名称。
    - 【预设目标】选项：在右侧窗口中可以选择系统默认的新建文件设置。当自行设置文件的尺寸时，该选项窗口中显示【自定义】选项。
    - 【大小】选项：在右侧的窗口中可以选择默认的新建文件大小，包括A4、A3、B5、信封和明信片等。
    - 【宽度】和【高度】选项：用于自行设置新建文件的宽度和高度尺寸。
    - 【原色模式】选项：此处用于设置新建文件的颜色模式。
    - 【渲染分辨率】选项：用于设置新建文件的分辨率。
    - 【预览模式】选项：在右侧的选项窗口中可选择与最后输出的文档最相似的预览模式。
    - 【颜色设置】选项：其下的选项用于选择新建文件的色彩配置。
    - 【不再显示此对话框】选项：勾选此选项，在下次新建文件时，将不弹出【创建新文档】对话框，而是以默认的设置新建文件。
3. 单击 确定 按钮，即可按照要求新建一个图形文件。

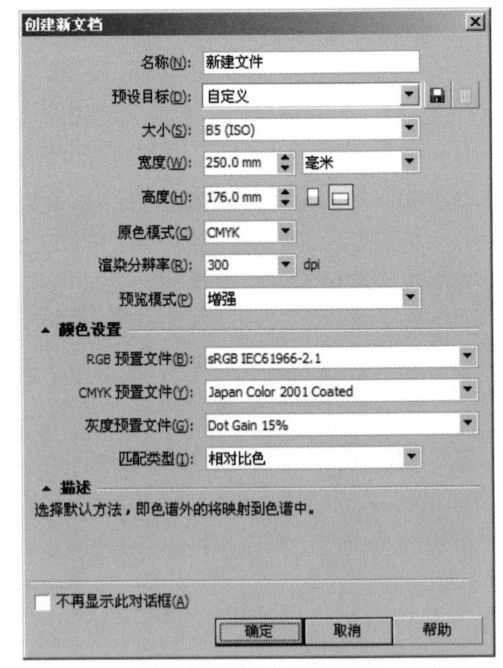

图1-4 【创建新文档】对话框

1.2.3 范例解析——打开文件

下面以打开CorelDRAW X5安装盘符“\

Program Files\Corel\CorelDRAW Graphics Suite X5\Draw\Samples”目录下名为“Sample5.cdr”的文件为例，来详细讲解打开文件操作。

如果想打开计算机中保存的图形文件，首先要知道文件的名称及文件保存的路径，即在计算机硬盘的哪一个分区中、分区的哪一个文件夹内，这样才能够顺利地打开保存的图形文件。

1. 单击工具栏中的按钮，弹出【打开绘图】对话框。
2. 在【打开绘图】对话框中的【查找范围】下拉列表中选择“C”盘，如图1-5所示。
3. 进入“C”盘后，依次双击下方窗口中的“\Program Files\Corel\CorelDRAW Graphics Suite X5\Draw\Samples”文件夹，在【打开绘图】窗口中即可显示文件夹中的所有文件。
4. 在文件窗口中选择名为“Sample5.cdr”的文件，此时【打开绘图】对话框中的缩览图中即显示该文件的缩览图，如图1-6所示。

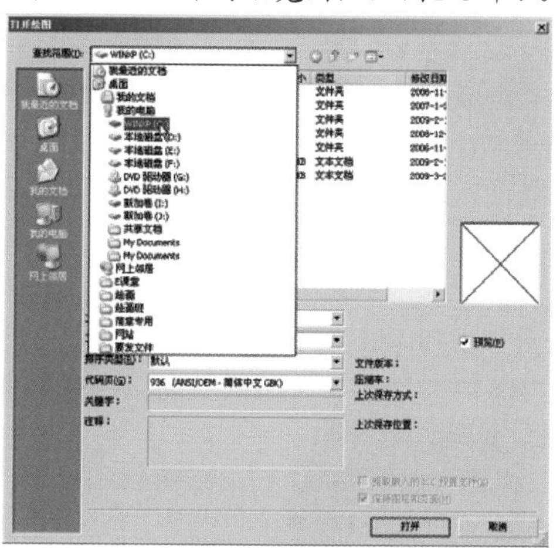

图1-5 选择的盘符

图1-6 选择的文件

5. 单击 打开 按钮，绘图窗口中即显示打开的图形文件，如图1-7所示。

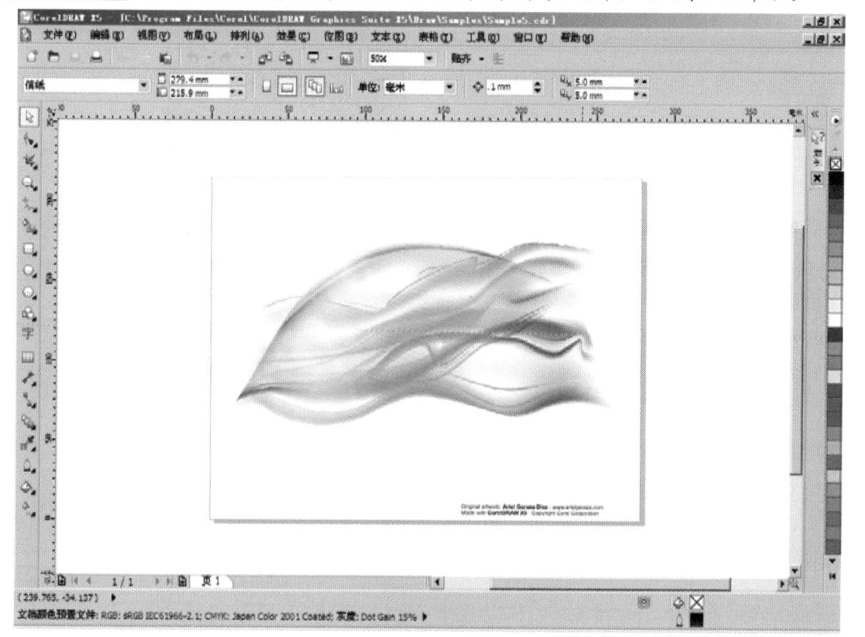

图1-7 打开的图形文件

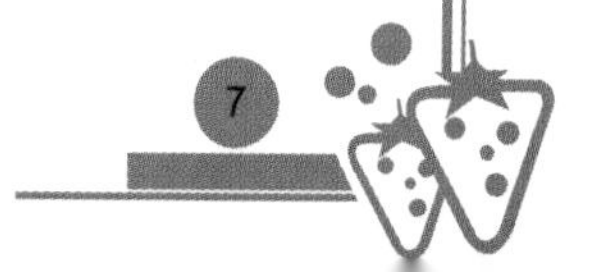

1.2.4 课堂实训——切换窗口

在实际工作过程中如果创建或打开了多个文件，并且在多个文件之间需要调用图形，此时就会遇到文件窗口的切换问题。下面以“将宣传单内页中的椅子图形复制到封面图形中”为例，来讲解文件窗口的切换操作。

【步骤提示】

1. 执行【文件】/【打开】命令，在弹出的【打开绘图】对话框中选择“图库\第01章”目录。
2. 将鼠标指针移动到“封面.cdr”文件名称上单击将其选择，然后按住<Ctrl>键单击“内页.cdr”文件，将两个文件同时选择。
3. 单击 打开 按钮，即可将两个文件同时打开，当前显示的为“封面”文件。
4. 执行【窗口】/【内页.cdr】命令，将“内页”文件设置为工作状态，然后选择工具，并将鼠标指针放置到图1-8所示的位置单击，将椅子图形选择。
5. 单击工具栏中的按钮，将选择的椅子图形复制。
6. 执行【窗口】/【封面.cdr】命令，将“封面”文件设置为工作状态，然后单击工具栏中的按钮，将复制的椅子图形粘贴到当前页面中。
7. 将鼠标指针放置到粘贴的椅子图形上按下鼠标左键并向左上方拖曳，将其移动到图1-9所示的位置。

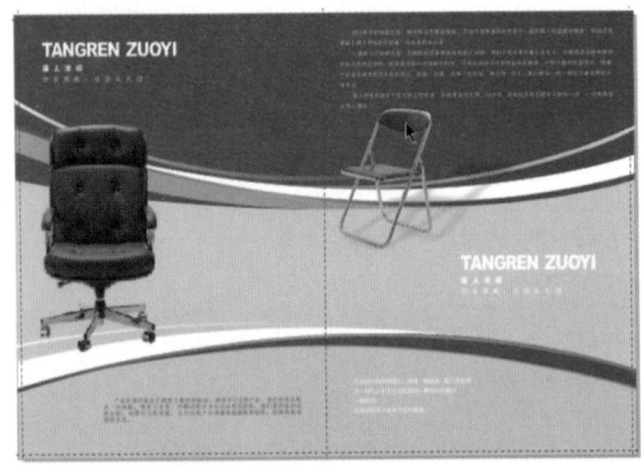

图1-8 鼠标指针放置的位置

图1-9 粘贴的椅子图形调整后的位置

如果创建了多个文件，每一个文件名称都会罗列在【窗口】菜单下，选择相应的文件名称可以切换文件。另外，单击当前页面菜单栏右侧的按钮，将文件都设置为还原状态显示，再直接单击相应文件的标题栏或页面控制栏同样可以将文件切换。

1.3 文件的导入与导出

本节来讲解文件的导入与导出操作。灵活运用图形的导入与导出操作，可在实际操作过程中带来很大的方便。

1.3.1 功能讲解

利用菜单栏中的【文件】/【导入】命令可以导入【打开】命令所不能打开的图像文件，如PSD、TIF、JPG和BMP等格式的图像文件。

导入文件的方法主要有以下两种。

- 执行【文件】/【导入】命令（快捷键为<Ctrl>+<I>键）。
- 单击工具栏中的【导入】按钮。

利用菜单栏中的【文件】/【导出】命令，可以将在CorelDRAW软件中绘制的图形导出为其他软件所支持的文件格式，以便在其他软件中顺利地进行编辑。

导出文件也有两种方法。

- 确定要导出的图形后，执行【文件】/【导出】命令（快捷键为<Ctrl>+<E>键）。
- 单击工具栏中的【导出】按钮。

1.3.2 范例解析——导入文件

本小节以实例的形式来详细讲解导入图形的具体操作。

1. 按<Ctrl>+<O>键，在弹出的【打开】对话框中，选择“图库\第01章”目录下名为“雪景.cdr”的文件。
2. 单击 打开 按钮，将选择的文件打开，如图1-10所示。

图1-10 打开的文件

3. 执行【文件】/【导入】命令或单击工具栏中的按钮，即弹出【导入】对话框（弹出的对话框是上次导入文件时所搜寻的路径）。
4. 在弹出的【导入】对话框中，选择“图库\第01章”目录下名为“雪人.psd”的文件，然后单击 导入 按钮。
5. 当鼠标指针显示为图1-11所示带文件名称和说明文字的图标时，单击即可将选择的文件导入。

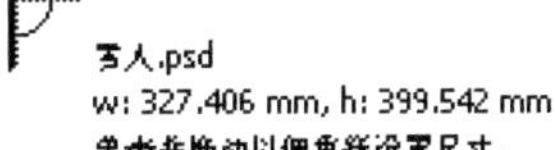

图1-11 导入文件时的鼠标指针状态

6. 将鼠标指针移动到导入的图形上按下鼠标左键并拖曳，可调整导入图形的位置，即将导入的图片移动到图1-12所示的位置。

图1-12 导入的图形

当鼠标显示为带文件名称和说明的图标时拖曳鼠标，可以将选择的图像以拖曳框的大小导入。如直接按<Enter>键，可将选择的图像文件或图像文件中的指定区域导入到绘图窗口中的居中位置。另外，在导入JPG、BMP、GIF或TIF等格式的图像时，还可以对图像重新取样以缩小文件的大小，或者裁剪位图，以选择要导入图像的准确区域和大小。具体操作为：在【导入】对话框中的【文件类型】下拉列表中分别选择【裁剪】或【重新取样】选项即可。

1.3.3 范例解析——导出文件

下面以导出“*.JPG”格式的图像文件为例来详细讲解导出文件的具体方法。

1. 绘制完一副作品后，选择需要导出的图形。

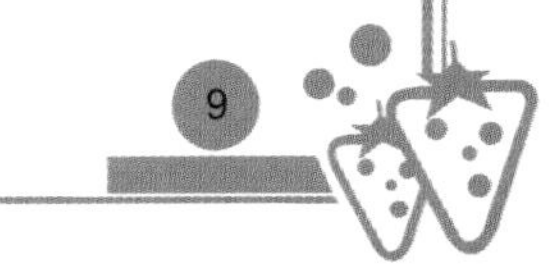

在导出图形时，如果没有任何图形处于选择状态，系统会将当前文件中的所有图形导出。如先选择了要导出的图形，并在弹出的【导出】对话框中勾选【只是选定的】复选项，系统只会将当前选择的图形导出。

2. 执行【文件】/【导出】命令或单击工具栏中的按钮，将弹出【导出】对话框，其中在【文件名】选项右侧的文本框中可以输入文件导出后的名称；在【保存类型】选项的下拉列表中可以选择文件的导出格式，以便在指定的软件中能够打开导出的文件。

在CorelDRAW X5中最常用的导出格式有："*.AI"格式，可以在Photoshop、Illustrator等软件中直接打开并编辑；"*.JPG"格式，是最常用的压缩文件格式；"*.PSD"格式，是Photoshop的专用文件格式，将图形文件导出为此格式后，在Photoshop中打开，各图层将独立存在，前提是在CorelDRAW中必须分层创建各图形；"*.TIF"格式，是制版输出时常用的文件格式。

3. 在【保存类型】下拉列表中将导出的文件格式设置为"JPG-JPEG Bitmaps"格式，然后单击 导出 按钮。
4. 在弹出的【转换为位图】对话框中设置好各选项后，单击 确定 按钮，即可完成文件的导出操作。此时启动Photoshop软件或ACDsee看图软件，按照导出文件的路径，即可将导出的图形文件打开并进行编辑或特效处理等操作。

1.3.4 课堂实训——按印刷要求导出图形

下面主要利用【导出】命令将第1.3.2小节合成的画面输出为印刷稿，要求画面的最终成品尺寸为800mm×600mm。

【步骤提示】

1. 确认第1.3.2小节组合的文件为当前工作文件，然后按<Esc>键取消任何图形的选择状态。
2. 按<Ctrl>+<E>键，弹出【导出】对话框，在【保存在】下拉列表中选择"桌面"，即将图像输出到桌面上，然后将【文件名】设置为"圣诞贺卡"，将【保存类型】设置为"TIF-TIFF Bitmap"。
3. 单击 导出 按钮，弹出【转换为位图】对话框，设置各选项如图1-13所示。

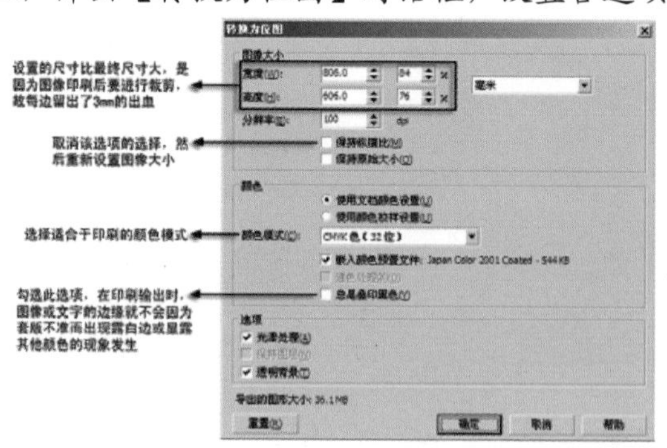

图1-13 【转换为位图】对话框

4. 单击 确定 按钮，即可将当前画面按要求输出。

1.4 文件的保存与关闭

当对文件进行绘制或编辑处理后，不想再对此文件进行任何操作，就可以将其保存后关

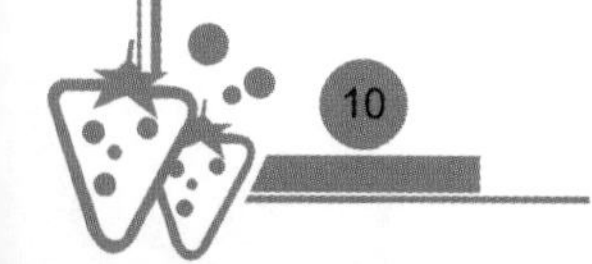

闭。保存文件时主要分两种情况，在保存文件之前，一定要分清用哪个命令进行操作，以免造成不必要的麻烦。

- 对于在新建文件中绘制的图形，如果要将其保存，可执行【文件】/【保存】命令（快捷键为<Ctrl>+<S>键）或单击工具栏中的按钮，也可执行【文件】/【另存为】命令（快捷键为<Ctrl>+<Shift>+<S>键）。
- 对于打开的文件进行编辑修改后，执行【文件】/【保存】命令，可将文件直接保存，且新的文件将覆盖原有的文件；如果保存时不想覆盖原文件，可执行【文件】/【另存为】命令，将修改后的文件另存，同时还保留原文件。

关闭文件的方法主要有以下两种。

- 单击图形文件标题栏右侧的按钮。
- 执行【文件】/【关闭】命令或【窗口】/【关闭】命令。

如打开很多文件想全部关闭，此时可执行【文件】/【全部关闭】命令或【窗口】/【全部关闭】命令，即可将当前的所有图形文件全部关闭。

1.5 课后作业

1. 打开CorelDRAW X5安装盘符“\Program Files\Corel\CorelDRAW Graphics Suite X5\Tutor Files”目录下名为“business_card_logo.cdr”的文件。然后以名称为“标志”、格式为“JPG”的方式导出至本地硬盘“D:\作品”文件夹中。“作品”为新建的文件夹。
2. 新建版心为横向“A4”大小、各边出血为“3mm”的图形文件；然后将“图库\第01章”目录下名为“背景.jpg”和“人物.cdr”的文件依次导入，组合出图1-14所示的购物海报，完成作品的设计；最后将此文件命名为“购物海报.cdr”保存，并以“TIFF”格式输出。

图1-14 设计的购物海报

第2章 页面设置与基本绘图工具

本章主要来讲解页面设置与基本绘图工具的应用，包括页面的大小设置、背景设置、插入页面、删除页面和转换页面等以及各种基本绘图工具和【选择】工具的应用。本章的内容是学习该软件的基础，希望读者熟练掌握，为今后的设计打下坚实的基础。

【本章课时】

本章课时为3小时。

【教学目标】

- 掌握设置页面的方法。
- 了解页面控制栏的快速应用。
- 掌握各基本绘图工具应用。
- 掌握【选择】工具的功能及使用方法。
- 掌握图形的复制和变换操作。
- 熟悉各种设置颜色方法。

2.1 页面设置

对于设计者来说，设计一幅作品的首要前提是要正确设置文件的页面。

2.1.1 功能讲解

本小节主要来讲解页面背景的设置及多页面的添加、删除和重命名等操作。

一、页面大小及方向的修改

下面我们以将默认A4竖向的图形文件修改为尺寸是“B5”大小、页面方向为“横向”的图形文件为例，来具体讲解修改文件大小及方向操作。

（1）利用属性栏修改

新建文件后，在没有执行任何操作之前，属性栏的形态如图2-1所示。

图2-1 属性栏的默认设置

- 单击A4选项，将弹出【页面大小】选项列表。在此列表中可以选择文档页面的大小。当选择【自定义】选项时，可以在属性栏后面的【页面度量】选项210.0 mm 297.0 mm中设置自己需要的纸张尺寸。

CorelDRAW软件默认的打印区大小为210.0mm ×297.0mm，也就是常说的A4纸张大小。在广告设计中常用的文件尺寸还有：A3（297.0mm×420.0mm）、A5（148.0mm×210.0mm）、B5（182.0mm×257.0mm）和16开（184.0mm×260.0mm）等。

- 【纵向】按钮和【横向】按钮：用于设置当前页面的方向，当按钮处于激活状态时，绘图窗口中的页面是纵向平铺的。当单击按钮，将其设置为激活状态时，绘图窗口中的页面是横向平铺的。

选取菜单栏中的【布局】/【切换页面方向】命令，可以将当前的页面方向切换为另一种页面方向。即如果当前页面为横向，将切换为纵向；如果当前页面为纵向，将切换为横向。

- 【所有页面】按钮和【当前页】按钮：默认情况下，按钮处于激活状态，表示多页面文档中的所有页面都应用相同的页面大小和方向。如果要设置多页面文档中个别页面的大小和方向，可将该页面设置为当前页，然后单击属性栏中的按钮，再设置该页面的大小或方向即可。
- 单击单位: 毫米选项右侧的倒三角形，弹出【单位】选项列表。在此列表中可以选择尺寸的单位。其中显示为蓝色的选项，表示此单位是当前选择的单位。
- 【微调距离】选项.1 mm：在此选项的文本框中输入数值或单击右侧的三角形按钮，可以设置每次按键盘中的方向键时，所选图形在绘图窗口中移动的距离。
- 【再制距离】选项5.0 mm 5.0 mm：在此选项的文本框中输入数值或单击右侧的三角形按钮，可以设置对选择图形应用菜单栏中的【编辑】/【再制】命令后，复制出的新图形与原图形之间的距离。

修改页面大小的操作为：新建默认大小的图形文件，然后在属性栏中的A4下拉列表中选择“B5（ISO）”，属性栏中的【页面大小】选项将自动切换为B5的尺寸176.0 mm 250.0 mm。单击属性栏中的按钮，将图形文件设置为横向，此时的属性栏如图2-2所示。

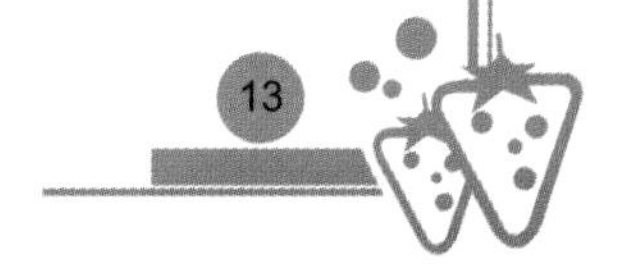

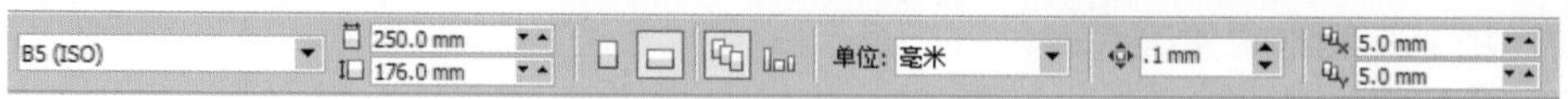

图2-2 修改文件大小后的属性栏

在【页面大小】下拉列表中有“B5（ISO）”和“B5（JIS）”两个选项。其中“B5（ISO）”是国际标准，页面尺寸为176mm×250mm；“B5（JIS）”是日本标准，页面尺寸为182mm×257mm。

（2）利用菜单命令来修改

执行【布局】/【页面设置】命令，弹出图2-3所示的【选项】对话框。

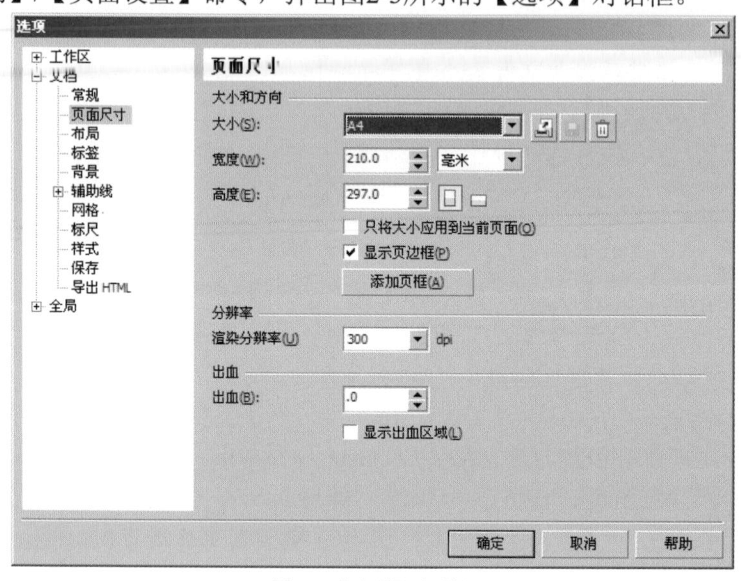

图2-3 【选项】对话框

将鼠标指针移动到绘图窗口中页面的轮廓或阴影处双击，也将弹出图2-3所示的【选项】对话框。另外，单击工具栏中的【选项】按钮，或按<Ctrl>+<J>组合键，将打开默认的【选项】对话框。在此对话框中依次选择“文档/页面尺寸”选项，也可调出设置文件大小的【选项】对话框。

- 当在【大小】下拉列表中选择【自定义】选项时，可以在下面的【宽度】和【高度】文本框中设置需要的纸张尺寸。
- 【只将大小应用到当前页面】选项：勾选此复选项，在多页面文档中可以调整指定页的大小或方向。如不勾选此复选项，在调整指定页面的大小或方向时，所有页面将同时调整。
- 【显示页边框】选项：决定是否在页面中显示页边框。取消选择，将取消页边框的显示。
- 添加页框(A)按钮：单击此按钮，然后单击确定按钮后，可以在绘图窗口中添加一个覆盖整个“页面可打印区域”的可打印背景框。
- 【分辨率】选项：设置文件的分辨率。
- 【出血】选项：可以设置图像在页面边缘的位置。

所谓出血，是指作品的内容超出了版心即页面的边缘。在设计作品时，图像的一边在页面边缘叫做一面出血；图像的两边在页面的边缘叫做两面出血。但这两种情况很少用到，经常用到的是图像的三面或者四面在页面的边缘，即三面出血或四面出血。一般在印刷图像时会将图像超出作品尺寸3mm，作为印刷后的成品裁切位置。

在【选项】对话框设置完页面的有关选项后，单击 确定 按钮，绘图窗口中的页面就会采用当前设置的页面大小和方向。

另外，【选项】对话框除了可以修改文件的大小和方向外，还可以对页面背景进行设置，具体操作如下。

二、 页面背景设置

在【选项】对话框中单击左侧列表中的“背景”选项，或执行【布局】/【页面背景】命令，将弹出图2-4所示的【选项】对话框。在此对话框中可以为当前文件的背景添加单色或图像。

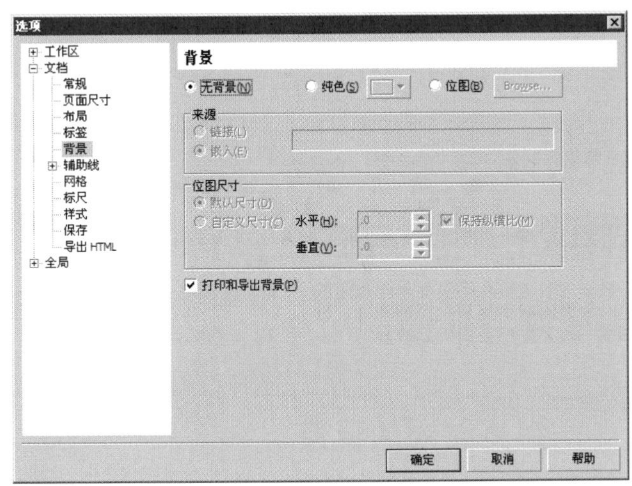

图2-4 【选项】对话框

- 【无背景】选项：点选此单选项，绘图窗口的页面将显示为白色。
- 【纯色】选项：点选此单选项，后面的 ▾ 按钮即变为可用。单击此按钮，将弹出图2-5所示的【颜色】列表。在【颜色】列表中选择任意一种颜色，可以将其作为背景色；单击 按钮，可在画面中吸取作为背景的颜色；单击 其它(O)... 按钮，将弹出图2-6所示的【选择颜色】对话框，在此对话框中可以设置需要的其他背景颜色。

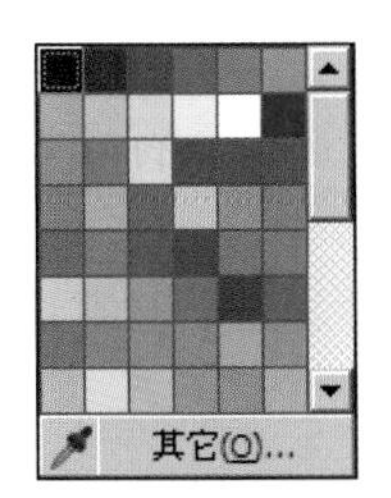

图2-5 【颜色】列表

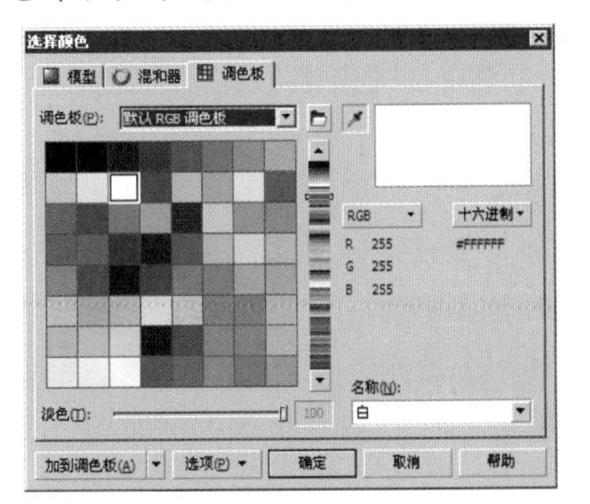

图2-6 【选择颜色】对话框

- 【位图】选项：点选此单选项，后面的 Browse... 按钮即变为可用。单击此按钮，可在弹出的【导入】对话框中选择一幅位图图像；单击 导入 按钮后即可将选择的图像导入到工作区域中，作为当前页面的背景。

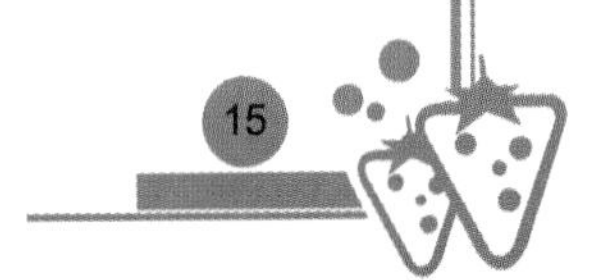

三、 添加和删除页面

在编排设计画册等多页面的文件时，添加和删除页面操作是必须的，下面来分别讲解。

- 执行【布局】/【插入页面】命令，可以在当前的文件中插入一个或多个页面。
- 执行【布局】/【删除页面】命令，可以将当前文件中的一个或多个页面删除。当图形文件只有一个页面时，此命令不可用。
- 执行【布局】/【重命名页面】命令，可以对当前页面重新命名。
- 执行【布局】/【转到某页】命令，可以直接转到指定的页面。当图形文件只有一个页面时，此命令不可用。

四、 页面控制栏的快速应用

页面控制栏位于界面窗口下方的左侧位置，主要显示当前页码、总页数等信息，如图2-7所示。

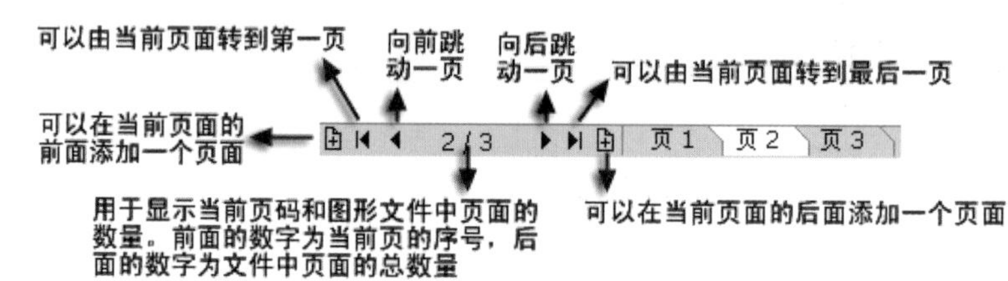

图2-7 页面控制栏

2.1.2 范例解析——为页面添加背景

下面以"为文件添加位图背景"为例，来详细讲解设置页面背景操作。

1. 按<Ctrl>+<N>组合键，创建一个默认尺寸为A4大小的图形文件，然后激活属性栏中的▭按钮，将文件设置为横向。
2. 执行【布局】/【页面背景】命令，在弹出的【选项】对话框中点选【位图】单选项。然后单击 Browse... 按钮，在弹出的【导入】对话框中，选择"图库\第02章"目录下名为"背景.jpg"的图片文件。
3. 单击 导入 按钮，将背景图像导入。此时选择的图像文件名和路径就会显示在【选项】对话框中的【来源】选项文本框中，如图2-8所示。

- 【链接】选项：点选此单选项，系统会将导入的位图背景与当前图形文件链接。当对源位图文件进行更改后，图形文件中的背景也将随之改变。
- 【嵌入】选项：点选此单选项，系统会将导入的位图背景嵌入当前的图形文件。当对源位图文件进行更改后，图形文件中的背景不会发生变化。
- 【默认尺寸】选项：默认状态下CorelDRAW软件会采用位图的原尺寸。如果作为背景的位图图像的尺寸

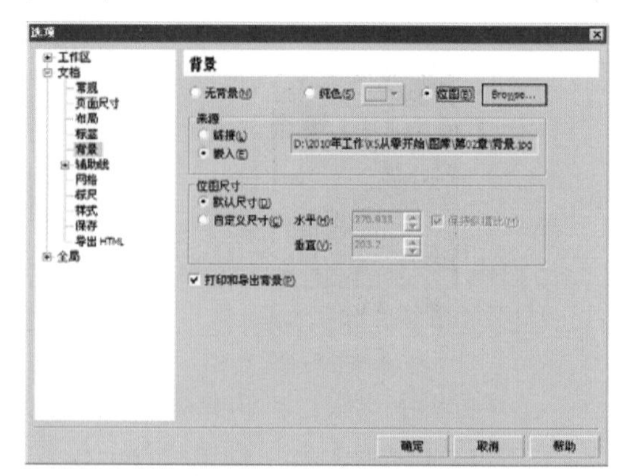

图2-8 选择背景文件后的【选项】对话框

比页面背景的尺寸小，该背景图像就会平铺显示以填满整个背景。

- 【自定义尺寸】选项：点选此单选项，然后在【水平】或【垂直】选项右侧的文本框中可以输入新的位图尺寸。如果将【保持纵横比】选项的勾选取消，则可以在【水平】或【垂直】选项中指定不成比例的位图尺寸。
- 【打印和导出背景】选项：如果取消该选项的选择，设置的背景将只能在显示器上看到，不能被打印输出。

4. 点选【自定义尺寸】单选项，并将右侧的【保持纵横比】选项的选择取消，再分别将【水平】值设置为“297”；【垂直】值设置为“210”，然后单击 确定(O) 按钮。此时绘图窗口中的页面背景将变为图2-9所示的形态。

图2-9 添加的页面背景

提示 作为背景的图像不能被移动、删除或编辑。如果想取消背景图像，则须再次调出【选项】对话框，并点选【无背景】单选项，单击 确定(O) 按钮即可。

5. 按<Ctrl>+<S>组合键，将添加背景的文件命名为“添加页面背景.cdr”保存。

2.1.3 课堂实训——设置多页面文件

要求：新建一个版心大小为“420mm×285mm”的文件，出血为每边3mm，且该文件包括两个页面，页面名称分别为“封面封底”和“内页”。

【步骤提示】

1. 按<Ctrl>+<N>组合键，创建一个默认尺寸为A4大小的图形文件。

   因为要求的最终成品尺寸为420mm×285mm，且要设置3mm的出血，所以在设置版面的尺寸时，应该将页面设置为426mm×291mm的大小。

2. 在属性栏中分别设置图形文件的页面尺寸如图2-10所示。

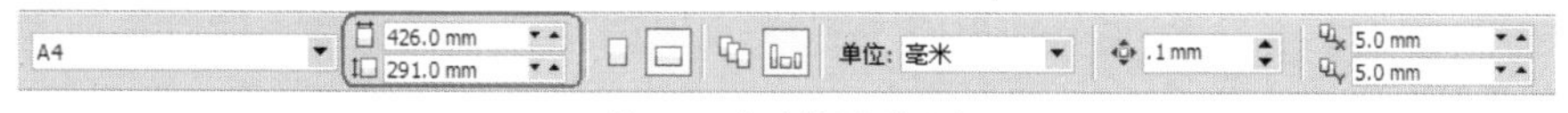

图2-10 修改的页面尺寸

3. 单击页面控制栏中 页1 前面的 按钮，在当前页的后面添加一个页面，然后单击 页1 按钮，将其设置为工作状态。
4. 执行【布局】/【重命名页面】命令，在弹出的【重命名页面】对话框中将【页名】设置为“封面封底”，如图2-11所示，然后单击 确定 按钮。
5. 单击 页2 ，将其设置为工作状态。然后在其上单击鼠标右键，在弹出的右键菜单中选择【重命名页面】命令，也可弹出【重命名页面】对话框，将【页名】设置为“内页”，单击 确定 按钮。重命名后的页面控制栏如图2-12所示。

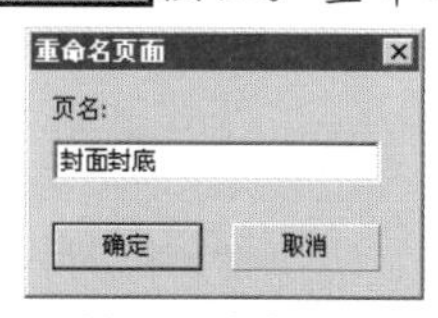

图2-11 命名页面

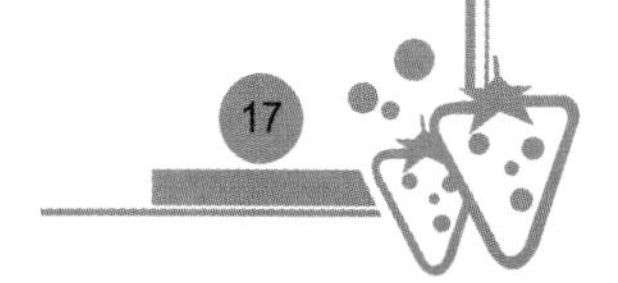

图2-12 重命名后的页面控制栏

6. 按<Ctrl>+<S>组合键，将新建的文件命名为“新建文件.cdr”保存。

2.2 基本绘图工具与选择工具

本节主要来讲解CorelDRAW X5中的基本绘图工具和【选择】工具。通过本节的学习，希望读者能熟练掌握各工具的使用方法和属性设置。

2.2.1 功能讲解

下面来详细讲解各基本绘图工具和【选择】工具的功能、使用方法及属性设置。

一、【矩形】工具和【3 点矩形】工具

利用【矩形】工具可以绘制矩形、正方形和圆角矩形。选择工具（或按<F6>键），然后在绘图窗口中拖曳鼠标，释放鼠标左键后，即可绘制出矩形。如按住<Ctrl>键拖曳则可以绘制正方形。双击工具，可创建一个与页面打印区域相同大小的矩形。

利用【3点矩形】工具可以直接绘制倾斜的矩形、正方形和圆角矩形。选择工具后，在绘图窗口中按下鼠标左键不放，然后向任意方向拖曳，确定矩形的宽度；确定后释放鼠标左键，再移动鼠标指针到合适的位置，确定矩形的高度；确定后单击即可完成倾斜矩形的绘制。在绘制倾斜矩形之前，如按住<Ctrl>键拖曳鼠标，可以绘制倾斜角为15°倍数的正方形。设置相应的【矩形的边角圆滑度】选项，可直接绘制倾斜的圆角矩形。

在绘图窗口中随意绘制一个矩形图形，此时，【矩形】工具的属性栏如图2-13所示。

图2-13 【矩形】工具的属性栏

- 【对象位置】选项：表示当前绘制图形的中心与打印区域坐标（0, 0）在水平方向与垂直方向上的距离。调整此选项的数值，可改变矩形的位置。
- 【对象大小】选项：表示当前绘制图形的宽度与高度值。通过调整其数值可以改变当前图形的尺寸。
- 【缩放因子】选项：按照百分数来决定调整图形的宽度与高度值。将数值设置为“200%”时，表示将当前图形放大为原来的2倍。
- 【锁定比率】按钮：激活此按钮，调整【缩放因子】选项中的任意一个数值，另一个数值将不会随之改变。相反，当不激活此按钮时，调整任意一个数值，另一个数值将随之改变。
- 【旋转角度】选项：输入数值并按<Enter>键确认后，可以调整当前图形的旋转角度。
- 【水平镜像】按钮和【垂直镜像】按钮：单击相应的按钮，可以使当前选择的图形进行水平或垂直镜像。
- 【圆角】按钮、【扇形角】按钮和【倒棱角】按钮：决定在设置【圆角半径】选项的参数后，矩形图形边角的变化样式，分别激活这3个按钮生成的图形形态如图2-14所示。

当有一个圆角矩形处于选择状态时，单击按钮可使其边角变为扇形角；单击按钮可使边角变为倒棱角。即这3种边角样式可以随时转换使用。

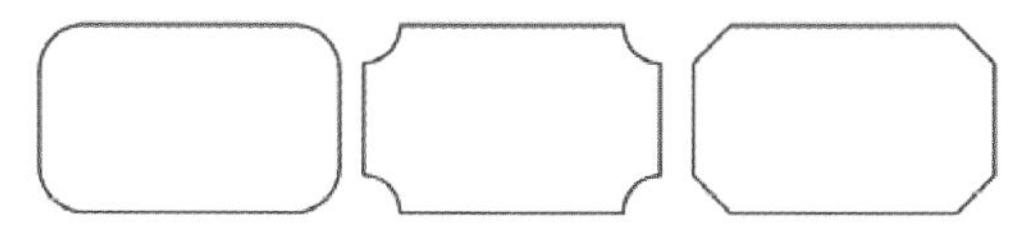

图2-14 生成的不同边角形态

- 【圆角半径】选项：控制图形的边角圆滑程度。当激活中间的【同时编辑所有角】按钮时，改变其中一个数值，其他3个数值将会一起改变，此时绘制矩形的圆角程度相同。反之，则可以设置不同的圆角度。
- 【相对的角缩放】按钮：在此按钮处于激活状态时设置图形的圆角半径，当该图形缩放时，其圆角半径也跟着缩放，否则圆角半径的数值在缩放时不发生变化。
- 【文本换行】按钮：当图形位于段落文本的上方时，为了使段落文本不被图形覆盖，可以使用此按钮包含的功能将段落文本与图形进行绕排。
- 【轮廓宽度】选项：在该下拉列表中选择图形需要的轮廓线宽度。也可直接在文本框中输入需要的线宽数值。
- 【转换为曲线】按钮：单击此按钮，可以将不具有曲线性质的图形转换成具有曲线性质的图形，以便于对其形态进行调整。

二、【椭圆形】工具和【3 点椭圆形】工具

利用【椭圆形】工具可以绘制圆形、椭圆形、饼形或弧线等。选择工具（或按<F7>键），然后在绘图窗口中拖曳鼠标，即可绘制椭圆形；如按住<Shift>键拖曳，可以绘制以鼠标按下点为中心、向两边等比例扩展的椭圆形；如按住<Ctrl>键拖曳，可以绘制圆形；如按住<Shift>+<Ctrl>键拖曳，可以绘制以鼠标按下点为中心、向四周等比例扩展的圆形。

利用【3点椭圆形】工具可以直接绘制倾斜的椭圆形。选择工具后，在绘图窗口中按下鼠标左键不放，然后向任意方向拖曳，确定椭圆一轴的长度；确定后释放鼠标左键，再移动鼠标确定椭圆另一轴的长度；确定后单击即可完成倾斜椭圆形的绘制。

绘制椭圆形图形后，【椭圆形】工具的属性栏如图2-15所示。

图2-15 【椭圆形】工具的属性栏

- 【椭圆形】按钮、【饼形】按钮和【弧形】按钮：决定绘制的图形是椭圆形、饼形还是弧线。分别激活这3个按钮，绘制的图形效果如图2-16所示。

图2-16 激活不同按钮时绘制的图形

当有一个椭圆形处于选择状态时，单击按钮可使椭圆形变为饼形图形；单击按钮可使椭圆形变成为弧形图形。即这3种图形可以随时转换使用。

- 【起始和结束角度】选项：用于调节【饼形】与【弧形】图形的起始角至结束角的角度大小。图2-17所示为调整不同数值时的图形对比效果。

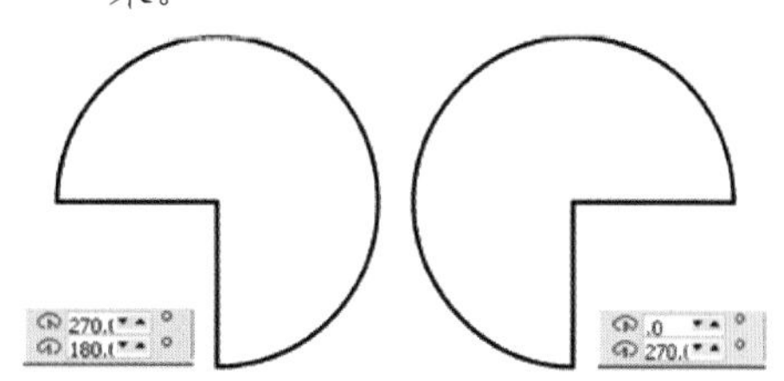

图2-17 调整不同数值时的图形对比效果

- 【更改方向】按钮，可以使饼形图形或弧线图形的显示部分与缺口部

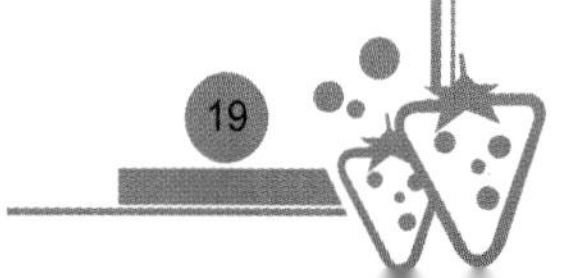

分进行调换。图2-18所示为使用此按钮前后的图形对比效果。

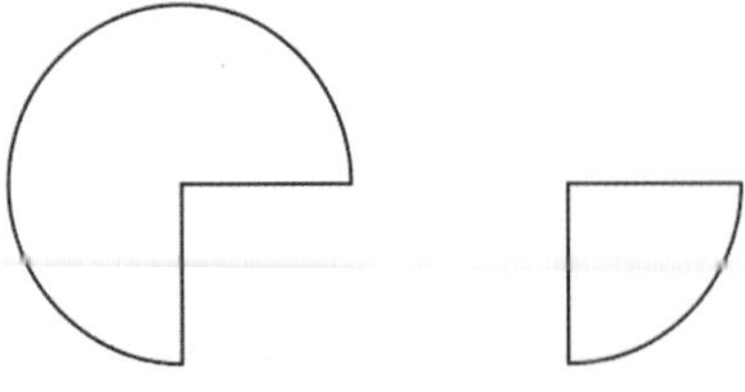

图2-18 使用按钮前后的图形对比效果

- 【到图层前面】按钮和【到图层后面】按钮：当绘图窗口中有很多个叠加的图形，要将其中一个图形调整至所有图形的前面或后面时，可先选择该图形，然后分别单击或按钮。

三、【多边形】工具

利用【多边形】工具可以绘制多边形图形，在绘制之前可在属性栏中设置绘制图形的边数。选择工具（或按<Y>键），并在属性栏中设置多边形的边数，然后在绘图窗口中拖曳鼠标，即可绘制出多边形图形。

【多边形】工具属性栏中的【点数或边数】选项用于设置多边形的边数，在文本框中输入数值即可。另外，单击数值后面上方的小黑三角符号，可以增加多边形的边数，每单击一次增加一条。相反，单击下方的小黑三角符号，可以减少多边形的边数，每单击一次就会减少一条。

四、【星形】工具和【复杂星形】工具

利用【星形】工具可以绘制星形图形。选择工具，并在属性栏中设置星形的边数，然后在绘图窗口中拖曳鼠标即可绘制出星形图形。

利用【复杂星形】工具可以绘制复杂的星形图形。选择工具，并在属性栏中设置星形的边数，然后在绘图窗口中拖曳鼠标即可绘制出复杂的星形图形。

【星形】工具的属性栏如图2-19所示。

图2-19 【星形】工具的属性栏

- 【点数或边数】选项：用于设置星形的角数，取值范围为“3～500”。
- 【锐度】选项：用于设置星形图形边角的锐化程度，取值范围为“1～99”。

提示：绘制基本星形之后，利用【形状】工具选择图形中的任一控制点拖曳，可调整星形图形的锐化程度。

【复杂星形】工具的属性栏与【星形】工具属性栏中的选项参数相同，只是选项的取值范围及使用条件不同。

- 【点数或边数】选项：用于设置复杂星形的角数，取值范围为“5～500”。
- 【锐度】选项：用于控制复杂星形边角的尖锐程度，只有在点数至少为“7”时才可用。此选项的最大数值与绘制复杂星形的边数有关，边数越多，取值范围越大。

五、【图纸】工具和【螺纹】工具

利用【图纸】工具可以绘制网格图形。选择工具（或按<D>键），并在属性栏中设置【图纸行和列数】选项的参数，然后在绘图窗口中拖曳鼠标，即可绘制出网格图形。

利用【螺纹】工具可以绘制螺旋线。选择工具（或按<A>键），并在属性栏中设置螺旋线的圈数，然后在绘图窗口中拖曳鼠标，即可绘制出螺旋线。

【图纸】工具的属性栏如图2-20所示。

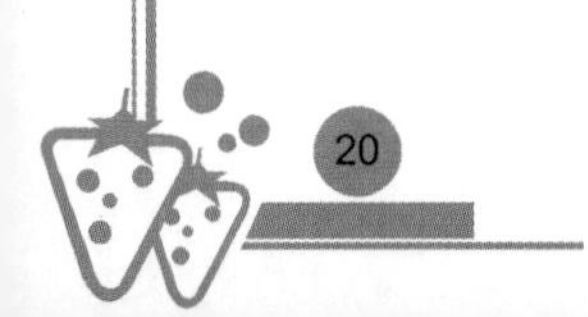

- 【列数】选项▦4：决定绘制网格的列数。
- 【行数】选项▤3：决定绘制网格的行数。

【螺纹】工具的属性栏如图2-21所示。

图2-20 【图纸】工具的属性栏

图2-21 【螺纹】工具的属性栏

- 【螺纹回圈】选项◎4：决定绘制螺旋线的圈数。
- 【对称式螺纹】按钮：激活此按钮，绘制的螺旋线每一圈之间的距离都会相等。
- 【对数式螺纹】按钮：激活此按钮，绘制的螺旋线每一圈之间的距离不相等，是渐开的。

图2-22所示为激活按钮和按钮时绘制出的螺旋线效果。

- 当激活【对数式螺纹】按钮时，【螺纹扩展参数】选项100才可用，它主要用于调节螺旋线的渐开程度。数值越大，渐开的程度越大。图2-23所示为设置不同的【螺纹扩展参数】选项时螺旋线的对比效果。

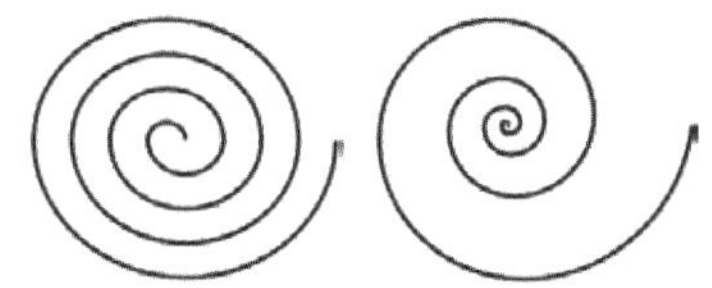

图2-22 使用不同选项时绘制出的螺旋线效果

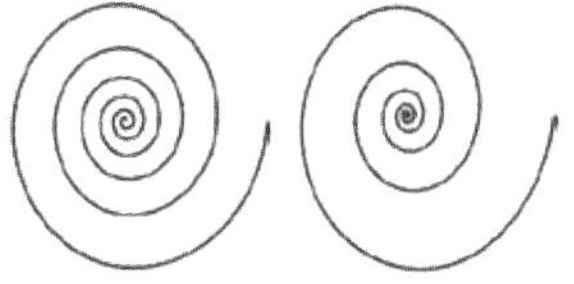

图2-23 设置不同的【螺纹扩展参数】时螺旋线的对比效果

六、【基本形状】工具

利用【基本形状】工具可以绘制心形、箭头、流程图、标题及标注等图形。在工具箱中选择相应的工具后，单击属性栏中的【完美形状】按钮（选择不同的工具，该按钮上的图形形状也各不相同），在弹出的【形状】面板中选择需要的形状，然后在绘图窗口中拖曳鼠标，即可绘制出形状图形。

下面以【基本形状】工具为例来讲解它们的属性栏，如图2-24所示。

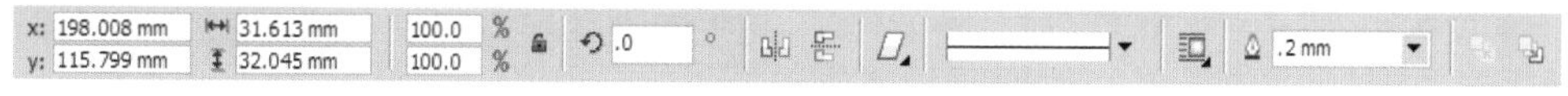

图2-24 【基本形状】工具的属性栏

- 【完美形状】按钮：单击此按钮，将弹出图2-25所示的【基本形状】面板，在此面板中可以选择要绘制图形的形状。

当选择工具、工具、工具或工具时，属性栏中的【完美形状】按钮将以不同的形态存在，分别如图2-26所示。

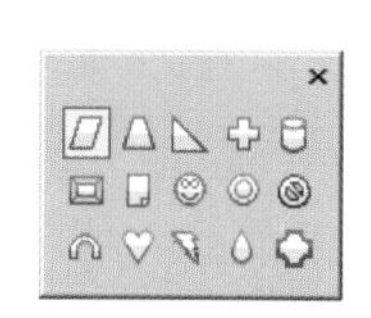

图2-25 【基本形状】面板

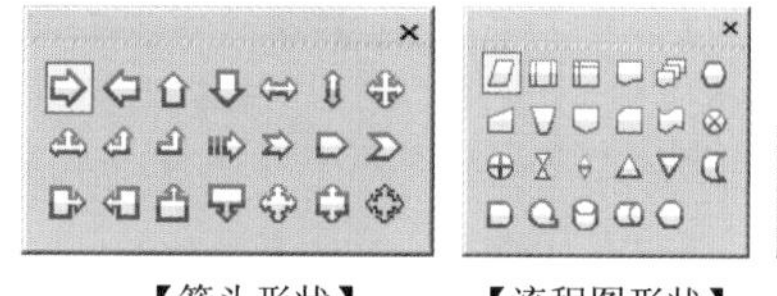

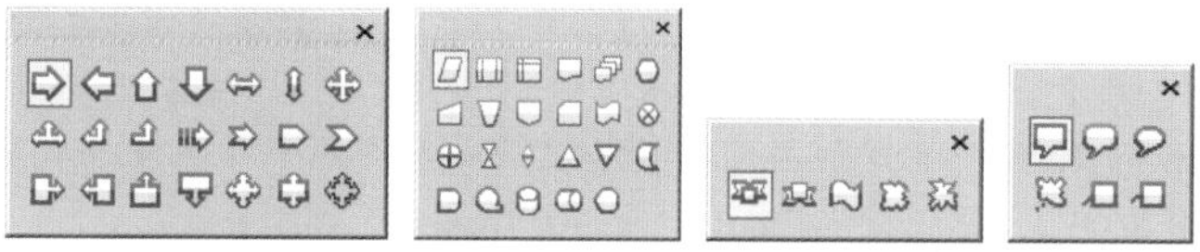

【箭头形状】 【流程图形状】 【标题形状】 【标注形状】

图2-26 其他形状工具的【完美形状】面板

- 【线条样式】按钮：设置绘制图形的外轮廓线样式。单击此按钮，将弹出图2-27所示的【轮廓样式】面板。在【轮廓样式】面板中选择不同的外轮廓线样式，绘制出的形状图形外轮廓效果如图2-28所示。

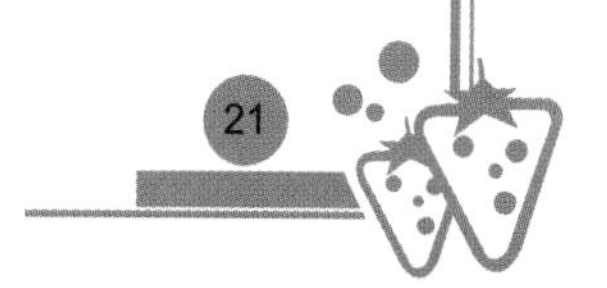

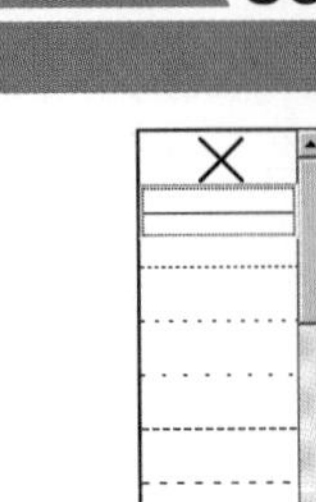

图2-27 【轮廓样式】面板

图2-28 设置不同轮廓线样式时绘制的图形轮廓效果

七、【选择】工具

【选择】工具的主要功能是选择对象，并对其进行移动、复制、缩放、旋转或扭曲等操作。

使用工具箱中除【文字】工具外的任何一个工具时，按下空格键，可以将当前使用的工具切换为【选择】工具。再次按空格键，可恢复为先前使用的工具。

利用上面学过的几种绘图工具随意绘制一些图形，然后根据下面的讲解来学习【选择】工具的使用方法。在讲解过程中，读者最好动手试一试，以便于更好地理解和掌握书中的内容。如果绘图窗口比较乱时，可双击工具，将所有图形全部选择，然后按<Delete>键清除。下面来具体讲解【选择】工具的使用方法。

（1）选择图形

利用工具选择图形有两种方法，一是在要选择的图形上单击，二是框选要选择的图形。用框选的方法选择图形，拖曳出的虚线框必须将要选择的图形全部包围，否则此图形不会被选择。图形被选择后，将显示由8个小黑色方形组成的选择框。

【选择】工具结合键盘上的辅助键，还具有以下选择方式。

- 按住<Shift>键，单击其他图形即添加选择，如单击已选择的图形则为取消选择。
- 按住<Alt>键拖曳鼠标，拖曳出的选框所接触到的图形都会被选择。
- 按<Ctrl>+<A>键或双击工具，可以将绘图窗口中所有的图形同时选择。
- 当许多图形重叠在一起时，按住<Alt>键，可以选择最上层图形后面的图形。

按<Tab>键，可以选择绘图窗口中最后绘制的图形。如果继续按<Tab>键，则可以按照绘制图形的顺序，从后向前选择绘制的图形。

（2）移动图形

将鼠标指针放置在被选择图形中心的×位置上，当鼠标指针显示为四向箭头图标✥时，按下鼠标左键并拖曳，即可移动选择的图形。按住<Ctrl>键拖曳鼠标指针，可将图形在垂直或水平方向上移动。

（3）复制图形

将图形移动到合适的位置后，在不释放鼠标左键的情况下，单击鼠标右键，然后同时释放鼠标左键和右键，即可将选择的图形移动复制。

选择图形后，按键盘右侧数字区中的<+>键，可以将选择的图形在原位置复制。如按住键盘数字区中的<+>键，将选择的图形移动到新的位置，释放鼠标左键后，也可将该图形移动复制。

（4）变换图形

变换图形操作包括缩放、旋转、扭曲和镜像图形。

- 缩放：选择要缩放的图形，然后将鼠标指针放置在图形四边中间的控制点上，当鼠标指针显示为↔或↕形状时，按下鼠标左键并拖曳，可将图形在水平或垂直方向上缩放。将鼠标指

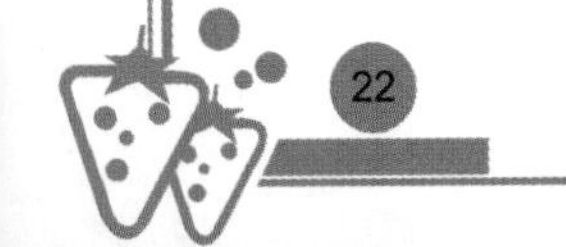

针放置在图形四角位置的控制点上，当鼠标指针显示为↖或↗形状时，按下鼠标左键并拖曳，可将图形等比例放大或缩小。

在缩放图形时如按住<Alt>键拖曳鼠标，可将图形进行自由缩放；如按住<Shift>键拖曳鼠标，可将图形分别在水平、垂直或对角线方向上对称缩放。

- 旋转：在选择的图形上再次单击，图形周围的8个小黑点将变为旋转和扭曲符号。将鼠标指针放置在任一角的旋转符号上，当鼠标指针显示为形状时拖曳鼠标，即可对图形进行旋转。在旋转图形时，按住<Ctrl>键可以将图形以15°的倍数进行旋转。
- 扭曲：在选择的图形上再次单击，然后将鼠标指针放置在图形任意一边中间的扭曲符号上，当鼠标指针显示为⇌或⇅形状时拖曳鼠标，即可对图形进行扭曲变形。
- 镜像：镜像图形就是将图形在垂直、水平或对角线的方向上进行翻转。选择要镜像的图形，然后按住<Ctrl>键，将鼠标指针移动到图形周围任意一个控制点上，按下鼠标左键并向对角线方向拖曳，当出现蓝色的线框时释放鼠标左键，即可将选择的图形镜像。

利用【选择】工具对图形进行移动、缩放、旋转、扭曲和镜像操作时，至合适的位置或形态后，在不释放鼠标左键的情况下单击鼠标右键，可以将该图形以相应的操作复制。

【选择】工具的属性栏根据选择对象的不同，显示的选项也各不相同。具体分为以下几种情况。

（1）选择单个对象的情况下

利用工具选择单个对象时，【选择】工具的属性栏将显示该对象的属性选项。如选择矩形，属性栏中将显示矩形的属性选项。此部分内容在讲解相应的工具按钮时会进行详细说明，在此不进行总结。

（2）选择多个图形的情况下

利用工具同时选择两个或两个以上的图形时，属性栏的状态如图2-29所示。

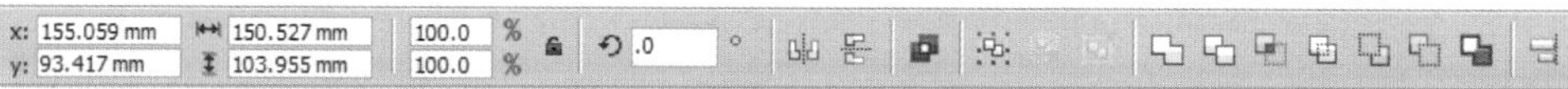

图2-29 【选择】工具的属性栏

- 【合并】按钮：单击此按钮，或执行【排列】/【合并】命令（快捷键为<Ctrl>+<L>键），可将选择的图形结合为一个整体。

利用工具选择结合图形后，单击属性栏中的【拆分】按钮，或执行【排列】/【拆分】命令（快捷键为<Ctrl>+<K>键），可以将结合后的图形拆分。

- 【群组】按钮：单击此按钮，或执行【排列】/【群组】命令（快捷键为<Ctrl>+<G>键），可将选择的图形结合为一个整体。
- 【取消群组】按钮：当选择群组的图形时，单击此按钮，或执行【排列】/【取消群组】命令（快捷键为<Ctrl>+<U>键），可以将多次群组后的图形一级级取消。
- 【取消全部群组】按钮：当选择群组的图形时，单击此按钮，或执行【排列】/【取消全部群组】命令，可将多次群组后的图形一次分解。

提示

当给群组的图形添加【变换】及其他命令操作时，被群组的每个图形都将会发生改变，但是群组内的每一个图形之间的空间关系不会发生改变。

【群组】和【合并】都是将多个图形合并为一个整体的命令，但两者组合后的图形有所

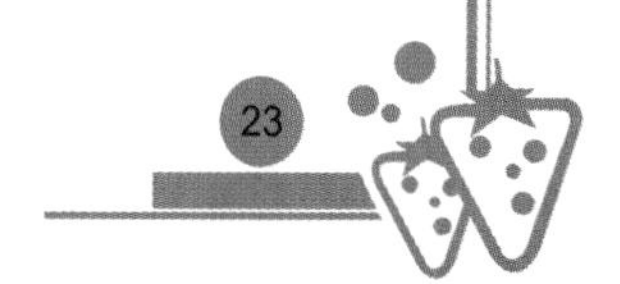

不同。【群组】只是将图形简单地组合到一起，其图形本身的形状和样式并不会发生变化；【合并】是将图形链接为一个整体，其所有的属性都会发生变化，并且图形和图形的重叠部分将会成为透空状态。图形群组与结合后的形态如图2-30所示。

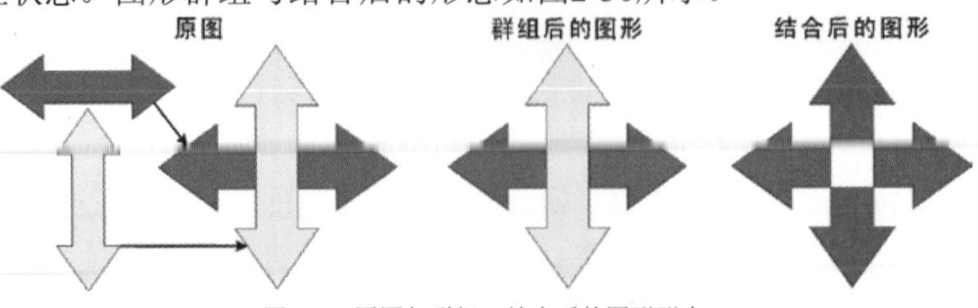

图2-30 原图与群组、结合后的图形形态

- 【图形的修整】按钮：单击相应的按钮，可以对选择的图形执行相应的修整命令，分别为合并、修剪、相交、简化、移除后面对象、移除前面对象和创建边界按钮。
- 【对齐与分布】按钮：设置图形与图形之间的对齐和分布方式。此按钮与【排列】/【对齐和分布】命令的功能相同。单击此按钮将弹出【对齐与分布】对话框。

提示：利用【对齐与分布】命令对齐图形时必须选择2个或2个以上的图形；利用该命令分布图形时，必须选择3个或3个以上的图形。

【对齐】选项卡中各选项的功能如图2-31所示。

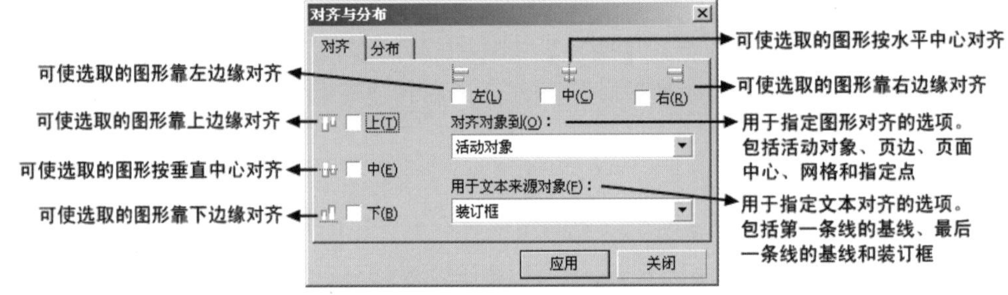

图2-31 【对齐】选项的功能

单击左上方的【分布】选项卡，可切换到【分布】对话框，其中各选项的功能如图2-32所示。

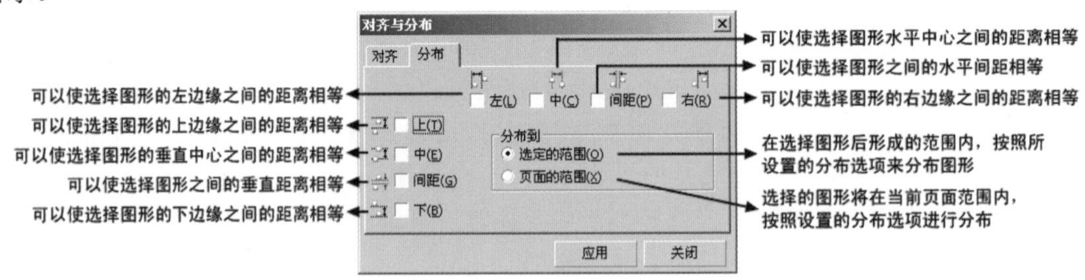

图2-32 【分布】选项的功能

2.2.2 图形单色填充与轮廓色设置

本节将详细介绍图形的单色填充、轮廓颜色设置及去除图形填充与轮廓的方法。

为图形设置单色填充和轮廓色的方法主要有以下几种，分别为利用【调色板】设置、利

用【均匀填充】工具和【轮廓色】工具设置、利用【颜色滴管】工具设置及利用【智能填充】工具设置。另外利用【无填充】工具和【无轮廓】工具可以取消图形的填充色和轮廓色。

一、调色板

【调色板】位于工作界面的右侧，是给图形添加颜色的最快途径。单击【调色板】底部的按钮，可以将【调色板】展开。如果要将展开后的【调色板】关闭，只要在工作区中的任意位置单击即可。另外，将鼠标指针移动到【调色板】中的任一颜色色块上，系统将显示该颜色块的颜色值，如图2-33所示。在颜色块上按住鼠标左键不放，稍等片刻，系统会弹出当前颜色的颜色组，如图2-34所示。

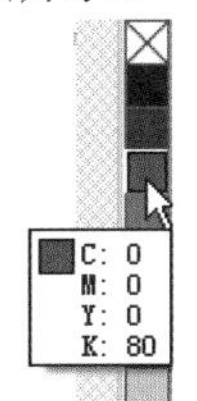

图2-33 显示的颜色值

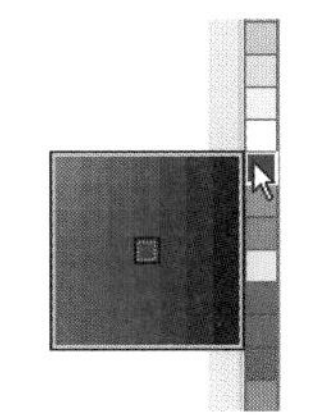

图2-34 弹出的颜色组

将【调色板】拖离默认位置显示的状态如图2-35所示。

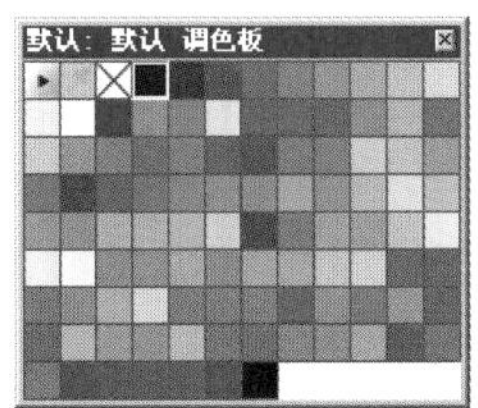

图2-35 独立显示的【调色板】

- 单击【调色板】中的任意一种颜色，可以将其添加到选择的图形上，作为图形的填充色；在任意一种颜色上单击鼠标右键，可以将此颜色添加到选择图形的边缘轮廓上，作为图形的轮廓色。
- 在【调色板】中顶部的按钮上单击鼠标左键，可删除选择图形的填充色；单击鼠标右键，可删除选择图形的轮廓色。

二、利用【均匀填充】和【轮廓色】对话框

在【填充】工具上按下鼠标左键不放，在弹出的隐藏工具组中选择【均匀填充】工具（快捷键为<Shift>+<F11>键），或在【轮廓】工具的隐藏工具组中选择【轮廓色】工具（快捷键为<Shift>+<F12>键），系统将弹出【均匀填充】或【轮廓色】对话框。由于【均匀填充】对话框和【轮廓色】对话框中的选项完全相同，下面将以【均匀填充】对话框为例来详细讲解其使用方法。

【均匀填充】对话框如图2-36所示。

图2-36 【均匀填充】对话框

- 在【模型】下拉列表中可选择要使用的色彩模式，包括“CMYK”、“RGB”、“HSB”和“Lab”等。
- 拖曳颜色色条上的滑块可以选择一种色调。
- 拖曳左侧颜色窗口中的矩形可以选择相应的颜色。
- 在颜色色条右侧的【CMYK】颜色文本框中，直接输入所需颜色的值也可以调制出需要的颜色。另外，当选择的颜色有特定的名称时，【名称】文本框中将显示该颜色的名称。
- 在【名称】下拉列表中可选择软件预设的一些颜色。

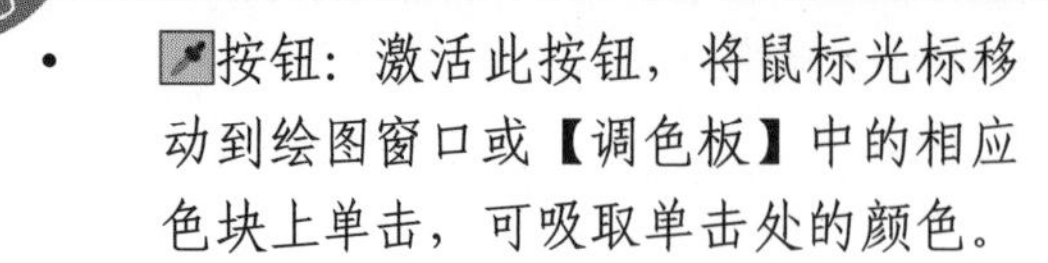

- 按钮：激活此按钮，将鼠标光标移动到绘图窗口或【调色板】中的相应色块上单击，可吸取单击处的颜色。
- 十六进制按钮：单击此按钮，可在弹出的列表中选择按钮下方显示的颜色信息，包括“CMYK”、“RGB”、“HSB”和“Lab”等。

设置好颜色后单击确定(O)按钮，即可将设置的颜色填充到选择的图形中。

三、利用【颜色滴管】工具

利用【颜色滴管】工具为图形填充颜色或设置轮廓色是比较快捷的方法，但前提是绘图窗口中必须有需要的填充色和轮廓色存在。其使用方法为：利用【颜色滴管】工具在指定的图形上吸取需要的颜色，吸取后，该工具将自动变为【填充】工具，此时在指定的图形内单击，即可为图形填充吸取的颜色；在图形的轮廓上单击，即可为轮廓填充颜色。

【颜色滴管】工具的属性栏如图2-37所示。

图2-37 【颜色滴管】工具的属性栏

- 【选择颜色】按钮：激活此按钮，可在文档窗口中进行颜色取样。
- 【应用颜色】按钮：激活此按钮，可将取样颜色应用到对象上。
- 从桌面选择按钮：激活此按钮，【颜色滴管】工具可以移动到文档窗口以外的区域吸取颜色。
- 【1×1】按钮、【2×2】按钮和【5×5】按钮：决定是在单像素中取样，还是对2×2或5×5像素区域中的平均颜色值进行取样。
- 【所选颜色】：右侧显示吸管吸取的颜色。
- 加到调色板按钮：单击此按钮，可将所选的颜色添加到【调色板】中。单击右侧的倒三角按钮，然后选择“文档调色板”，可将所选的颜色添加到当前文档的【调色板】中。

四、利用【智能填充】工具

【智能填充】工具除了可以实现普通的颜色填充之外，还可以自动识别多个图形重叠的交叉区域，对其进行复制然后进行颜色填充。

【智能填充】工具的属性栏如图2-38所示。

图2-38 【智能填充】工具的属性栏

- 【填充选项】选项：包括【使用默认值】、【指定】和【无填充】3个选项。当选择【指定】选项时，单击右侧的颜色色块，可在弹出的颜色选择面板中选择需要填充的颜色。
- 【轮廓选项】选项：包括【使用默认值】、【指定】和【无轮廓】3个选项。当选择【指定】选项时，可在右侧的【轮廓线宽度】选项窗口中指定外轮廓线的粗细。单击最右侧的颜色色块，可在弹出的颜色选择面板中选择外轮廓的颜色。

五、利用【无填充】和【无轮廓】工具

【无填充】工具和【无轮廓】工具可以将选择图形的填充和轮廓去除，具体设置分别如下。

（1）选择一个已经被填充的图形，然后在工具箱中的工具上按下鼠标左键不放，在弹出的隐藏工具组中单击按钮，即可将该图形的填充去除。

（2）选择一个带有外轮廓线的图形，然后在工具箱中的工具上按下鼠标左键不放，在弹出的隐藏工具组中单击按钮，即可将该图形的外轮廓线去除。

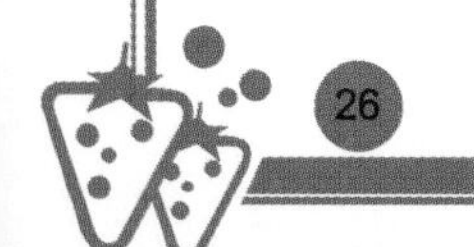

- 选择一个带有外轮廓线的图形，然后在工具属性栏中单击【轮廓宽度】选项，在弹出的下拉列表中选择【无】选项，也可将图形的外轮廓线去除。
- 选择要去除填充或轮廓的图形，然后执行【排列】/【将轮廓转换为对象】命令（快捷键为<Ctrl>+<Shift>+<Q>组合键），将图形的填充和轮廓各自转换为对象，然后将图形的填充或轮廓选择，再按<Delete>键，也可将填充或外轮廓去除。

2.2.3 范例解析——绘制卡通笑脸

本节通过绘制一个卡通图形来介绍各工具的综合运用，绘制的卡通图形如图2-39所示。

在绘制卡通图形时，主要灵活运用【椭圆形】工具以及缩放、对齐、修剪和复制等操作。具体操作方法如下。

图2-39 绘制的卡通图形

1. 按<Ctrl>+<N>键新建一个图形文件。
2. 选择工具，按住<Ctrl>键，绘制圆形图形。
3. 单击【调色板】下方的按钮，将【调色板】展开，然后将鼠标光标移动到上方图2-40所示的色块上单击，为绘制的圆形图形填充颜色。
4. 将鼠标光标移动到【调色板】中的图标上单击鼠标右键，将圆形图形的外轮廓去除，效果如图2-41所示。
5. 继续利用工具，在圆形图形中绘制出图2-42所示的椭圆形图形。

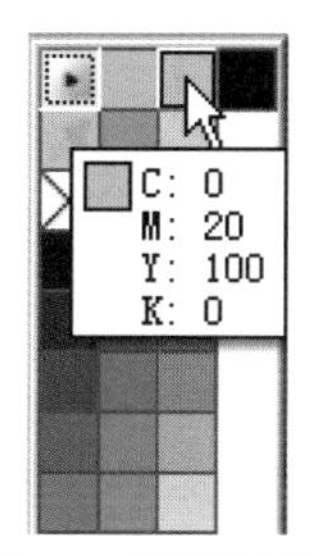

图2-40 选择的颜色

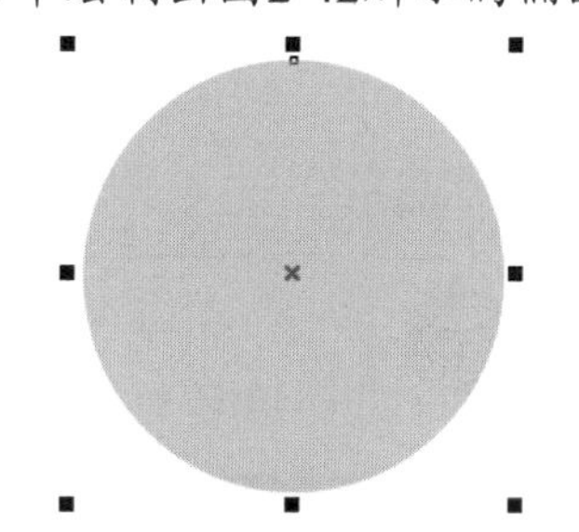

图2-41 填充颜色并去除轮廓后的效果

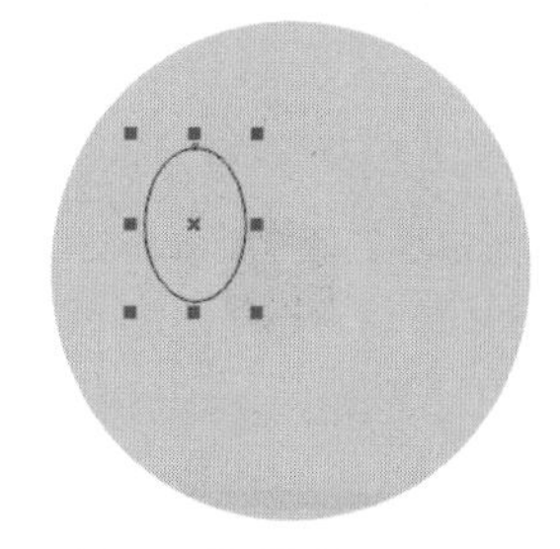

图2-42 绘制的椭圆形图形

6. 选取工具，将鼠标光标放置到选择椭圆形右上角的控制点上按下并向下拖曳，状态如图2-43所示。
7. 至合适位置后，在不释放鼠标左键的情况下单击鼠标右键，缩小并复制椭圆形图形，效果如图2-44所示。
8. 再次利用工具，在复制出的椭圆形图形中依次绘制出图2-45所示的圆形和椭圆形。

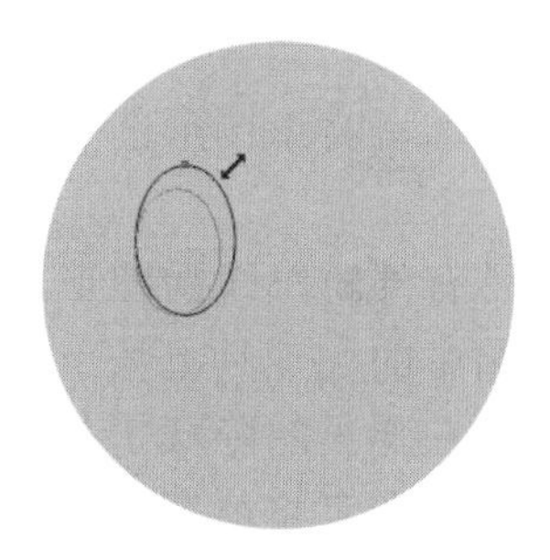

图2-43 缩小图形的形态

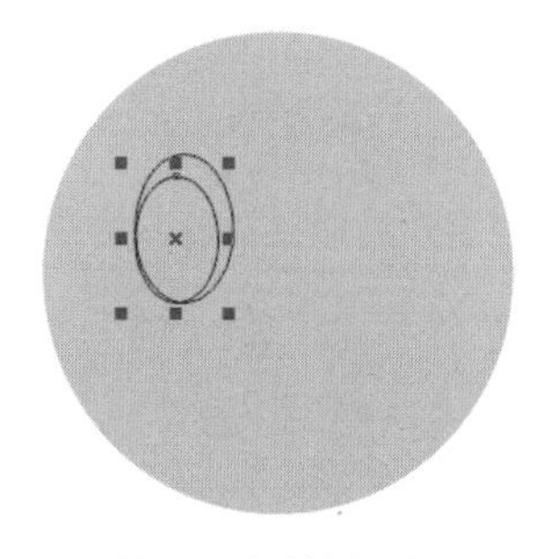

图2-44 复制出的图形

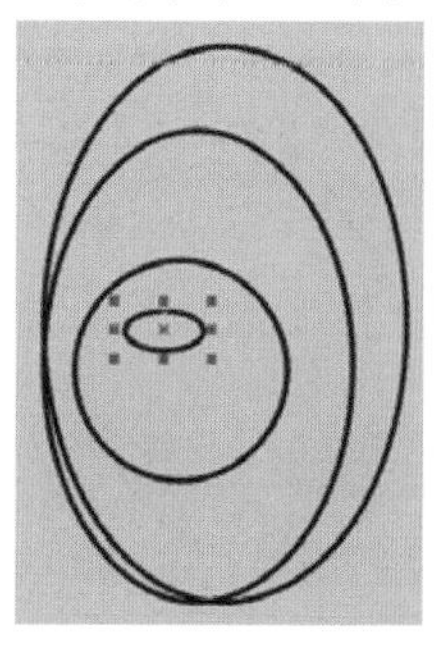

图2-45 绘制的图形

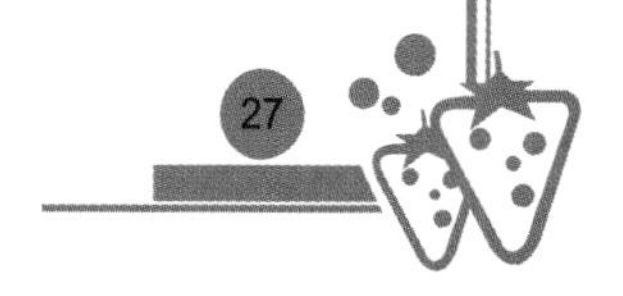

9. 选取工具，将鼠标光标移动到最下方大圆形图形的左上角位置，按下并向右下方拖曳，将图2-46所示的图形框选。释放鼠标后，即可将选择框内的图形同时选择。

10. 单击属性栏中的按钮，在弹出的【对齐与分布】对话框中，选择图2-47所示的选项。然后依次单击 应用 和 关闭 按钮，应用对齐选项，并将对话框关闭。

    选择图形以垂直中心对齐后的效果如图2-48所示。

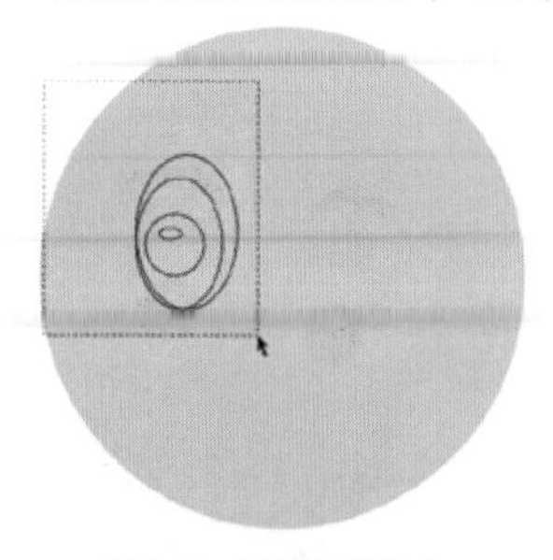

图2-46 框选图形形态

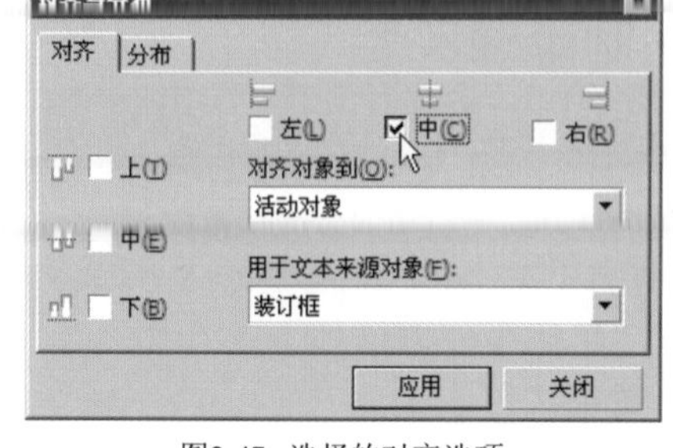

图2-47 选择的对齐选项

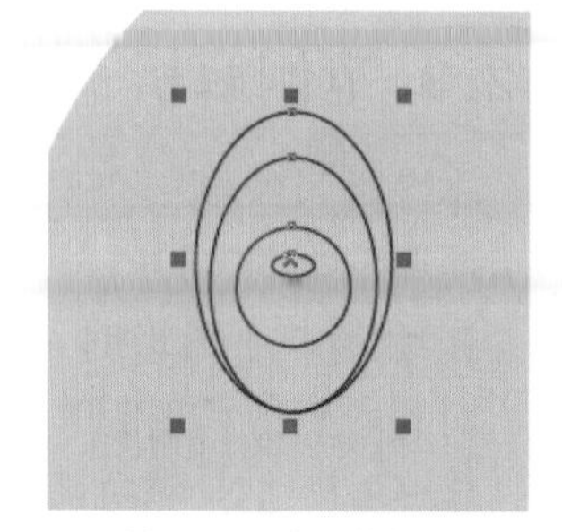

图2-48 对齐后的效果

11. 利用工具分别选择对齐后的图形，分别为其填充不同的颜色，并去除外轮廓，最终效果如图2-49所示。

12. 选取工具，再绘制出图2-50所示的椭圆形图形，然后将鼠标光标移动到中间的 × 位置，当鼠标光标显示为移动符号✥时，按下并向下拖曳，至合适位置后，在不释放鼠标左键的情况下单击鼠标右键，移动复制出图2-51所示的图形。

图2-49 填充的颜色

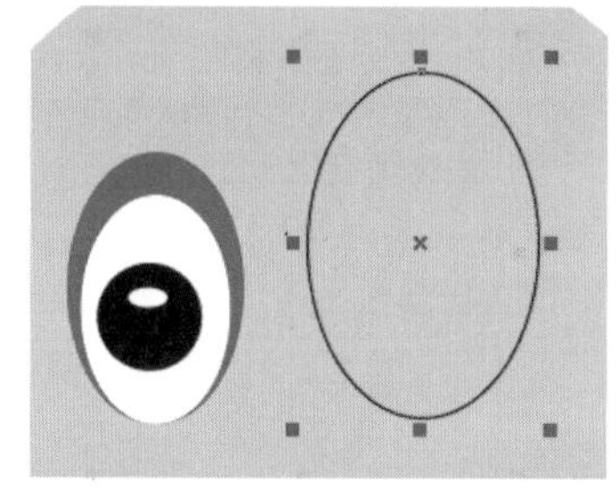

图2-50 绘制的椭圆形图形

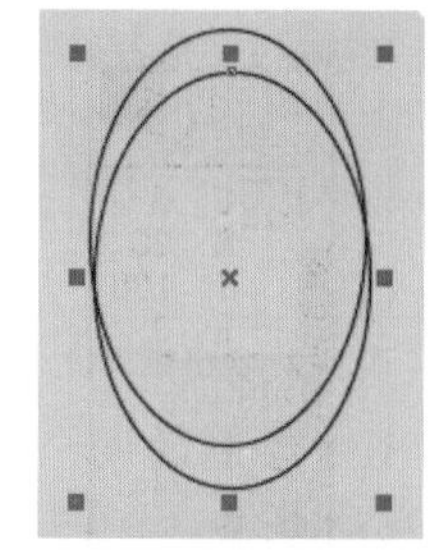

图2-51 复制出的椭圆形

13. 将鼠标光标移动到复制图形右侧中间的控制点上，当鼠标光标显示为双向箭头时，按住<Shift>键，并按下鼠标向右拖曳，将椭圆形以中心向两侧缩放，然后将调整后的椭圆形稍微向右移动位置，如图2-52所示。

14. 按住<Shift>键，单击下方的椭圆形图形，将两个图形同时选择，然后单击按钮，用上方的图形对下方图形进行修剪，效果如图2-53所示。

15. 为修剪后的图形填充黑色，并去除外轮廓，然后将其调整至图2-54所示的位置。

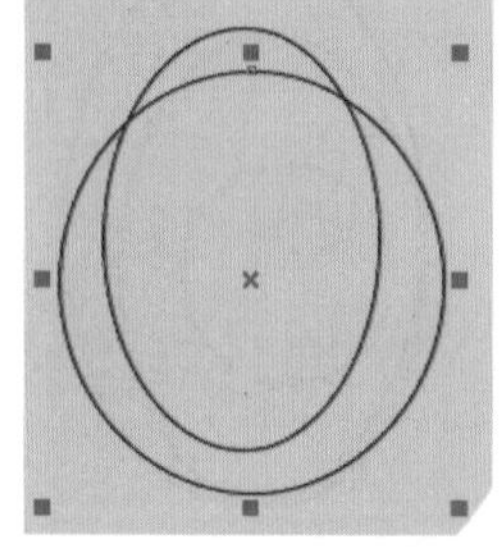

图2-52 调整后的图形

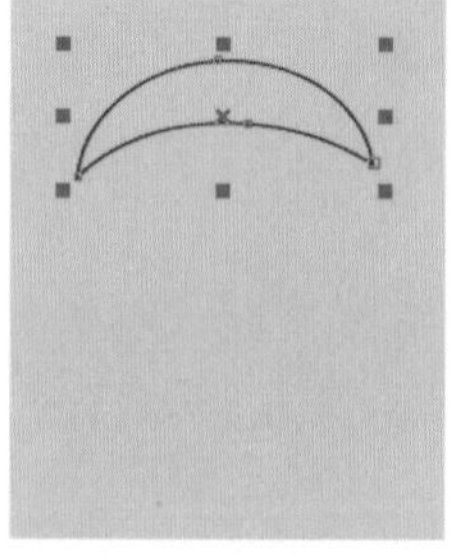

图2-53 修剪后的图形

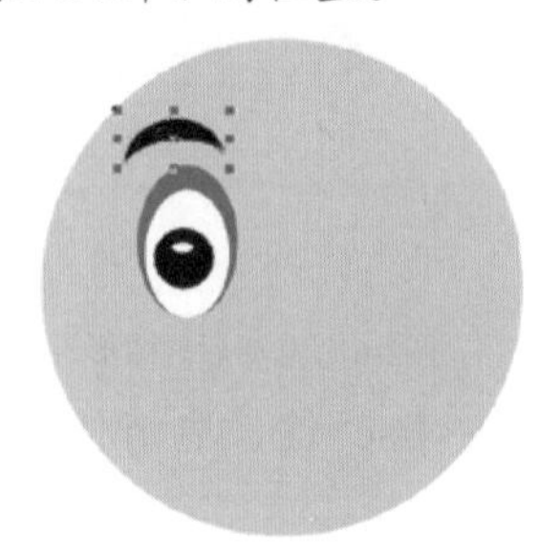

图2-54 调整的位置

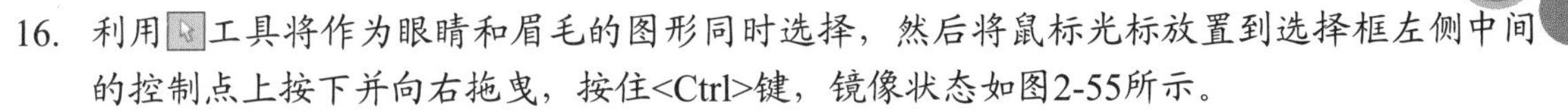

16. 利用工具将作为眼睛和眉毛的图形同时选择，然后将鼠标光标放置到选择框左侧中间的控制点上按下并向右拖曳，按住<Ctrl>键，镜像状态如图2-55所示。
17. 在不释放鼠标左键的情况下单击鼠标右键，镜像复制出图2-56所示的图形。
18. 按住<Shift>键，向右移动复制出的图形，将其调整至图2-57所示的位置。

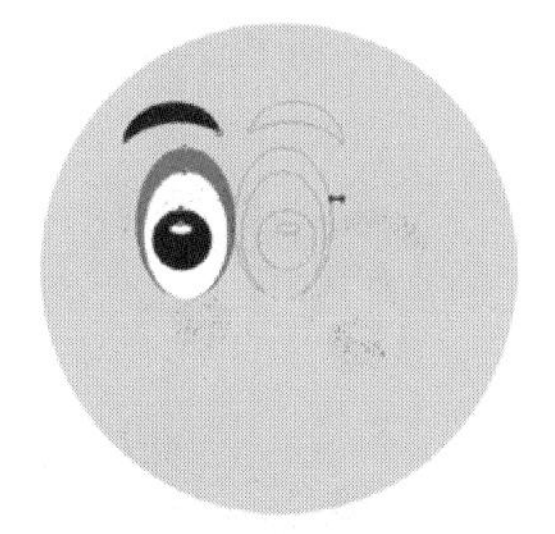

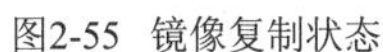

图2-55 镜像复制状态

图2-56 镜像复制出的图形

图2-57 移动后的位置

下面我们来绘制卡通图形的嘴巴图形。

19. 选取工具，将鼠标光标移动到图2-58所示的位置后拖曳，确定绘制图形的长度，然后移动鼠标至图2-59所示的位置单击，绘制椭圆形图形。
20. 用与步骤12～13相同的方法，复制图形并对其进行调整，调整后的形态如图2-60所示。

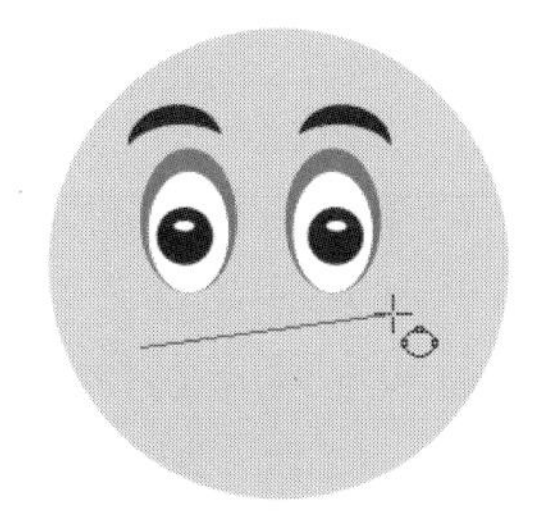

图2-58 拖曳鼠标状态

图2-59 绘制椭圆形

图2-60 复制出的图形

21. 将刚才绘制的两个椭圆形图形同时选择，单击属性栏中的按钮，图形修剪后的形态如图2-61所示。
22. 为修剪后的图形填充红色，并去除外轮廓，然后利用工具再绘制出图2-62所示的椭圆形图形。
23. 选取工具，按住<Shift>键单击修剪后的嘴巴图形，将其与刚绘制的椭圆形图形同时选择，再单击属性栏中的按钮，对图形进行相交处理，效果如图2-63所示。

图2-61 修剪后的图形

图2-62 绘制的椭圆形图形

图2-63 相交后的图形

24. 按<Esc>键，取消任何图形的选择，然后将作为辅助图形的椭圆形图形选择并按<Delete>键删除。
25. 单击相交后生成的图形，将其选择，然后为其填充颜色值为（C:0, M:0, Y:20, K:0）的淡

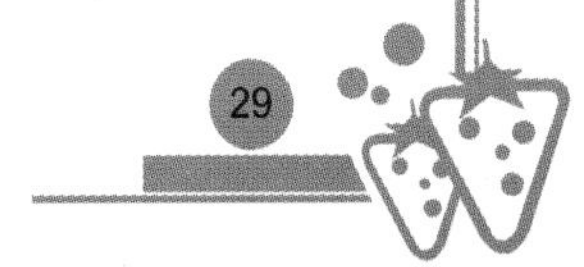

黄色，效果如图2-64所示。

26. 利用工具框选上方的“眼睛和眉毛”图形，然后在选择的图形上再次单击，使其选择框显示为图2-65所示的变换框。
27. 将鼠标光标移动到右上角的旋转符号上，当鼠标光标显示为旋转符号时，按下并向左拖曳，旋转选择的图形，至合适位置后释放鼠标，绘制出的卡通笑脸图形如图2-66所示。

图2-64 相交图形修改的颜色

图2-65 显示的旋转框

图2-66 绘制的图形

28. 按<Ctrl>+<S>组合键，将此文件命名为“卡通笑脸.cdr”保存。

2.2.4 课堂实训——标志设计

下面灵活运用工具、工具、工具及工具来设计图2-67所示的服装品牌标志。

图2-67 设计的服装标志

【步骤提示】

1. 新建一个图形文件。
2. 选取工具，设置属性栏中选项的参数为“5”，然后按住<Ctrl>键，绘制五边形图形，再选取工具，绘制出图2-68所示的矩形图形。

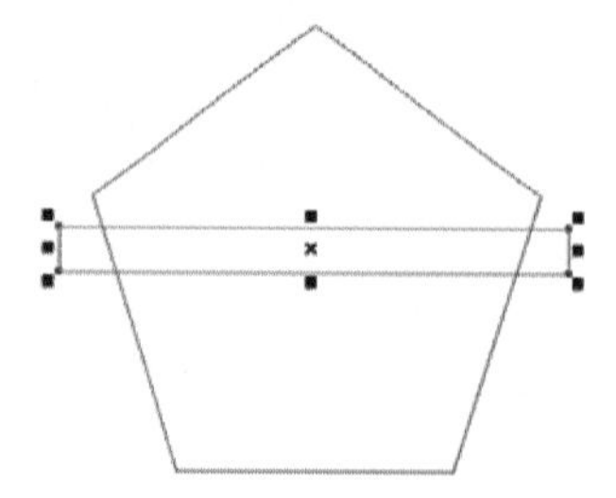
图2-68 绘制的五边形及矩形

3. 选取工具，在选择的矩形图形上单击，使其显示旋转扭曲符号，然后按住<Ctrl>键，将鼠标光标放置到右上角的旋转符号处，当鼠标光标显示为旋转符号时按下并向下拖曳，观察属性栏中的 345.0 选项参数为“345”时，释放鼠标，将矩形图形旋转调整至图2-69所示的形态。

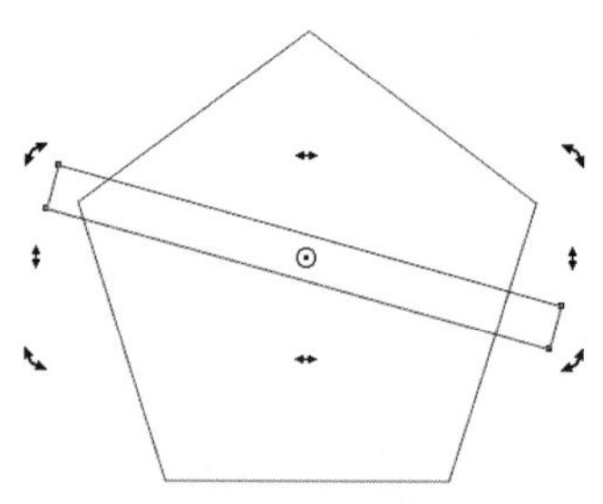
图2-69 矩形旋转后的形态

4. 按<Esc>键，取消图形的选择状态。然后选取工具，并单击属性栏中的按钮，在弹出的列表中单击 其它(O)... 按钮。
5. 在弹出的【选择颜色】对话框中，单击【调色板】选项卡，然后将【调色板】选项设置为“默认RGB调色板”，并在其上选择图2-70所示的颜色。

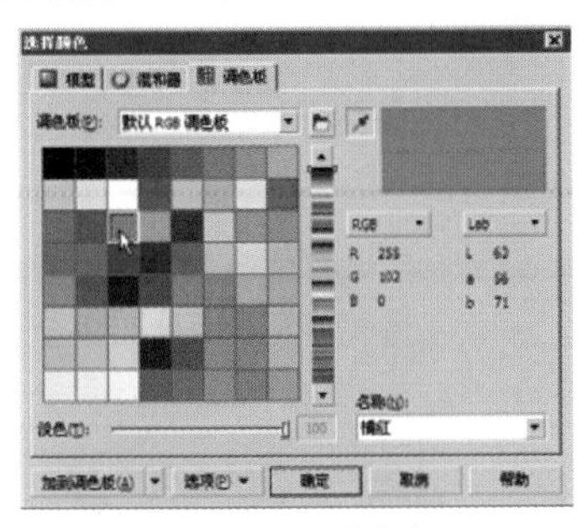

图2-70 选择的颜色

6. 单击 确定 按钮，确定颜色的选取，然后在属性栏中将【轮廓选项】设置为“无轮廓”。
7. 将鼠标光标移动到图2-71所示的位置单击，为此处填充设置的颜色，如图2-72所示。

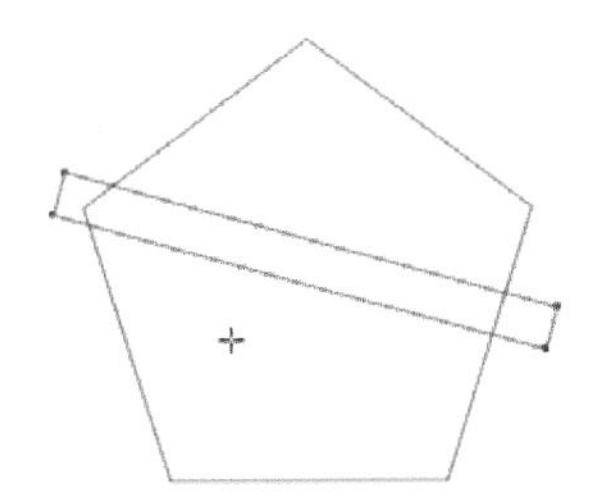

图2-71 鼠标光标单击的位置

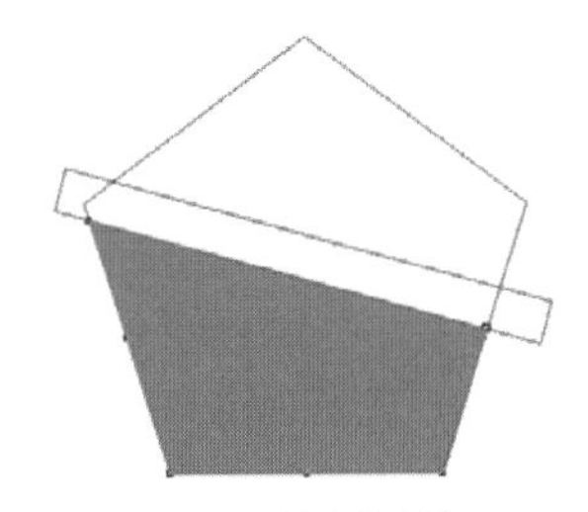

图2-72 填充的颜色

8. 再次单击属性栏中的 按钮，并单击 其它(O)... 按钮，在弹出的【选择颜色】对话框中选择图2-73所示的颜色。

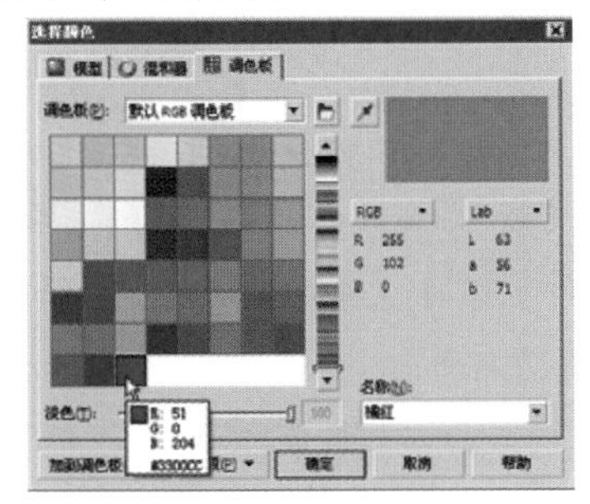

图2-73 选择的颜色

9. 单击 确定 按钮，确定颜色的选取，然后将鼠标光标移动到矩形图形的上方位置单击，为此处填充设置的颜色，如图2-74所示。

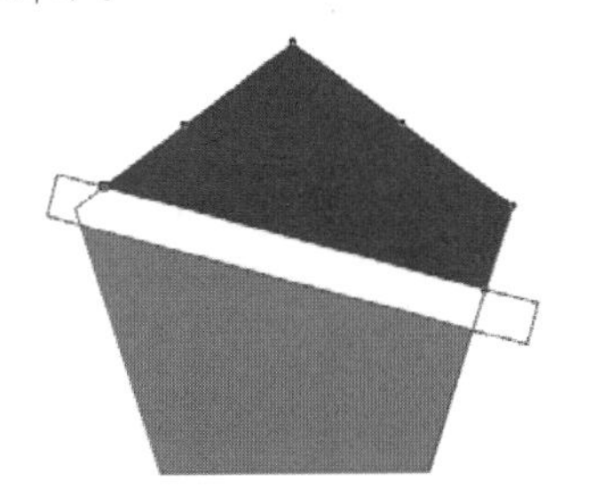

图2-74 填充的颜色

10. 选取 工具，依次选择矩形图形和五边形图形，按<Delete>键删除，效果如图2-75所示。

图2-75 删除图形后的效果

11. 选取 工具，在属性栏中分别设置 选项的参数为“8”和“56”，然后绘制出图2-76所示的星形图形。

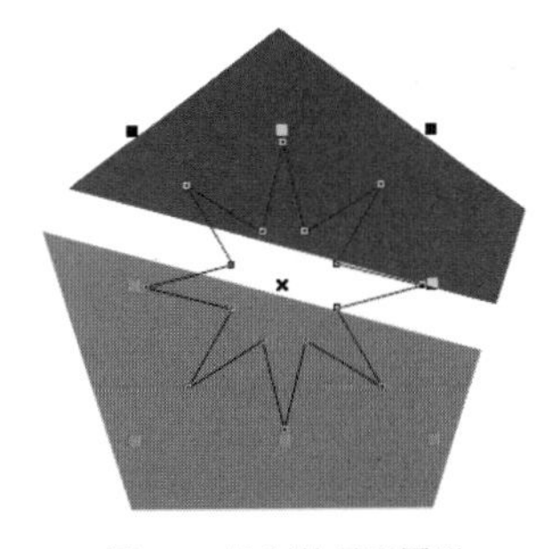

图2-76 绘制的星形图形

12. 将鼠标光标移动到【调色板】的“黄”颜色块上单击，为星形图形填充黄色，然后在“白”颜色块上单击鼠标右键，将图形的轮廓色设置为白色。
13. 在属性栏中将 选项的参数设置为

“4mm”，调整轮廓宽度后的效果如图2-77所示。

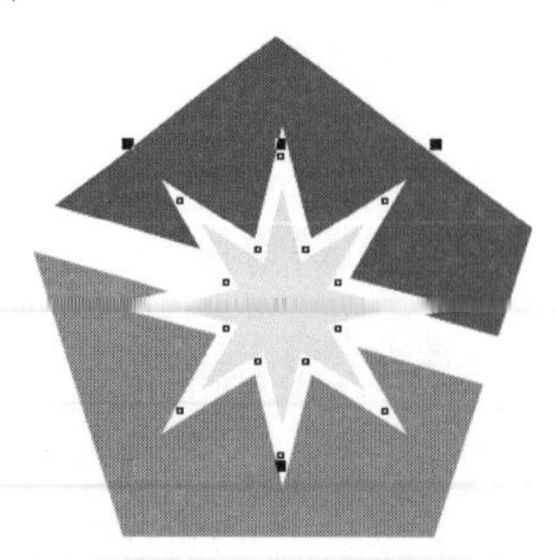

图2-77 设置轮廓后的效果

此处读者设置“4mm”的轮廓宽度也许并不合适，读者也可根据自己绘制图形的大小来自行设置图形的轮廓宽度，使其达到图2-77所示比例即可。

14. 选取字工具，在图形的下方依次输入图2-78所示的文字和英文字母，即可完成标志的设计。

图2-78 输入的文字及字母

15. 按<Ctrl>+<S>组合键，将此文件命名为“标志设计.cdr”保存。

2.3 综合案例——绘制指示牌

本节综合利用【矩形】工具、【椭圆形】工具，结合各种复制操作、【导入】命令和【文本】工具绘制出图2-79所示的指示牌。

1. 按<Ctrl>+<N>键，新建一个图形文件。
2. 利用□工具绘制一个矩形图形，然后为其填充酒绿色（C:40, Y:100）并去除外轮廓。
3. 将鼠标光标移动到矩形图形上方图2-80所示的选择控制点上，按下鼠标并向下拖曳，至图2-81所示的位置后，在不释放鼠标左键的情况下单击鼠标右键，将矩形图形垂直镜像复制。

图2-79 绘制出的企业指示牌

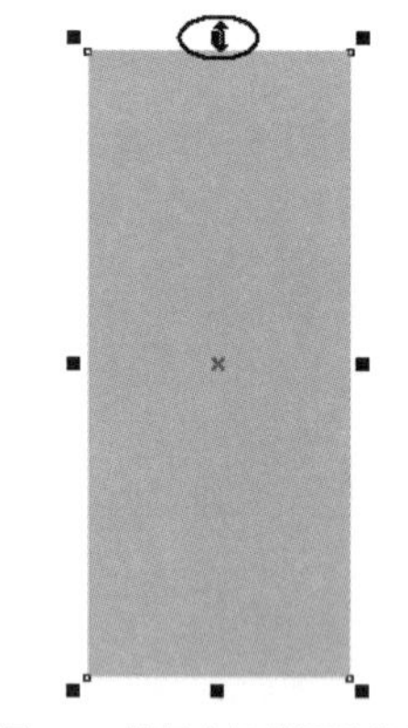

图2-80 鼠标光标放置的位置

图2-81 垂直镜像复制图形时的状态

4. 为复制出的矩形图形填充黑色，然后按住<Shift>键，将鼠标光标移动到图2-82所示的控制点上按下并向左拖曳，将矩形图形在水平方向上对称缩小，缩小后的图形如图2-83所示。
5. 选取○工具，按住<Ctrl>键在酒绿色矩形的左上角绘制出图2-84所示的黑色、无外轮廓的圆形。

图2-82 鼠标光标所在的位置

图2-83 图形缩小后的形态

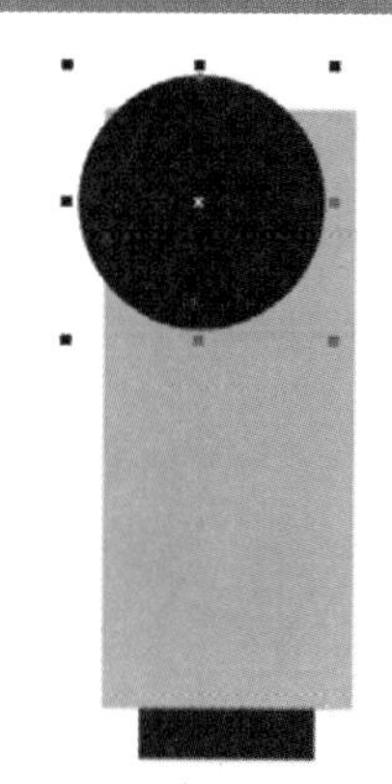

图2-84 绘制的圆形图形

6. 按键盘数字区中的<+>键，在原位置复制一个黑色圆形，然后将其填充色修改为白色。
7. 单击工具，在弹出的隐藏工具组中选择工具，弹出【轮廓笔】对话框，设置各选项参数如图2-85所示，然后单击确定(O)按钮。

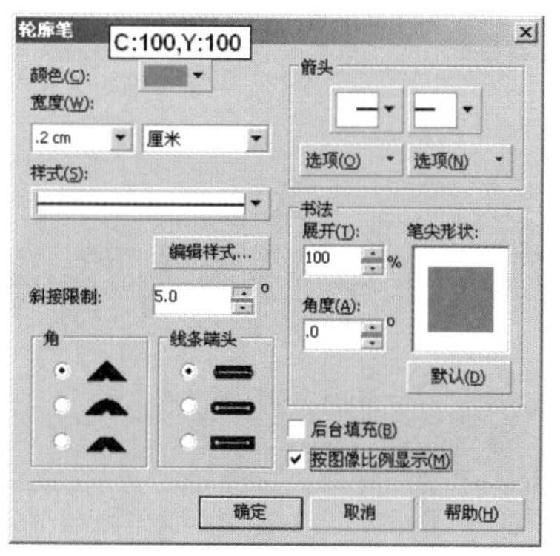

图2-85 设置的轮廓属性

8. 将复制并调整填充和轮廓属性后的圆形图形向左上角轻微移动位置，效果如图2-86所示。

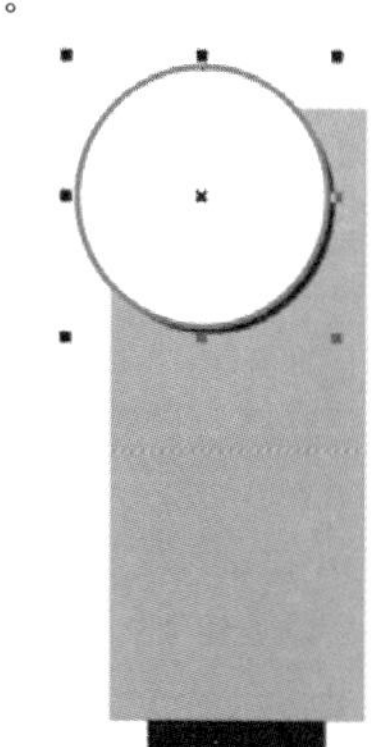

图2-86 复制图形调整后的位置

9. 单击工具栏中的按钮，将第2.2.4小节设计的标志图形导入，此处可在弹出的【导入】对话框中，选择“图库\第02章”目录下名为“标志设计.cdr”的图形文件。
10. 按<Esc>键，取消图形的选择状态，然后按住<Ctrl>键单击标志图形中的星形图形，将其选择。
11. 单击工具，在弹出的隐藏工具组中选择工具，然后在弹出的【轮廓笔】对话框中勾选【按图像比例显示】选项，单击确定(O)按钮。

在【轮廓笔】对话框中勾选【按图像比例显示】选项后，图形在缩放时，其轮廓宽度也会按照比例缩放，否则轮廓宽度不随图形缩放而变化。

12. 单击标志图形，将其全部选择，然后将其调整合适的大小后放置到图2-87所示的位置。

图2-87 标志调整后的大小及位置

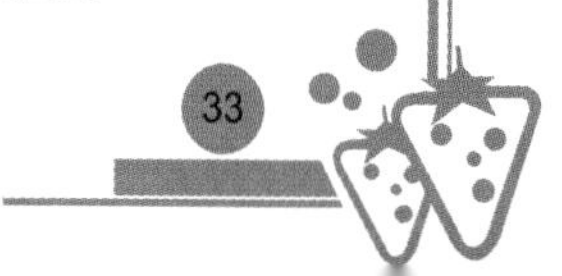

13. 在工具上按下鼠标，在展开的工具组中选取工具，然后将鼠标光标移动到酒绿色矩形图形上拖曳，绘制箭头图形，并为其填充白色，再去除外轮廓，效果如图2-88所示。
14. 利用工具，在箭头图形的下方绘制白色的无外轮廓的长条矩形图形，然后利用工具，在矩形的上、下分别输入图2-89所示的白色文字和字母，即可完成指示牌的绘制。

图2-88 绘制出的箭头图形

图2-89 输入的文字

15. 按<Ctrl>+<S>键，将此文件命名为“指示牌.cdr”保存。

2.4 课后作业

1. 灵活运用本章学习的工具及操作绘制出图2-90所示的卡通图标。

图2-90 卡通图标

2. 利用本章学习的【星形】工具及【智能填充】工具，读者自己动手绘制出图2-91所示的立体星形图形。

图2-91 立体星形图形

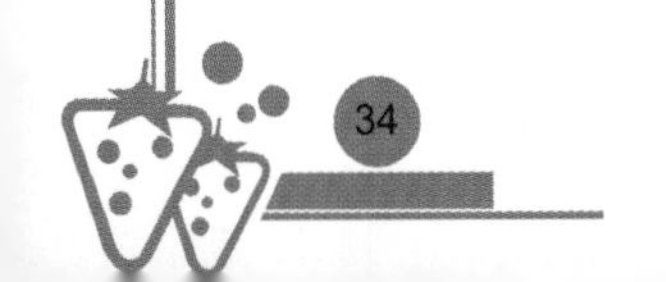

第3章

线形、形状和艺术笔工具

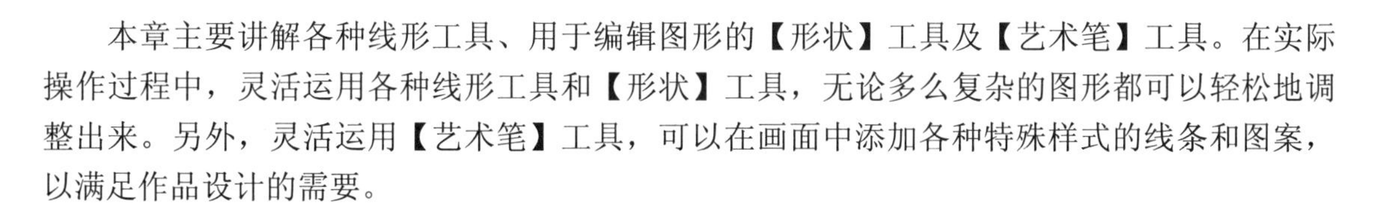

本章主要讲解各种线形工具、用于编辑图形的【形状】工具及【艺术笔】工具。在实际操作过程中，灵活运用各种线形工具和【形状】工具，无论多么复杂的图形都可以轻松地调整出来。另外，灵活运用【艺术笔】工具，可以在画面中添加各种特殊样式的线条和图案，以满足作品设计的需要。

【本章课时】

本章课时为3小时。

【教学目标】

- 掌握各种线形工具的功能及使用方法。
- 掌握【形状】工具的应用。
- 掌握手绘图形及调整图形的方法。
- 熟悉【艺术笔】工具的运用。

3.1 线形和形状工具

线形和形状工具是实际工作过程中非常重要的工具，本节来具体讲解。

3.1.1 功能讲解

下面主要来讲解各种线形工具的使用方法和属性设置以及形状工具的使用方法。

一、 线形工具

线形工具主要包括【手绘】工具、【2点线】工具、【贝塞尔】工具、【钢笔】工具、【B-Spline】工具、【折线】工具、【3点曲线】工具和【智能绘图】工具。各工具的使用方法分别如下。

（1） 【手绘】工具：选择工具，在绘图窗口中单击鼠标左键确定第一点，然后移动鼠标指针到适当的位置再次单击确定第二点，即可在这两点之间生成一条直线；如在第二点位置双击鼠标，然后继续移动鼠标指针到适当的位置双击确定第三点，依次类推，可绘制连续的线段，当要结束绘制时，可在最后一点处单击；在绘图窗口中拖曳鼠标，可以沿鼠标指针移动的轨迹绘制曲线；绘制线形时，当将鼠标指针移动到第一点位置、鼠标指针显示形状时单击，可将绘制的线形闭合，生成不规则的图形。

（2） 【2点线】工具：选择工具，在绘图窗口中拖曳鼠标，可以绘制一条直线，拖动时，线段的长度和角度会显示在状态栏中。另外，激活工具属性栏中按钮，可创建与对象垂直的直线；激活按钮，可创建与对象相切的直线。

（3） 【贝塞尔】工具：选择工具，在绘图窗口中依次单击，即可绘制线或连续的线段；在绘图窗口中单击鼠标左键确定线的起始点，然后移动鼠标指针到适当的位置再次单击并拖曳，即可在节点的两边各出现一条控制柄，同时形成曲线；移动鼠标指针后依次单击并拖曳，即可绘制出连续的曲线；当将鼠标指针放置在创建的起始点上、鼠标指针显示形状时，单击即可将线闭合形成图形。在没有闭合图形之前，按<Enter>键、空格键或选择其他工具，即可结束操作生成曲线。

（4） 【钢笔】工具：【钢笔】工具与【贝塞尔】工具的功能及使用方法完全相同，只是【钢笔】工具比【贝塞尔】工具好控制，且在绘图图形过程中可预览鼠标指针的拖曳方向，还可以随时增加或删除节点。

当利用【钢笔】工具或【贝塞尔】工具绘制图形时，在没有闭合图形之前，按<Ctrl>+<Z>键或<Alt>+<Backspace>键，可自后向前擦除刚才绘制的线段，每按一次，将擦除一段。按<Delete>键，可删除绘制的所有线。另外，在利用【钢笔】工具绘制图形时，按住<Ctrl>键，将鼠标指针移动到绘制的节点上，按下鼠标左键并拖曳，可以移动该节点的位置。

（5） 【B-Spline】工具：可以通过使用控制点，轻松塑造曲线形状和绘制贝塞尔曲线。激活此按钮后，将鼠标光标移动到绘图窗口中依次单击，即可绘制贝塞尔曲线；在要结束的位置双击鼠标，即可完成线形的绘制；将鼠标光标移动到第一点位置单击，可封闭图形。

（6） 【折线】工具：选择工具，在绘图窗口中依次单击，可创建连续的线段；在绘图窗口中拖曳鼠标指针，可以沿鼠标指针移动的轨迹绘制曲线。要结束操作，可在终点处双击。如将鼠标指针移动到创建的第一点位置，当鼠标指针显示为形状时单击，也可将绘制的线形闭合，生成不规则的图形。

（7） 【3点曲线】工具：选择工具，在绘图窗口中按下鼠标左键不放，然后向任意方向拖曳，确定曲线的两个端点，至合适位置后释放鼠标左键，再移动鼠标确定曲线的弧度，至合适位置后再次单击，即可完成曲线的绘制。

【手绘】工具、【2点线】工具、【钢笔】工具、【B-Spline】工具、【折线】工具和【3点曲线】工具的属性栏基本相同，下面以【钢笔】工具的属性栏为例来讲解各选项的功能，其属性栏如图3-1所示。【贝塞尔】工具的属性栏与【形状】工具的相同，将在【形状】工具中讲解。

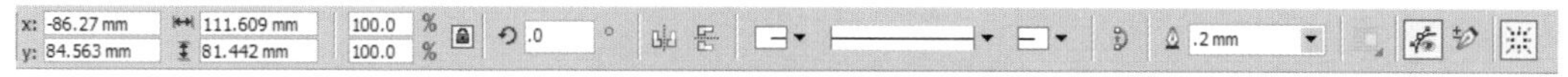

图3-1 【钢笔】工具的属性栏

- 【起始箭头】按钮：设置绘制线段起始处的箭头样式。单击此按钮，将弹出图3-2所示的【箭头选择】面板。使用不同的箭头样式绘制出的直线效果如图3-3所示。

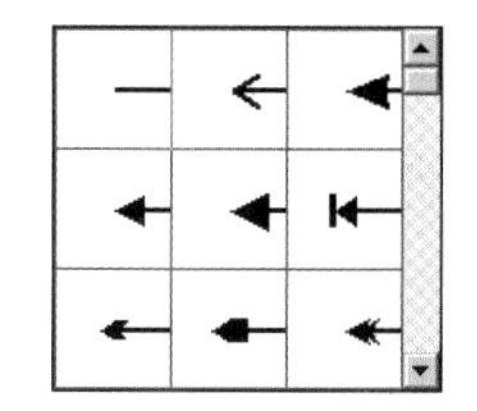

图3-2 【箭头选择】面板

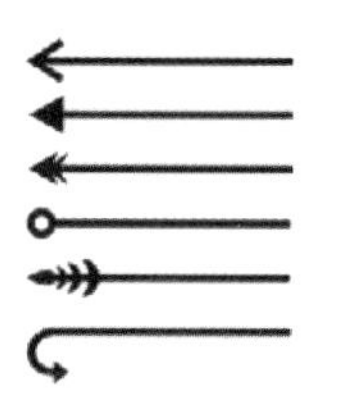

图3-3 使用不同的箭头样式绘制的直线效果

- 【轮廓样式】按钮：设置线形或图形外轮廓线的样式。
- 【终止箭头】按钮：设置绘制线段终点处箭头的样式。其功能及使用方法与【起始箭头】按钮相同。
- 【自动闭合曲线】按钮：选择任意未闭合的线形，单击此按钮，可以通过一条直线将当前未闭合的线形首尾进行连接，使其闭合。
- 【预览模式】按钮：激活此按钮，在利用【钢笔】工具绘制图形时，可以预览绘制的图形形状。
- 【自动添加/删除】按钮：激活此按钮，利用【钢笔】工具绘制图形时，可以对图形上的节点进行添加或删除。将鼠标指针移动到绘制图形的轮廓线上，当鼠标指针的右下角出现“+”符号时，单击将会在单击鼠标位置添加一个节点；将鼠标指针放置在绘制图形轮廓线的节点上，当鼠标指针的右下角出现“-”符号时，单击可以将此节点删除。
- 【边框】按钮：使用曲线工具绘制线条时，可隐藏显示于绘制线条周围的边框。默认情况下线形绘制后，将显示边框。

提示 这里所说的曲线工具包括：【手绘】工具、【2点线】工具、【贝塞尔】工具、【艺术笔】工具、【钢笔】工具、【B-Spline】工具、【折线】工具和【3点曲线】工具。

除以上各选项外，【手绘】工具、【B-Spline】工具、【折线】工具和【3点曲线】工具的属性栏中还有一个【手绘平滑】选项。

- 【手绘平滑】选项：在文本框中输入数值，或单击右侧的按钮并拖曳弹出的

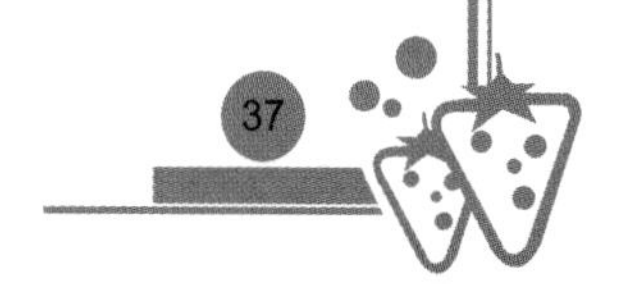

滑块，可以设置绘制线形的平滑程度。数值越大，绘制的线形越光滑。

（8） 【智能绘图】工具：选择【智能绘图】工具，并在属性栏中设置好【形状识别等级】和【智能平滑等级】选项后，将鼠标指针移动到绘图窗口中自由草绘一些线条（最好有一点规律性，如大体像椭圆形、矩形或三角形等），系统会自动对绘制的线条进行识别、判断，并组织成最接近的几何形状。如果绘制的图形未被转换为某种形状，则系统对其进行平滑处理，转换为平滑曲线。

【智能绘图】工具的属性栏如图3-4所示。

形状识别等级：中　智能平滑等级：中　发丝

图3-4 【智能绘图】工具的属性栏

- 【形状识别等级】选项：设置图形转换的识别等级，等级越低，最终图形越接近手绘形状。
- 【智能平滑等级】选项：设置平滑等级，等级越高，最终图形越平滑。

二、 形状工具

利用【形状】工具可以对绘制的线形或图形按照设计需要进行任意形状的调整，也可以用来改变文字的间距、行距及指定文字的位置、旋转角度和属性设置等。下面主要来讲解利用【形状】工具对线形或图形进行调整的方法。

图形包括几何图形和曲线图形。几何图形是指不具有曲线性质的图形，如矩形、椭圆形和多边形等。曲线图形是指利用【手绘】工具组中的工具绘制的线形或闭合图形。利用【形状】工具调整不同的图形，其方法也各不相同，分别讲解如下。

（1） 调整几何图形

利用【形状】工具调整几何图形时，其属性栏与调整图形的属性栏相同。调整方法为：选择几何图形，然后选择工具（快捷键为<F10>键），再将鼠标指针移动到任意控制节点上按下鼠标左键并拖曳，至合适位置后释放鼠标左键，即可对几何图形进行调整。

当需要将几何图形调整成具有曲线的任意图形时，必须将此图形转换为曲线图形。方法为：选择几何图形，然后执行【排列】/【转换为曲线】命令（快捷键为<Ctrl>+<Q>键）或单击属性栏中的按钮，即可将其转换为曲线。

（2） 调整曲线图形

选择曲线图形，然后选择【形状】工具，此时的属性栏如图3-5所示。

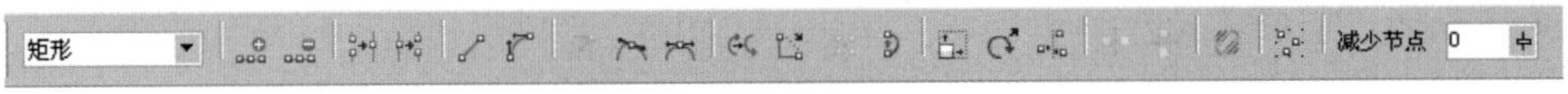

矩形　减少节点 0

图3-5 【形状】工具的属性栏

- 选择节点：利用工具调整曲线图形之前，首先要选择相应的节点。【形状】工具属性栏中有两种节点选择方式，分别为【矩形】和【手绘】。

选择【矩形】节点选择方式，在拖曳鼠标选择节点时，根据拖曳的区域会自动生成一个矩形框，释放鼠标左键后，矩形框内的节点会全部被选择。

选择【手绘】节点选择方式，在拖曳鼠标选择节点时，将用自由手绘的方式拖出一个不规则的形状区域，释放鼠标左键后，区域内的节点会全部被选择。

选择节点后，可同时对所选择的多个节点进行调节，以对曲线进行调整。如果要取消对节点的选择，在工作区的空白处单击或者按<Esc>键即可。

- 【添加节点】按钮：可以在线形或图形上的指定位置添加节点。操作方法为：先

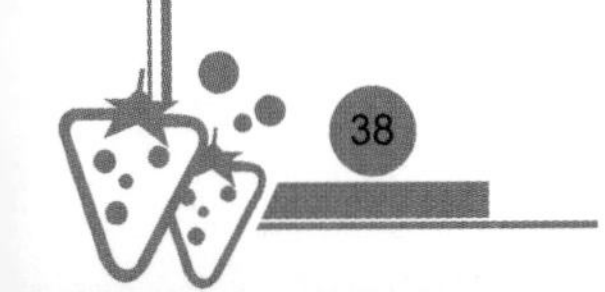

将鼠标指针移动到线上，当鼠标指针显示为形状时单击，此时鼠标单击处显示一个小黑点，单击属性栏中的按钮，即可在此处添加一个节点。

除了可以利用按钮在曲线上添加节点外，还有以下几种方法。（1）利用【形状】工具在曲线上需要添加节点的位置双击。（2）利用【形状】工具在需要添加节点的位置单击，然后按键盘中数字区的<+>键。（3）利用【形状】工具选择两个或两个以上的节点，然后单击按钮或按键盘中数字区的<+>键，即可在选择的每两个节点中间添加一个节点。

- 【删除节点】按钮：可以将选择的节点删除。操作方法为：将鼠标指针移动到要删除的节点上单击鼠标左键将其选择，然后单击属性栏中的按钮，即可将该节点删除。

除了可以利用按钮删除曲线上的节点外，还有以下两种方法。（1）利用【形状】工具在曲线上需要删除的节点上双击。（2）利用【形状】工具将要删除的节点选择，按<Delete>键或键盘中数字区的<->键。

- 【连接两个节点】按钮：可以把未闭合的线连接起来。操作方法为：先选择未闭合曲线的起点和终点，然后单击按钮，即可将选择的两个节点连接为一个节点。
- 【断开曲线】按钮：可以把闭合的线分割开。操作方法为：选择需要断开的节点，单击按钮可以将其分成两个节点。注意，将曲线分割后，需要将节点移动位置才可以看出效果。
- 【转换为线条】按钮：可以把当前选择的曲线转换为直线。图3-6所示为原图与其转换为直线后的效果。

图3-6 原图与其转换为直线后的效果

- 【转换为曲线】按钮：可以把当前选择的直线转换为曲线，从而进行任意形状的调整。其转换方法具体分为以下两种。

当选择直线图形中的一个节点时，单击按钮，在被选择的节点逆时针方向的线段上将出现两条控制柄，通过调整控制柄的长度和斜率，可以调整曲线的形状，如图3-7所示。

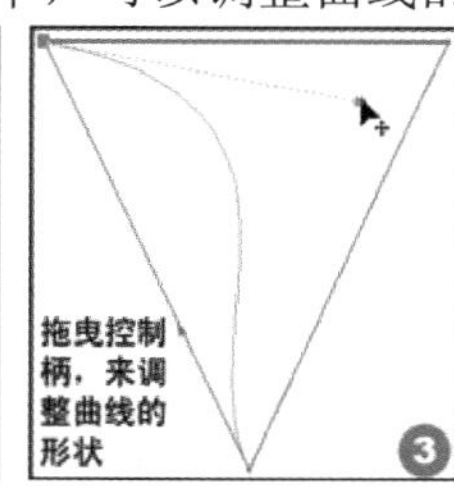

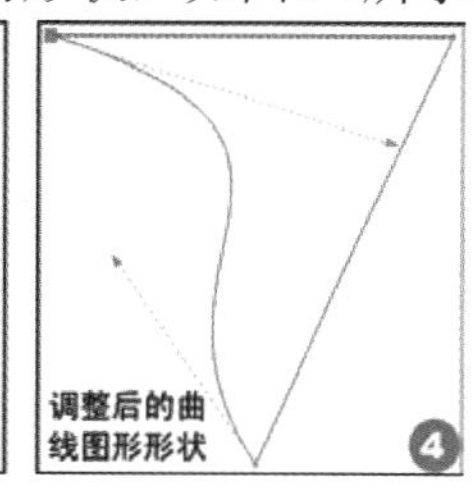

图3-7 转换曲线并调整形状

将图形中所有的节点选择后，单击属性栏中的按钮，则使整个图形的所有节点转换为曲线，将鼠标指针放置在任意边的轮廓上拖曳，即可对图形进行调整。

- 转换节点类型：节点转换为曲线性质后，节点还具有尖突、平滑和对称 3 种类型，如图3-8所示。

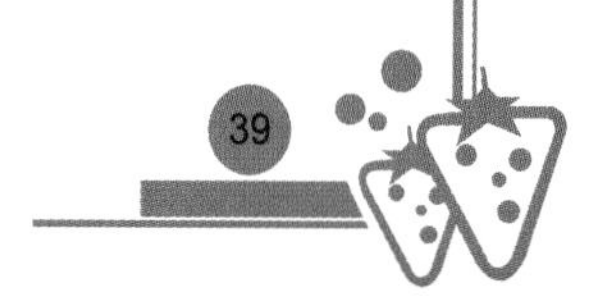

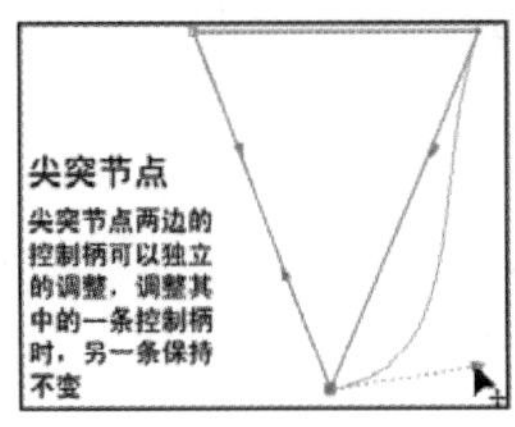

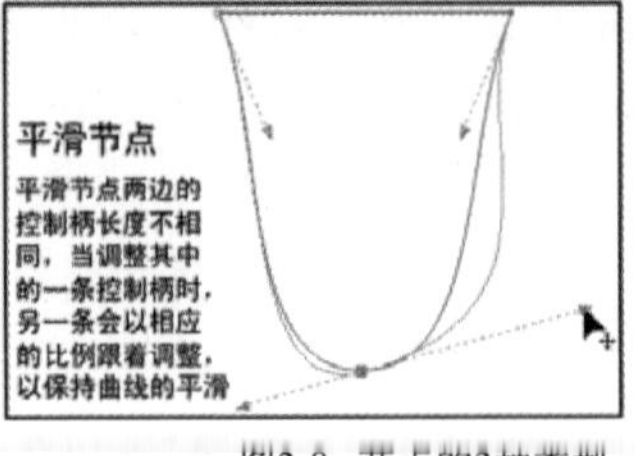

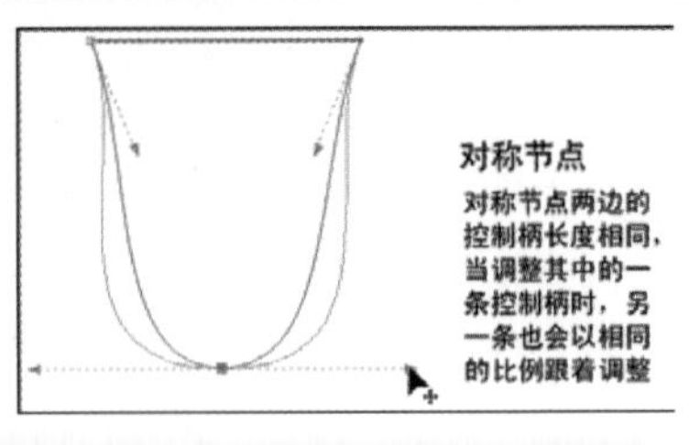

图3-8 节点的3种类型

当选择的节点为平滑节点或对称节点时，单击【尖突节点】按钮，可将节点转换为尖突节点。

当选择的节点为尖突节点或对称节点时，单击【平滑节点】按钮，可将节点转换为平滑节点。此节点常用作直线和曲线之间的过渡节点。

当选择的节点为尖突节点或平滑节点时，单击【对称节点】按钮，可以将节点转换为对称节点。对称节点不能用于连接直线和曲线。

- 【反转方向】按钮：选择任意转换为曲线的线形和图形，单击此按钮，将改变曲线的方向，即将起始点与终点反转。
- 【延长曲线使之闭合】按钮：当绘制了未闭合的曲线图形时，将起始点和终点选择，然后单击此按钮，可以将两个被选择的节点通过直线进行连接，从而达到闭合的效果。

按钮和按钮都是用于闭合图形的，但两者有本质上的不同，前者的闭合条件是选择未闭合图形的起点和终点，而后者的闭合条件是选择任意未闭合的曲线即可。

- 【提取子路径】按钮：使用【形状】工具选择结合对象上的某一线段、节点或一组节点，然后单击此按钮，可以在结合的对象中提取子路径。
- 【延展与缩放节点】按钮：单击此按钮，将在当前选择的节点上出现一个缩放框，用鼠标拖曳缩放框上的任意一个控制点，可以使被选择的节点之间的线段伸长或者缩短。
- 【旋转与倾斜节点】按钮：单击此按钮，将在当前选择的节点上出现一个倾斜旋转框。用鼠标拖曳倾斜旋转框上的任意角控制点，可以通过旋转节点来对图形进行调整；用鼠标拖曳倾斜旋转框上各边中间的控制点，可以通过倾斜节点来对图形进行调整。
- 【对齐节点】按钮：当在图形中选择两个或两个以上的节点时，此按钮才可用。单击此按钮，将弹出图3-9所示的【节点对齐】设置面板。

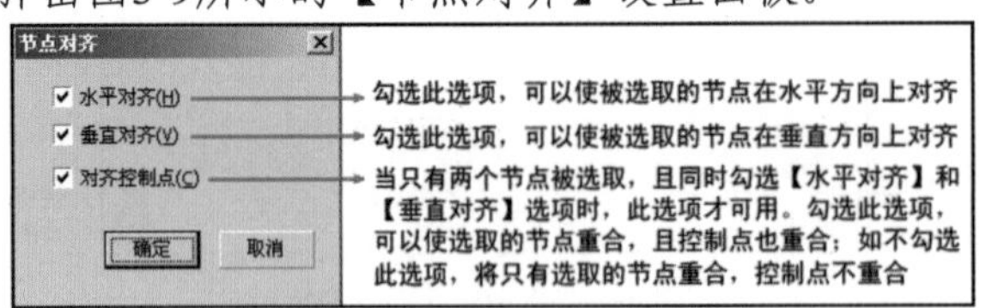

图3-9 【节点对齐】设置面板

- 【水平映射节点】按钮：激活此按钮，在调整指定的节点时，节点将在水平方向映射。
- 【垂直映射节点】按钮：激活此按钮，在调整指定的节点时，节点将在垂直方向映射。

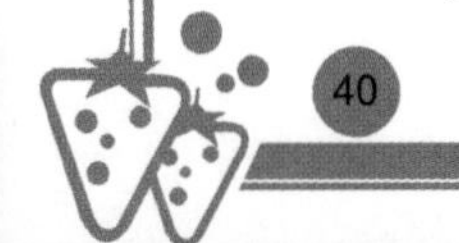

映射节点模式是指在调整某一节点时，其对应的节点将按相反的方向发生同样的编辑。例如，将某一节点向右移动，它对应的节点将向左移动相同的距离。此模式一般应用于两个相同的曲线对象，其中第二个对象是通过镜像第一个对象而创建的。

- 【弹性模式】按钮：激活此按钮，在移动节点时，节点将具有弹性性质，即移动节点时周围的节点也将会随鼠标的拖曳而产生相应的调整。
- 【选择所有节点】按钮：单击此按钮，可将选择图形中的所有节点全部选择。
- 减少节点按钮：当图形中有很多个节点时，单击此按钮将根据图形的形状来减少图形中多余的节点。
- 【曲线平滑度】：可以改变被选择节点的曲线平滑度，起到再次减少节点的功能，数值越大，曲线变形越大。

选择B-Spline曲线和形状后，激活按钮，此时的属性栏如图3-10所示。

图3-10 属性栏

- 【添加控制点】按钮：将鼠标光标移动到蓝色的控制线上单击后，此按钮才可用。单击此按钮，可在鼠标单击处添加一个浮动控制点。
- 【删除控制点】按钮：选择要删除的控制点，单击此按钮，可将选择的控制点删除。
- 【夹住控制点】按钮：单击此按钮，可将当前选择的浮动控制点转换为夹住控制点。
- 【浮动控制点】按钮：单击此按钮，可将当前选择的夹住控制点转换为浮动控制点。

夹住控制点的作用与线形中锚点的作用相同，调整夹住控制点的位置，线形也将随之调整。而调整浮动控制点时，虽然线形也随之调整，但线形与控制点不接触。夹住控制点与浮动控制点的示意图如图3-11所示。

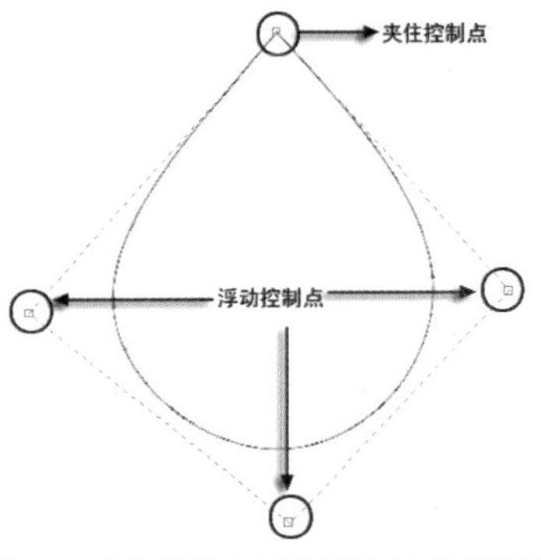

图3-11 夹住控制点与浮动控制点的示意图

3.1.2 范例解析——绘制图案

本节综合利用【矩形】工具、【贝塞尔】工具和【形状】工具及旋转复制图形的方法，来绘制图3-12所示的图案组合。

图3-12 绘制的图案组合

在绘制这种花图案时，要先观察图案有没有规律性，找到规律后才能有序地进行绘制，以免无从下手。通过图示可以看出，花图案各角的图形完全一样，这样在绘制时只绘制一组就可以了，其他的可通过复制得到，具体操作方法介绍如下。

1. 按<Ctrl>+<N>键，新建一个图形文件。
2. 依次将鼠标光标移动到垂直标尺和水平标尺上，按住左键并向页面中拖曳，在页面的垂直方向和水平方向各添加一条辅助线。

3. 选取□工具，按住<Shift>+<Ctrl>键，将鼠标光标移动至两条辅助线的交点位置，按住左键并拖曳鼠标，绘制出图3-13所示的正方形图形。

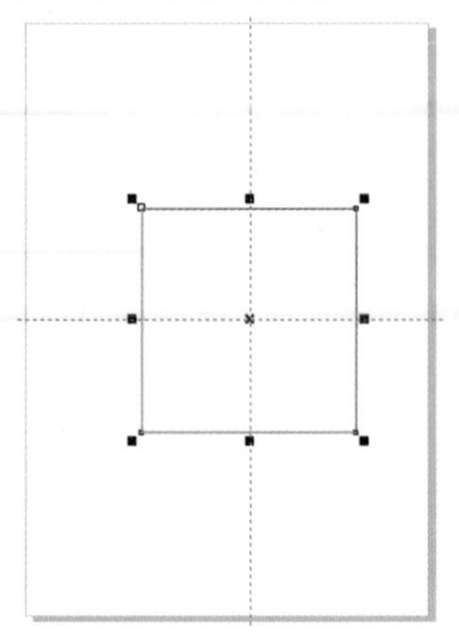

图3-13 绘制的图形

4. 为绘制的正方形图形填充海军蓝色（C:90, M:50, Y:40），并在【调色板】上方的⊠按钮处单击鼠标右键，将图形的外轮廓去除，填充颜色后的图形效果如图3-14所示。

图3-14 填充颜色后的图形效果

5. 执行【排列】/【锁定对象】命令，将正方形图形锁定以保护不再被编辑。
6. 利用 和 工具，绘制并调整出图3-15所示的不规则图形，并为其填充上淡蓝色（C:28, Y:15），然后将其外轮廓线去除，填充颜色后的图形效果如图3-16所示。

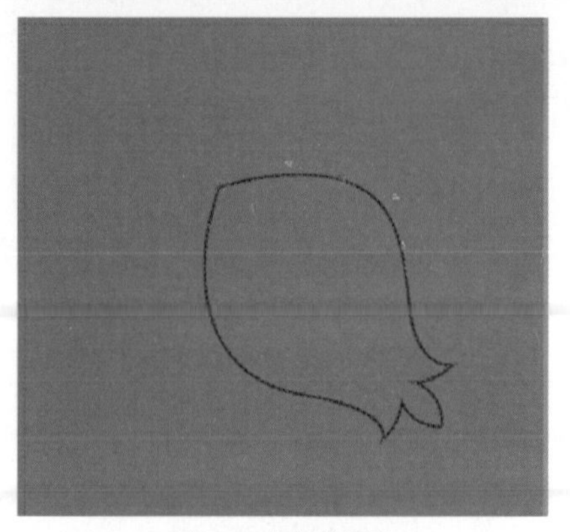

图3-15 绘制的图形

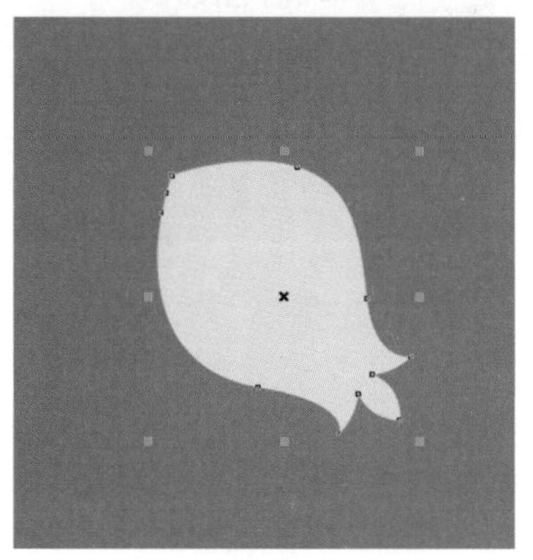

图3-16 填充颜色后的效果

7. 选取 工具，按住<Ctrl>键，绘制出图3-17所示的圆形图形，然后选取 工具，按住<Shift>键，在下方的不规则图形上单击，将其与圆形图形同时选择。

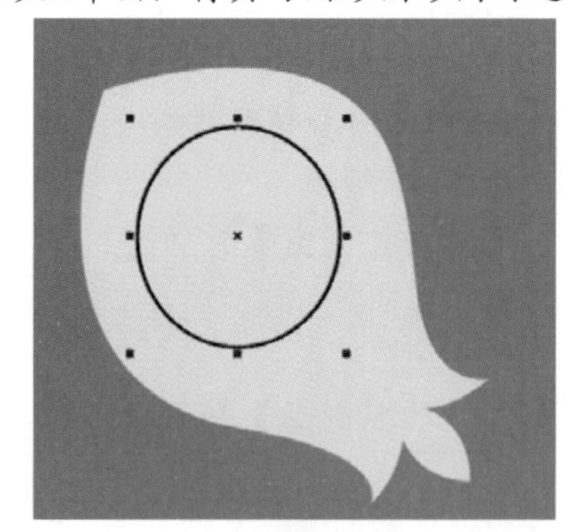

图3-17 绘制的图形

8. 单击属性栏中的 按钮，用上面的圆形对下方的图形进行修剪，修剪后的图形形态如图3-18所示。

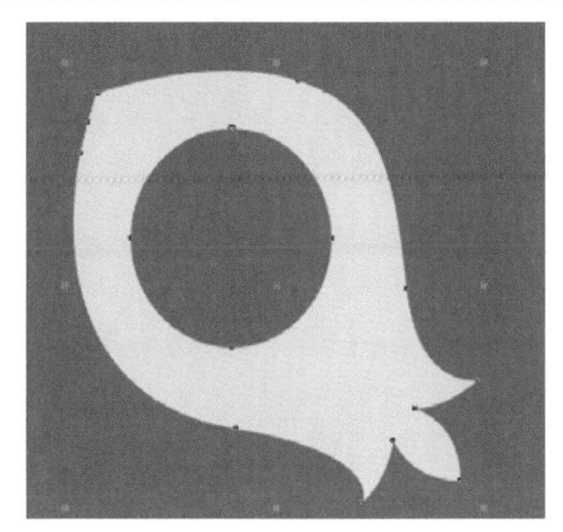

图3-18 修剪后的图形形态

9. 利用和工具，依次绘制并调整出图3-19所示的不同颜色的不规则图形。

图3-19 绘制的图形

10. 将除正方形外的所有图形选择，然后单击属性栏中的按钮，将其群组。
11. 在选择的图形上再次单击左键，使其周围出现旋转和扭曲符号，然后将其旋转中心移动至两条辅助线的交点位置，如图3-20所示。

图3-20 旋转中心放置的位置

12. 按住<Ctrl>键，将鼠标光标移动到右下角的旋转符号处，按住左键并向上拖曳鼠标，当图形跳跃6次时，在不释放鼠标左键的情况下单击鼠标右键，旋转复制图形，复制出的图形如图3-21所示。

图3-21 复制出的图形

13. 连续2次按<Ctrl>+<R>键，重复旋转复制图形，复制出的图形如图3-22所示。

图3-22 重复复制出的图形

14. 选取工具，将属性栏中 8 53 选项的参数分别设置为“8”和“53”，然后按住<Shift>+<Ctrl>键，将鼠标光标移动至两条辅助线的交点位置，按住左键并拖曳鼠标，绘制出图3-23所示的星形图形。
15. 按<Ctrl>+<Q>键，将其转换为曲线图形，然后利用工具，将其调整至图3-24所示的形态。

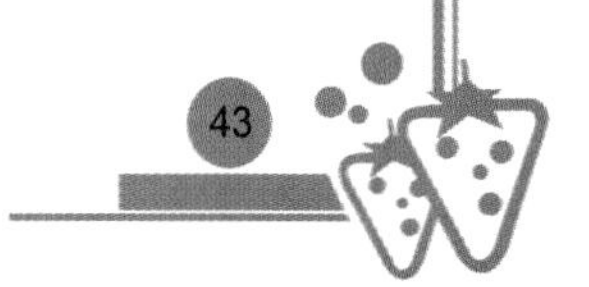

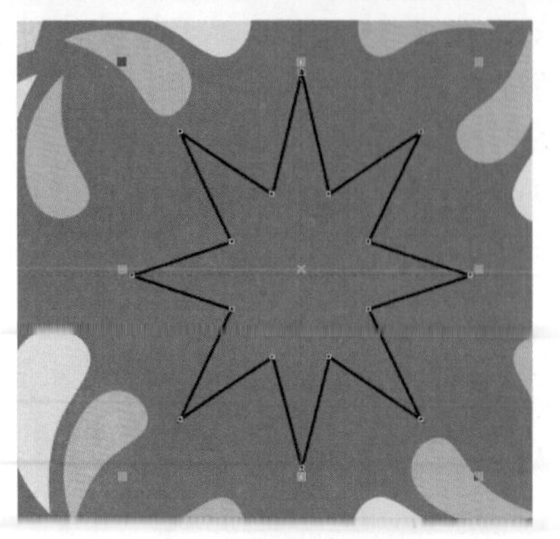

图3-23 绘制的星形图形

图3-24 调整后的图形形态

16. 为星形图形填充上淡蓝色（C:28，Y:15），然后选取工具，按住<Shift>+<Ctrl>键，将鼠标光标移动至两条辅助线的交点位置，按住左键并拖曳鼠标，绘制出图3-25所示的圆形图形。

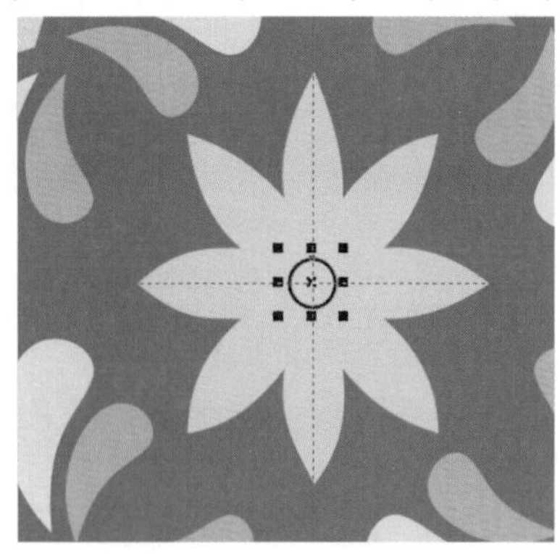

图3-25 绘制的图形

17. 将圆形图形与其下方的星形图形同时选择，然后单击属性栏中的按钮，用上方的圆形图形对星形图形进行修剪，修剪后的图形形态如图3-26所示。

图3-26 修剪后的图形形态

18. 将修剪后的图形以中心等比例缩小复制一个，并将复制出图形的填充色修改为黄色（Y:100），效果如图3-27所示。

图3-27 复制出的图形修改颜色后的效果

至此，图案组合已绘制完成，其整体效果如图3-28所示。

图3-28 绘制完成的图案组合

19. 按<Ctrl>+<S>键，将文件命名为“绘制图案.cdr”保存。

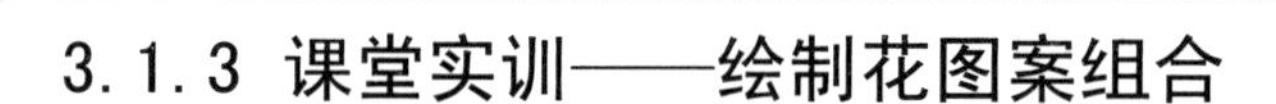

3.1.3 课堂实训——绘制花图案组合

利用上一节绘制花图案的方法绘制出图3-29所示的花图案。

【步骤提示】

1. 新建图形文件。
2. 灵活运用各种绘图工具结合工具，依次绘制出图3-30所示的图形。

图3-29 绘制的花图案

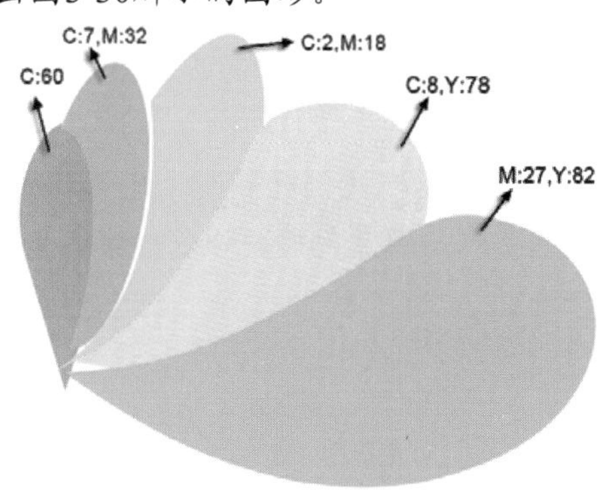

图3-30 绘制的图形

3. 将右下方的图形依次缩小复制并修改颜色，然后将除蓝色图形外的所有图形同时选择并向左镜像复制，效果如图3-31所示。

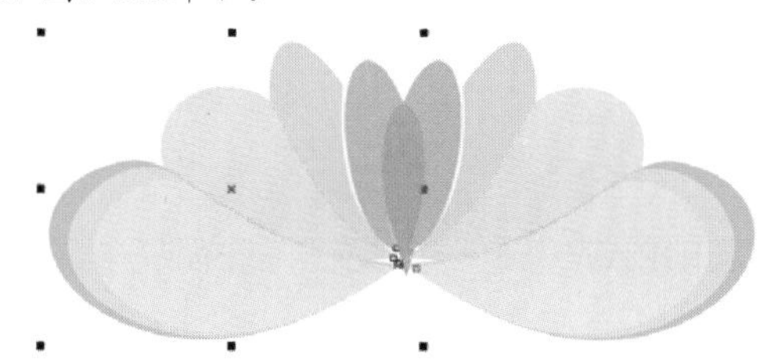

图3-31 复制出的图形

4. 继续利用各种绘图工具和工具依次绘制出图3-32所示的图形。

图3-32 绘制的图形

5. 利用工具和工具绘制图形，然后将其依次缩小复制，并分别为其填充不同明暗层次的粉色，由大到小颜色参数设置分别为（C:2, M:18）、（C:5, M:24）、（C:7, M:31）、（C:11, M:38）和（C:14, M:45），去除外轮廓后的效果如图3-33所示。
6. 将绘制的图形群组，并利用旋转复制图形的方法将其旋转复制，效果如图3-34所示。
7. 利用工具依次绘制紫色（C:25, M:80）和黄色（Y:100）的无外轮廓圆形，然后将黄色圆形围绕紫色圆形的中心旋转复制，效果如图3-35所示。

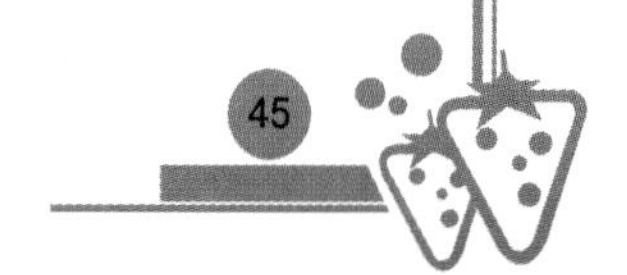

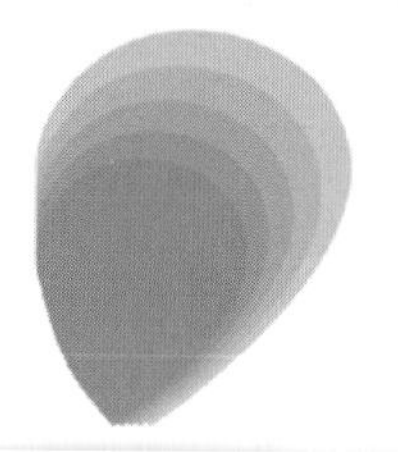

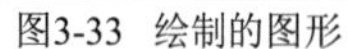
图3-33 绘制的图形

图3-34 旋转复制出的图形

图3-35 绘制的圆形

8. 将以上绘制的图形分别群组，然后分别调整大小及旋转角度，组合出图3-36所示的形态。
9. 将花图形依次复制并调整大小及位置，如图3-37所示。然后将上方的图形选择并复制，旋转角度后放置到图3-38所示的位置，即可完成图案的绘制。

图3-36 组合的形态及位置

图3-37 复制出的花形

图3-38 完成的图案

3.2 艺术笔工具

【艺术笔】工具在CorelDRAW中是一个比较特殊而又非常重要的工具，它可以绘制许多特殊样式的线条和图案。

3.2.1 功能讲解

【艺术笔】工具的使用方法非常简单：选择工具（快捷键为<I>键），并在属性栏中设置好相应的选项，然后在绘图窗口中按住鼠标左键并拖曳，释放鼠标左键后即可绘制出设置的线条或图案。

【艺术笔】工具的属性栏中有【预设】、【笔刷】、【喷涂】、【书法】和【压力】5个按钮。当激活不同的按钮时，其属性栏中的选项也各不相同，下面来分别介绍。

一、【预设】

激活【艺术笔】工具属性栏中的按钮，其属性栏如图3-39所示。

图3-39 激活按钮时的属性栏

- 【笔触宽度】选项：设置艺术笔的宽度。数值越小，笔头越细。
- 【预设笔触】：在此下拉列表中选择需要的笔触样式。
- 【随对象一起缩放笔触】按钮：决定在缩放笔触图形时，笔触的宽度是否发生变化。激活此按钮，绘制笔触图形后，在缩放笔触图形时，笔触的宽度随缩放比例变

化；否则，笔触的宽度不发生变化。

二、【笔刷】

激活【艺术笔】工具属性栏中的按钮，其属性栏如图3-40所示。

图3-40 激活按钮时的属性栏

- 【类别】选项：单击选项右侧的倒三角按钮，可在弹出的列表中选择艺术笔的类别。
- 【笔刷笔触】选项：单击选项右侧的倒三角按钮，可在弹出的列表中选择艺术笔的样式。
- 【浏览】按钮：单击此按钮，可在弹出的【浏览文件夹】对话框中将其他位置保存的画笔笔触样式加载到当前的笔触列表中。
- 【保存艺术笔触】按钮：单击此按钮，可以将绘制的对象作为笔触进行保存。其使用方法为：先选择一个图形或一个群组对象，然后单击工具属性栏中的按钮，系统将弹出【另存为】对话框，在此对话框的【文件名】选项中给要保存的笔触样式命名，然后单击保存(S)按钮，即可完成对笔触样式的保存。笔触样式文件以*.cmx格式储存。
- 【删除】按钮：只有选择了新建的笔触样式后，此按钮才可用。单击此按钮，可以将当前选择的新建笔触样式在【笔触列表】中删除。

三、【喷罐】

激活【艺术笔】工具属性栏中的按钮，其属性栏如图3-41所示。

图3-41 激活按钮时的属性栏

- 【喷涂对象大小】：可以设置喷绘图形的大小。激活右侧的【递增按比例放缩】按钮，可以分别设置图形的长度和宽度大小。
- 【类别】选项：可在下拉列表中选择艺术笔的类别。
- 【喷射图样】：可在下拉列表中选择要喷射的图形样式。
- 【喷涂顺序】：包括【随机】、【顺序】和【按方向】3个选项，当选择不同的选项时，喷绘出的图形也不相同。图3-42所示为分别选择这3个选项时喷绘出的图形效果对比。

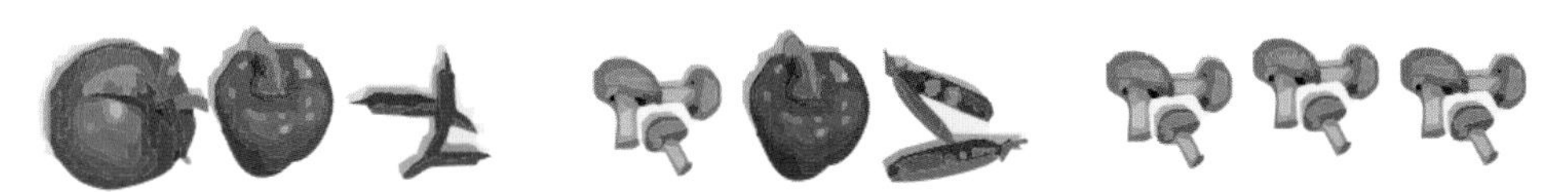

【随机】　　【顺序】　　【按方向】

图3-42 选择不同选项时喷绘出的图形效果对比

- 【添加到喷涂列表】按钮：单击此按钮，可以将当前选择的图形添加到【喷射图样】中，以便在需要时直接调用。添加方法与保存艺术笔触的方法相同。
- 【喷涂列表对话框】按钮：单击此按钮，将弹出【创建播放列表】对话框，在此

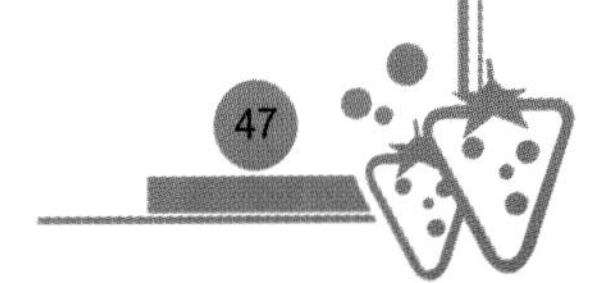

对话框中，可以对【喷射图样】选项中当前选择样式的图形进行添加、删除或更改排列顺序。

- 【每个色块中的图像数和图像间距】：此选项上方文本框中的数值决定喷出图形的密度大小，数值越大，喷出图形的密度越大。下方文本框中的数值决定喷出图形中图像之间的距离大小，数值越大，喷出图形间的距离越大。图3-43所示为设置不同密度与距离时喷绘出的图形效果对比。

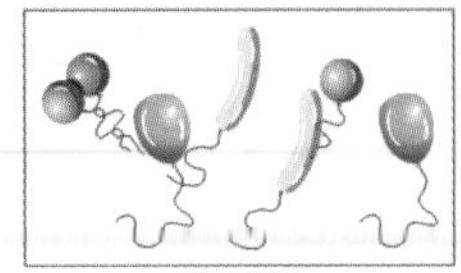
默认参数

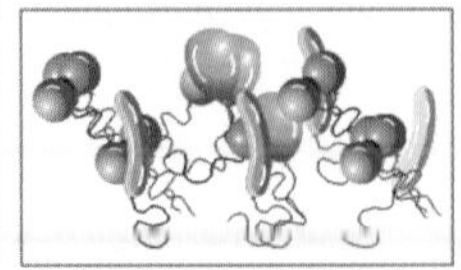
设置密度参数后的图形效果

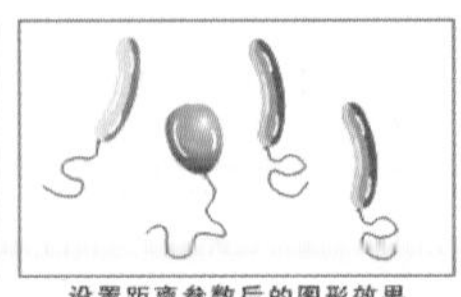
设置距离参数后的图形效果

图3-43 设置不同密度与距离时喷绘出的图形效果对比

- 【旋转】按钮：单击此按钮将弹出【旋转】参数设置面板，在此面板中可以设置喷涂图形的旋转角度和旋转方式等。
- 【偏移】按钮：单击此按钮将弹出【偏移】参数设置面板，在此面板中可以设置喷绘图形的偏移参数及偏移方向等。
- 【重置值】按钮：在设置喷绘对象的密度或间距时，当设置好新的数值但没有确定之前，单击此按钮，可以取消设置的数值。

四、【书法】

激活按钮，其属性栏如图3-44所示。其中【书法角度】选项用于设置笔触书写时的角度。当数值为“0”时，绘制水平直线时宽度最窄，而绘制垂直直线时宽度最宽；当数值为“90”时，绘制水平直线时宽度最宽，而绘制垂直直线时宽度最窄。

五、【压力】

激活按钮，其属性栏如图3-45所示。该属性栏中的选项与【预设】属性栏中的相同，在此不再赘述。

图3-44 激活按钮时的属性栏

图3-45 激活按钮时的属性栏

3.2.2 范例解析——艺术笔工具应用

本节主要利用【艺术笔】工具，并结合【排列】菜单中的【拆分】命令和【取消群组】命令，给画面添加雪花和小草，制作出图3-46所示的插画效果。

图3-46 为画面添加的雪花及小草

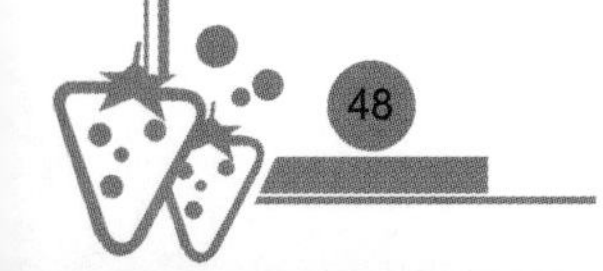

本案例主要利用【艺术笔】工具在画面中喷绘出一系列的雪花图形，然后将其拆分为独立的图形，再依次调整图形的大小及位置，或进行复制操作，即可为画面添加雪花图形。最后用相同的方法为画面添加上小草图形即可。具体操作方法介绍如下。

1. 新建一个横向的图形文件，然后按<Ctrl>+<I>键，将“图库\第03章”目录下名为“冬季.jpg”的文件导入。
2. 选择工具，激活属性栏中的按钮，然后单击【类别】选项右侧的按钮，在弹出的下拉列表中选择“其他”选项，再单击右侧【喷射图样】选项的按钮，在弹出的下拉列表中选择图3-47所示的“雪花”选项。

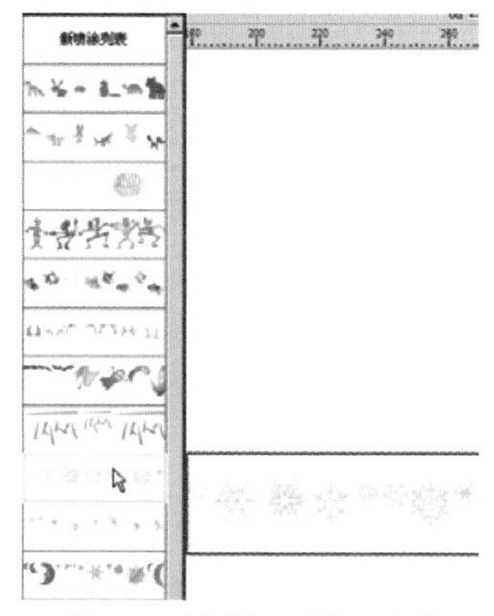

图3-47 选择的“雪花”选项

3. 将鼠标光标移动到画面中的空白区域拖曳，喷绘出图3-48所示的“雪花”效果。

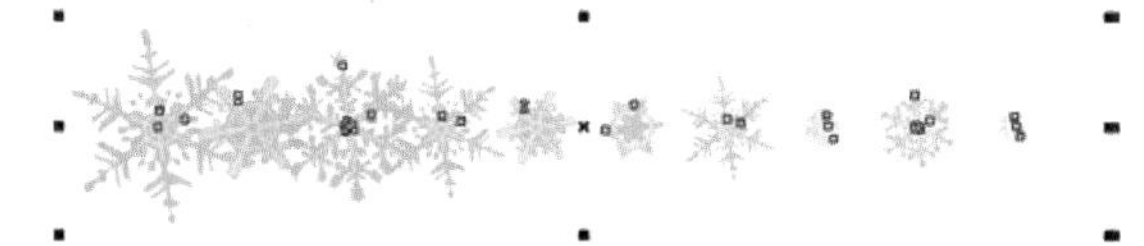

图3-48 喷绘出的雪花图形

如工具属性栏中【喷涂顺序】选项中选择的是【随机】选项，则每拖曳一次鼠标指针，生成的雪花形态将各不相同。如读者喷绘出的雪花图形与本例给出的不同也没关系，接着进行下面的操作即可。

4. 执行【排列】/【拆分 艺术笔 群组】命令，将雪花图形拆分，拆分后会出现一条控制雪花图形组合规律的直线路径，然后执行【排列】/【取消群组】命令，将雪花图形的群组取消。
5. 选择工具，在画面的空白区域单击，取消任何图形的选择状态，然后将直线路径选择并按<Delete>键删除。
6. 利用工具选择第一个雪花图形，将其填充色修改为白色，然后将其移动到冬季场景中调整至图3-49所示的大小及位置。

图3-49 雪花调整后的大小及位置

7. 用与步骤6相同的方法，将其他雪花图形依次选择，调整填充色和大小，然后移动到冬季场景中。
8. 用移动复制图形及调整图形大小操作，选择需要复制的雪花图形进行复制并调整大小，制作出图3-50所示的雪花分布在画面中的效果。

图3-50 复制出的雪花图形

9. 选择工具，然后在属性栏中单击【类别】选项右侧的按钮，在弹出的下拉列表中选择“植物”选项，再单击右侧【喷射图样】选项的按钮，在弹出的

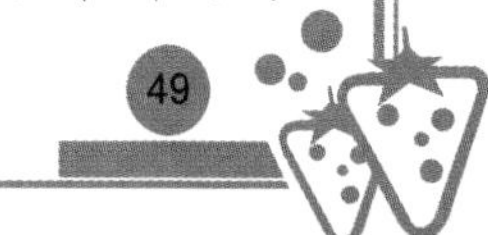

下拉列表中选择图3-51所示的“小草”选项。

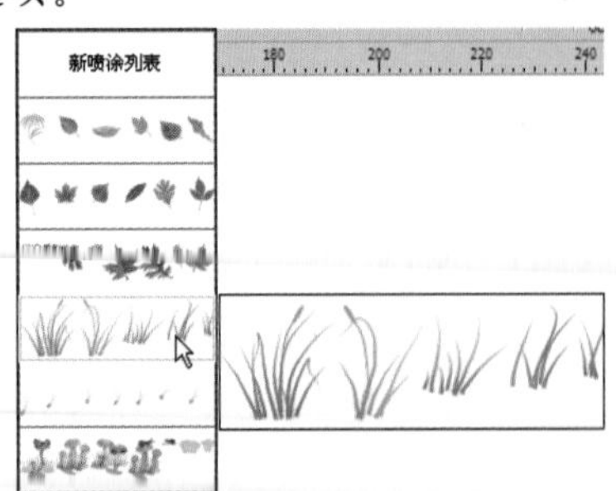

图3-51 选择的“小草”样式

10. 在绘图窗口中自左向右拖曳鼠标指针喷绘小草图形，然后将小草图形的填充色修改为栗色（M:20, Y:40, K:60），效果如图3-52所示。

图3-52 小草修改颜色后的效果

11. 用与步骤4～8相同的方法，将小草图形移动到图3-53所示的画面中，完成雪花和小草图形的添加。

图3-53 添加的小草图形

12. 按<Ctrl>+<S>组合键，将此文件命名为“艺术笔应用.cdr”保存。

3.2.3 课堂实训——为鱼缸添加金鱼图形

利用工具为打开的鱼缸素材图片添加石头及金鱼图形，最终效果如图3-54所示。

【步骤提示】

新建一个图形文件，然后按<Ctrl>+<I>键，将“图库\第03章”目录下名为“鱼缸.jpg”的文件导入，调整鱼缸图像的大小，再用与3.2.2节添加雪花图形相同的方法依次在画面中添加上石头和金鱼图形即可。

3.3 综合案例——绘制装饰画

本节综合利用【矩形】工具、【贝塞尔】工具、【形状】工具和【艺术笔】工具及结合旋转复制图形的方法，来绘制图3-55所示的装饰画。

图3-54 添加的石头及金鱼图形

图3-55 绘制的装饰画

本案例将综合运用本章学习的工具，具体操作方法介绍如下。

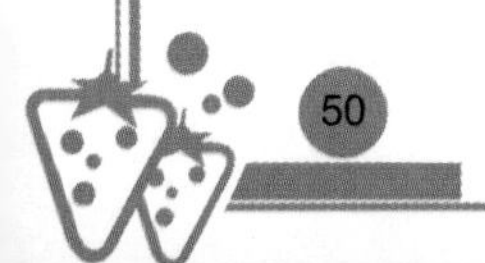

1. 按<Ctrl>+<N>键，新建一个图形文件。
2. 利用工具，绘制出图3-56所示的浅黄色（Y:30）无外轮廓的矩形图形，然后执行【排列】/【锁定对象】命令，将其锁定以保护不再被编辑。

图3-56 绘制的矩形图形

3. 利用和工具，依次绘制并调整出图3-57所示的黄绿色（C:30, M:5, Y:75）无外轮廓的不规则图形。

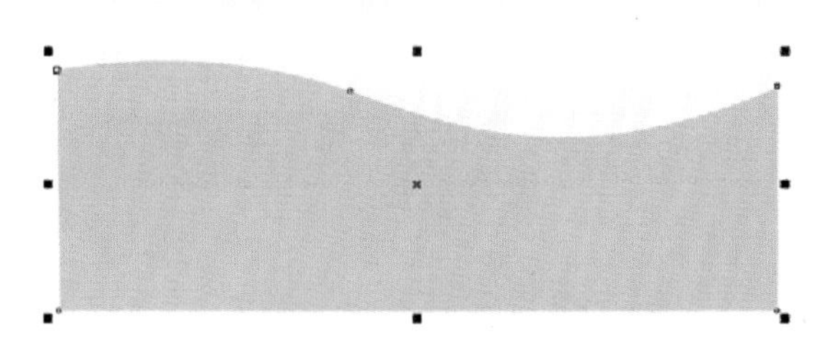

图3-57 绘制的不规则图形

4. 继续利用和工具，依次绘制并调整出图3-58所示的浅黄色（C:10, Y:60）无外轮廓的不规则图形。

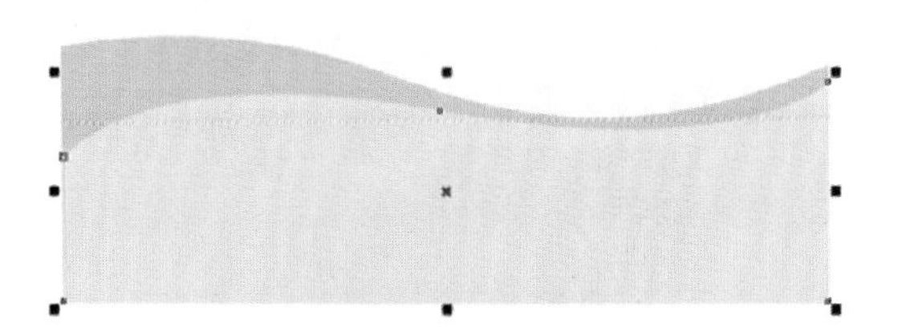

图3-58 绘制的不规则图形

5. 仍利用和工具，依次绘制并调整出图3-59所示的暗红色（C:48, M:100, Y:100, K:20）无外轮廓的树干图形。

图3-59 绘制的树干图形

6. 选取工具，按住<Ctrl>键，绘制一暗红色（C:48, M:100, Y:100, K:20）无外轮廓的圆形图形，然后将其以中心等比例缩小复制1个，并将复制出图形的填充色修改为橘黄色（C:8, M:75, Y:85），效果如图3-60所示。

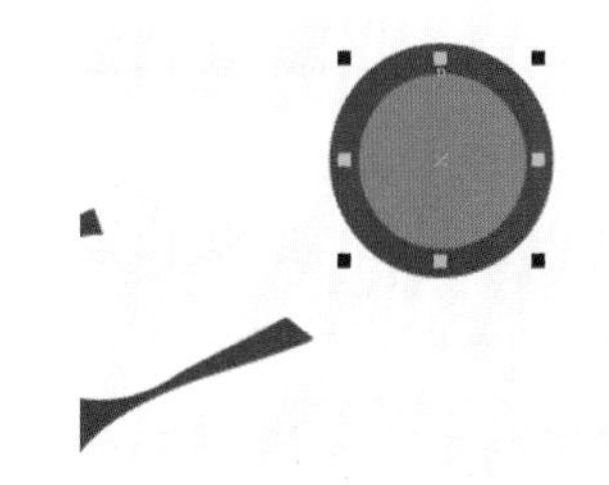

图3-60 绘制并复制出的圆形图形

7. 将圆形图形以中心等比例缩小复制2个，并分别为复制出的图形填充上暗红色（C:48, M:100, Y:100, K:20）和浅蓝色（C:38, Y:10），效果如图3-61所示。

图3-61 复制出的图形

8. 利用和工具，依次绘制并调整出一蓝灰色（C:60, M:20, Y:30）花瓣图形，然后依次按<Ctrl>+<PageDown>键，将

其调整至圆形图形的下方位置，效果如图3-62所示。

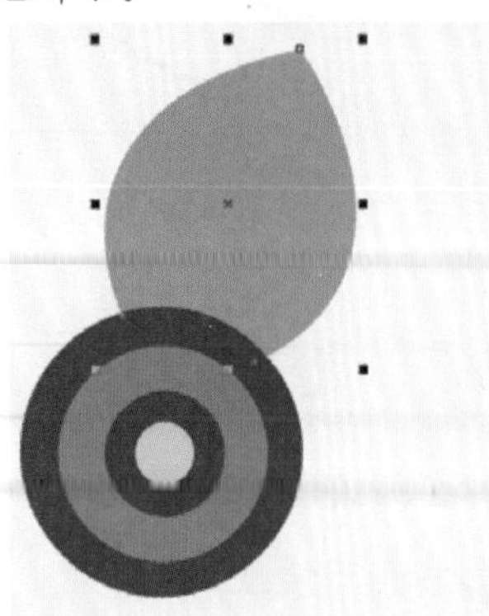

图3-62 绘制出的花瓣图形

9. 将圆形图形全部选择后按<Ctrl>+<G>键群组，然后将其移动复制4个，并将复制出的图形调整大小后分别放置到图3-63所示的位置。

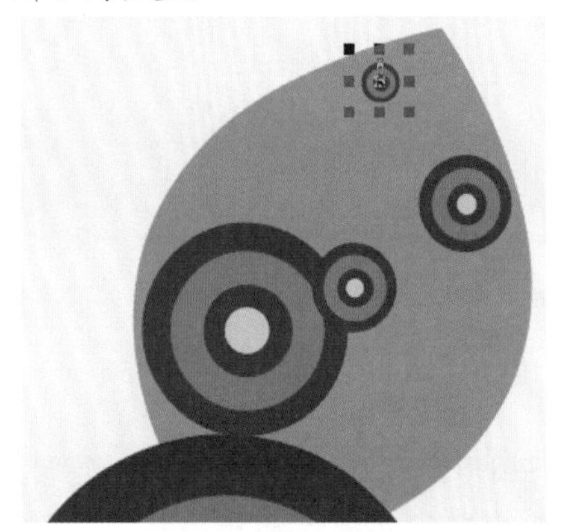

图3-63 图形放置的位置

10. 利用工具，依次绘制出图3-64所示的不同颜色及大小的椭圆形图形。

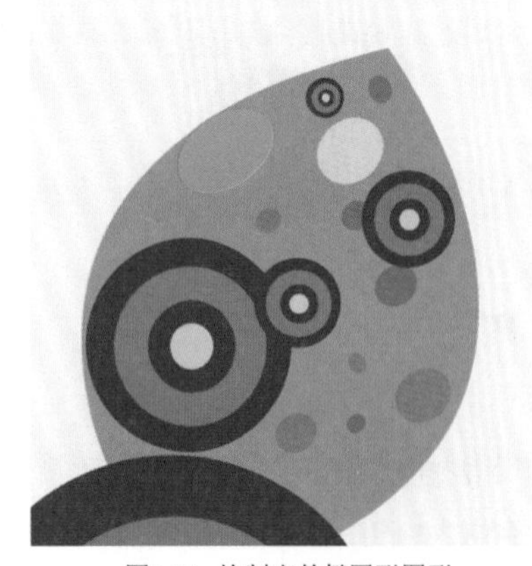

图3-64 绘制出的椭圆形图形

11. 将花瓣图形全部选择后按<Ctrl>+<G>键群组，然后将其移动复制2个，并将复制出的图形调整角度后分别放置到图3-65所示的位置，注意图形堆叠顺序的调整。

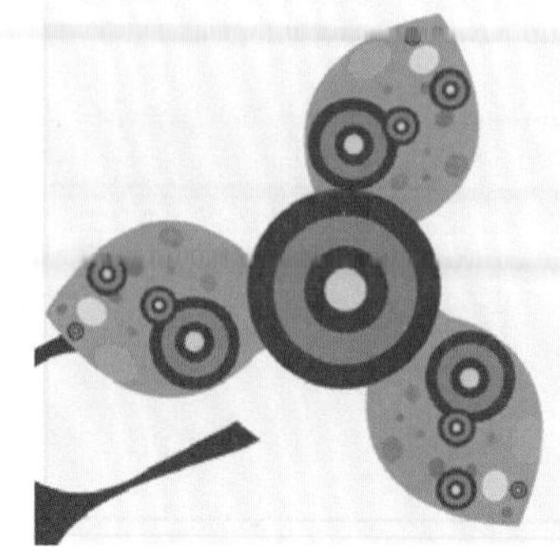

图3-65 复制出的图形放置的位置

12. 利用和工具，依次绘制并调整出一深黄色（C:15, M:35, Y:85）花瓣图形，然后依次按<Ctrl>+<PageDown>键，将其调整至圆形图形的下方位置，效果如图3-66所示。

图3-66 绘制出的花瓣图形

13. 继续利用和工具，依次绘制并调整出图3-67所示的黄色（M:20, Y:70）花瓣结构图形。

图3-67 绘制出的花瓣结构图形

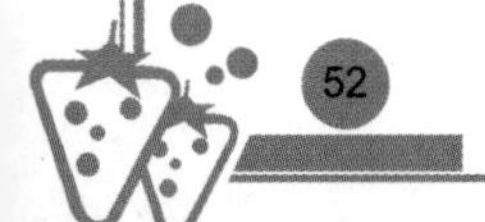

14. 将黄色花瓣图形全部选择后按<Ctrl>+<G>键群组，然后将其移动复制2个，并将复制出的图形调整角度后分别放置到图3-68所示的位置，注意图形堆叠顺序的调整。

图3-68 复制出的图形放置的位置

15. 利用和工具，依次绘制并调整出图3-69所示的暗红色（C:48, M:100, Y:100, K:20）花瓣图形。

图3-69 绘制的花瓣图形

16. 将暗红色花瓣图形依次复制，并分别调整角度后放置到图3-70所示的位置，注意图形堆叠顺序的调整。

图3-70 复制出的图形放置的位置

17. 将绘制的花朵图形全部选择后按<Ctrl>+<G>键群组，然后将其移动复制1个，并将复制出的图形调整大小后放置到图3-71所示的位置。

图3-71 复制出的图形放置的位置

18. 利用工具，通过设置不同的轮廓宽度，依次绘制出图3-72所示的暗红色（C:48, M:100, Y:100, K:20）树枝图形。

图3-72 绘制的树枝图形

19. 利用工具，绘制一深黄色（C:15, M:35, Y:85）的椭圆形图形，在其上再次单击，使其周围出现旋转和扭曲符号，然后将其旋转中心移动至图3-73所示的位置。

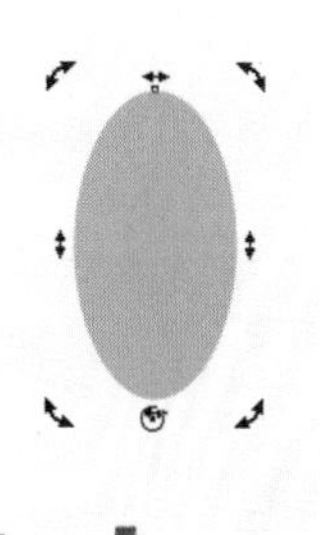

图3-73 旋转中心放置的位置

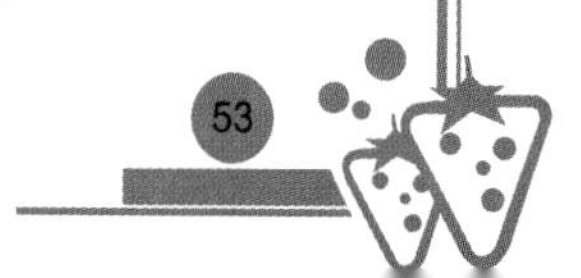

20. 将鼠标光标移动到右上角的旋转符号上，按<Ctrl>键同时按住左键并向下拖曳鼠标，当图形跳跃2次时，在不释放鼠标左键的情况下单击鼠标右键，旋转复制图形，复制出的图形如图3-74所示。

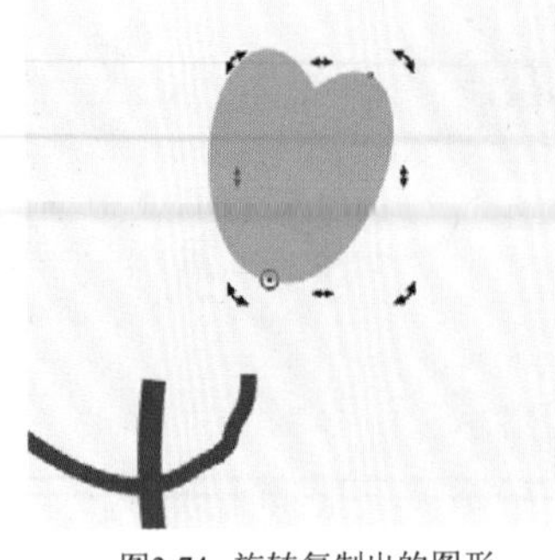

图3-74 旋转复制出的图形

21. 依次按<Ctrl>+<R>键，重复旋转复制椭圆形图形，复制出的图形如图3-75所示。

图3-75 重复复制出的图形

22. 选取工具，按住<Shift>键将第2、4、6、8、10、12共6个椭圆形图形同时选择，然后为其填充橘红色（C:15, M:60, Y:95），如图3-76所示。

图3-76 修改填充色后的效果

23. 用与步骤18~21相同的方法，依次绘制出图3-77所示的树枝和青灰色（C:60, M:20, Y:30）花朵图形。

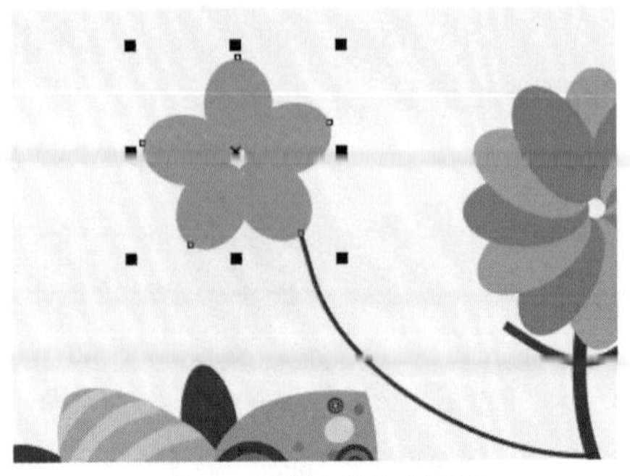

图3-77 绘制出的花朵图形

24. 将青灰色花朵图形全部选择后群组，再按键盘数字区中的<+>键，将其在原位置复制一个，并将复制出的图形的填充色修改为淡紫色（C:23, M:20），然后将属性栏中 45.0 ° 选项的参数设置为"45"，效果如图3-78所示。

图3-78 复制出的图形修改颜色后的效果

25. 选取工具，按住<Ctrl>键，绘制出图3-79所示的深红色（C:20, M:95, Y:100）圆形图形，将其作为花蕊图形。

图3-79 绘制的圆形图形

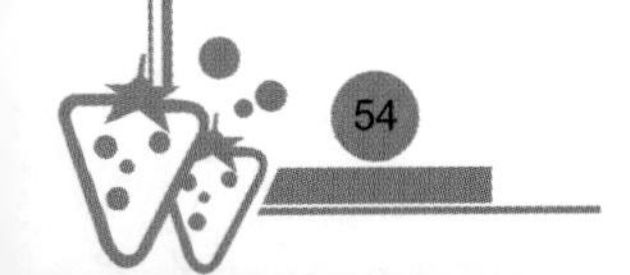

26. 用与步骤18~22相同的方法，依次绘制出图3-80所示的树枝和花朵图形。

图3-80 绘制的花朵图形

27. 利用工具，依次绘制不同颜色及大小的椭圆形图形，然后将左上方的花形图形移动复制到画面的右下方，如图3-81所示。

图3-81 绘制的椭圆形图形

28. 选取工具，激活属性栏中的按钮，并将【类别】选项设置为“植物”，然后在【喷射图样】下拉列表中选择图3-82所示的“叶子”选项。

29. 在属性栏中将选项的参数设置为“30”，然后在页面中按住左键并拖曳鼠标，喷绘出图3-83所示的“叶子”图形。

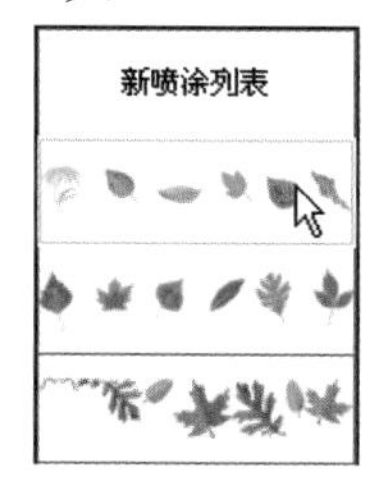

图3-82 选择的喷绘图像

图3-83 喷绘出的图形

30. 按<Ctrl>+<K>键，拆分艺术笔群组，拆分后会出现一条控制叶子图形组合规律的路径，如图3-84所示。

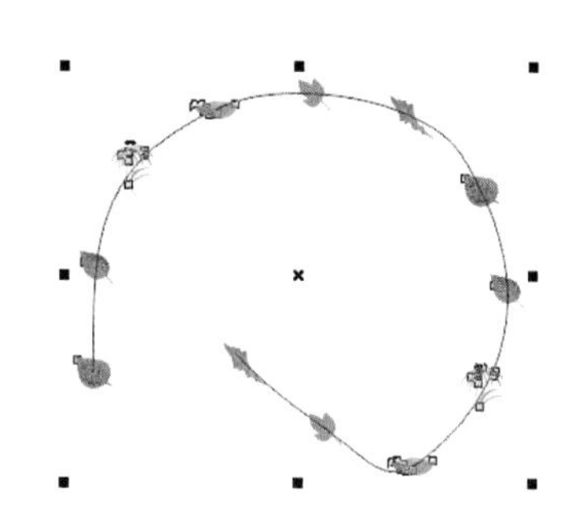

图3-84 拆分后出现的路径

31. 按<Esc>键取消所有对象的选择状态，然后利用工具选择分离出的曲线路径，再按<Delete>键删除。

32. 选择分离出的叶子图形，按<Ctrl>+<U>组合键取消群组，然后利用工具，依次将叶子图形移动到画面中，调整至合适的大小后移动到图3-85所示的位置。

图3-85 叶子图形放置的位置

33. 选取工具，在【喷射图样】下拉列表中选择“蘑菇”选项，并将属性栏中选项的参数设置为“60”，然后用与步骤29~32相同的方法，在画面中添加上图3-86所示的蘑菇图形，即可完成装饰画的绘制。

图3-86 添加的蘑菇图形

34. 按<Ctrl>+<S>键，将文件命名为“绘制装饰画.cdr”保存。

3.4 课后作业

1. 下面主要利用【钢笔】工具和【形状】工具来绘制图3-87所示的手提袋图形。
2. 灵活运用【钢笔】工具、【形状】工具和【椭圆形】工具及旋转复制操作，绘制出图3-88所示的猪图案。此例主要练习绘制图形及调整图形的熟练程度，如对整体的图形结构不能很好的把握，可将“图库\第03章”目录下名为“猪图案线描图.jpg”的文件导入，然后在此基础上进行绘制。

图3-87 绘制的手提袋

图3-88 绘制的猪图案

第4章 填充、轮廓和其他编辑工具

本讲来讲解CorelDRAW X5中的各种填充工具、轮廓工具和一些功能比较特殊的编辑工具。填充工具和轮廓工具主要用于对图形的填充色和轮廓进行设置；编辑工具主要用于对图形进行裁剪、分割、擦除或度量。灵活运用这些工具，可以为绘制特殊图形带来很大的方便。

【本章课时】

本章课时为3小时。

【教学目标】

- 掌握渐变填充工具的应用。
- 熟悉为图形填充各种图案和纹理的方法。
- 了解【涂抹笔刷】工具和【粗糙笔刷】工具的工作原理。
- 掌握利用【自由变换】工具变换图形的方法。
- 熟悉裁剪工具组中各工具的应用。
- 掌握使用各种度量工具添加标注的方法。

4.1 填充和轮廓工具

利用填充工具，可以为选择的图形填充单色、渐变色或图案、纹理等；利用轮廓工具可以为选择的图形设置外轮廓颜色、宽度、边角形状以及轮廓的线条样式等。本节来具体讲解这些内容。

4.1.1 功能讲解

一、 填充工具

填充工具包括【均匀填充】工具、【渐变填充】工具、【图样填充】工具、【底纹填充】工具、【PostScript填充】工具及【交互式填充】工具和【网状填充】工具。由于【均匀填充】工具已在2.2.2节讲解，下面分别对后6种工具进行介绍。

（1）渐变填充

利用【渐变填充】工具可以为图形添加渐变效果，使图形产生立体感或材质感。选中图形后，选取工具，将弹出图4-1所示的【渐变填充】对话框。

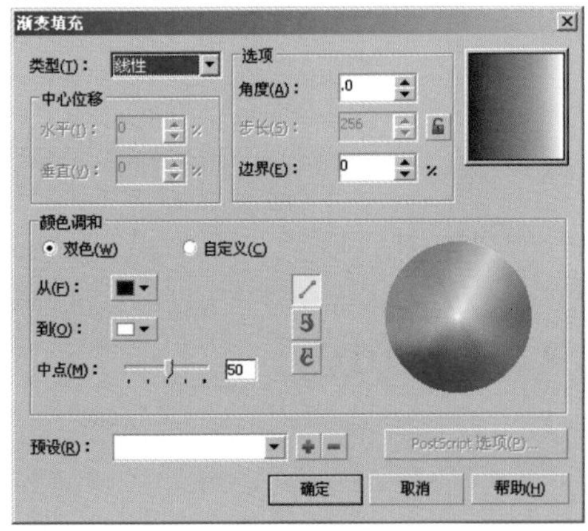

图4-1 【渐变填充】对话框

- 【类型】选项：在此下拉列表中包括【线性】、【射线】、【圆锥】和【方角】4种渐变方式，图4-2所示为分别选用这4种渐变方式时所产生的渐变效果。

【线性】渐变

【射线】渐变

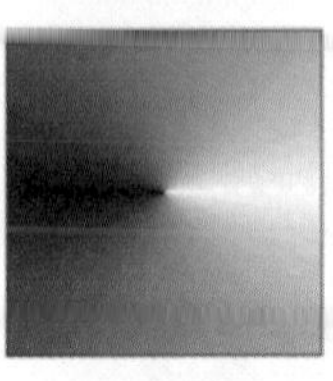

【圆锥】渐变

【方角】渐变

图4-2 不同渐变方式所产生的渐变效果

- 【中心位移】栏：当在【类型】下拉列表中选择除【线性】外的其他选项时，【中心位移】栏即可变为可用状态，它主要用于调节渐变中心点的位置。设置【水平】选项，渐变中心点的位置可以在水平方向上移动；设置【垂直】选项，渐变中心点的位置可以在垂直方向上移动。也可以同时改变【水平】和【垂直】选项的数值来对渐变中心进行调节。图4-3所示为设置与未设置【中心位移】栏中数值时的图形填充效果对比。

图4-3 设置与未设置【中心位移】时的图形填充效果

- 【角度】选项：用于改变渐变颜色的渐变角度，如图4-4所示。

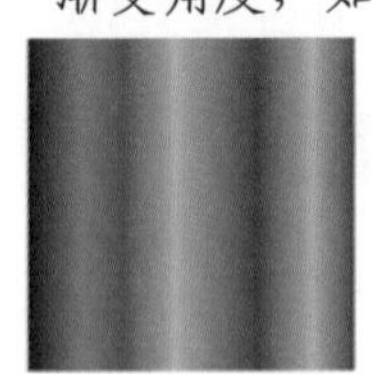

图4-4 未设置与设置【角度】时的图形填充效果

- 【步长】选项：激活右侧的【锁定】按钮后才可用。用于对当前渐变的发散强度进行调节，数值越大，发散越大，渐变越平滑，如图4-5所示。

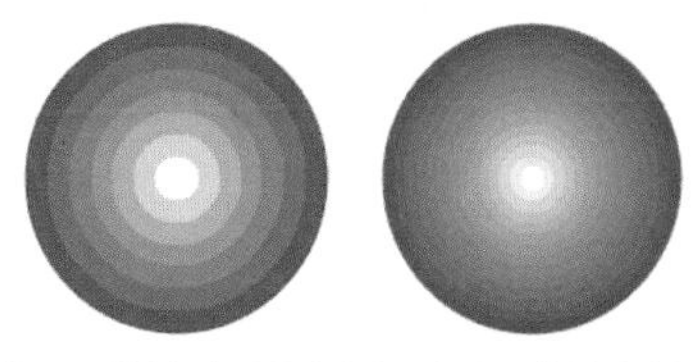

图4-5 设置不同【步长】时图形的填充效果

- 【边界】选项：决定渐变光源发散的远近度，数值越小发散得越远（最小值为“0”），如图4-6所示。

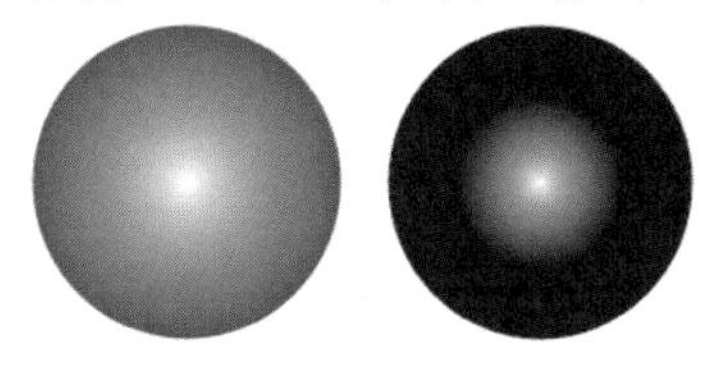

图4-6 设置不同【边界】时图形的填充效果

- 点选【双色】单选项，可以单击【从】按钮和【到】按钮来选择要渐变调和的两种颜色。
- 点选【自定义】单选项，可以为图形填充两种或两种颜色以上颜色混合的渐变效果，此时的【渐变填充】对话框如图4-7所示。

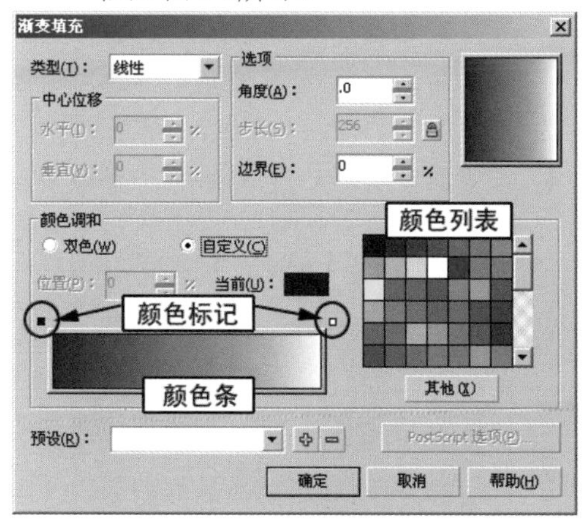

图4-7 【渐变填充】对话框

下面来介绍【自定义】渐变颜色的设置方法。

1. 首先在颜色条的上方位置双击，添加一个小三角形，即添加了一个颜色标记，如图4-8所示。

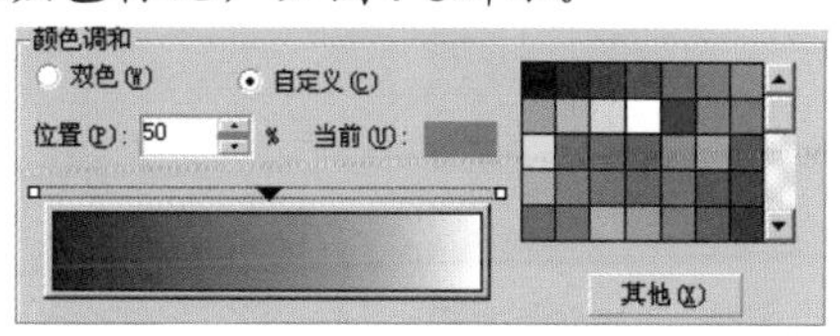

图4-8 添加的小三角形形态

2. 在右边的颜色列表中选择要使用的颜色，如“红”颜色，颜色条将变为图4-9所示的状态。

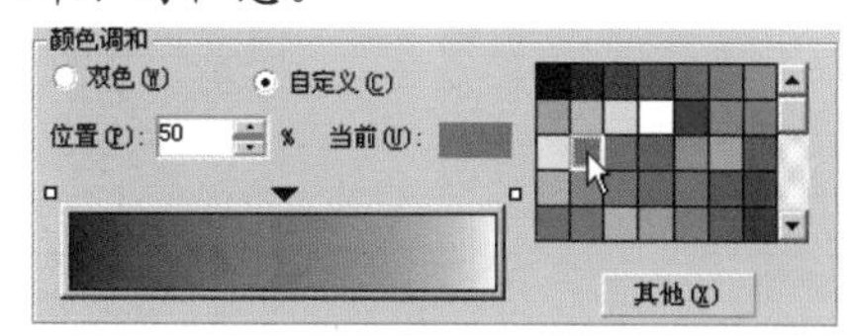

图4-9 选择颜色时的状态

3. 将鼠标指针放置在小三角形上，按下鼠标左键进行拖曳，可以改变小三角形的位置，从而改变渐变颜色的设置，如图4-10所示。

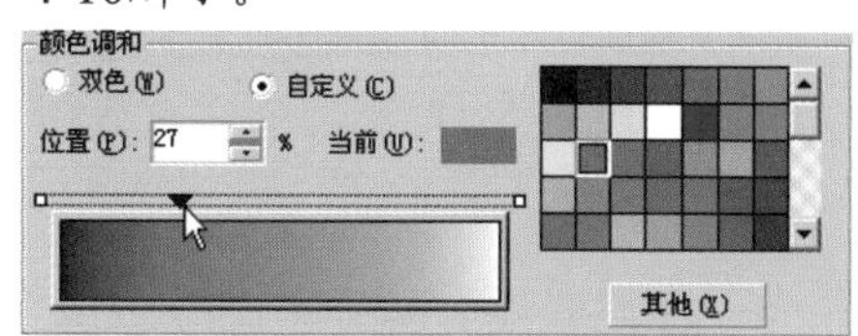

图4-10 改变颜色位置时的状态

用上述方法，在颜色条上增加多个颜色标记，并设置不同的颜色，即可完成自定义渐变颜色的设置。如果右侧的颜色列表中没有读者需要的颜色，可以单击其下方的其它(O)按钮，在弹出的【选择颜色】对话框中自行调制需要的颜色。另外，在颜色标记上双击，可将该颜色标记从颜色条上删除。

- 【预设】选项：在此下拉列表中包括软件自带的渐变效果，用户可以直接选择需要的渐变效果来完成图形的渐变填充。图4-11所示为选择不同渐变后的图形渐变填充效果。

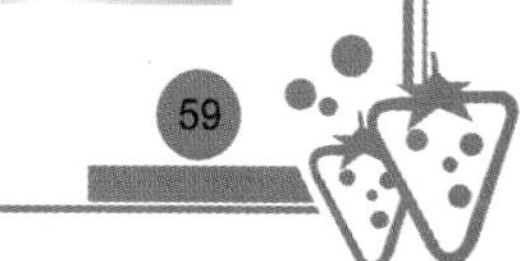

图4-11 选择不同渐变后的图形填充效果

- 【添加】按钮：单击此按钮，可以将当前设置的渐变效果命名后保存至【预设】下拉列表中。

一定要先在【预设】下拉列表中输入保存的名称，然后再单击此按钮。

- 【删除】按钮：单击此按钮，可将【预设】列表中当前的渐变选项删除。

（2）图样填充

利用【图样填充】工具可以为选择的图形添加各种各样的图案效果，包括自定义的图案。选择要进行填充的图形后，选择工具，将弹出如图4-12所示的【图样填充】对话框。

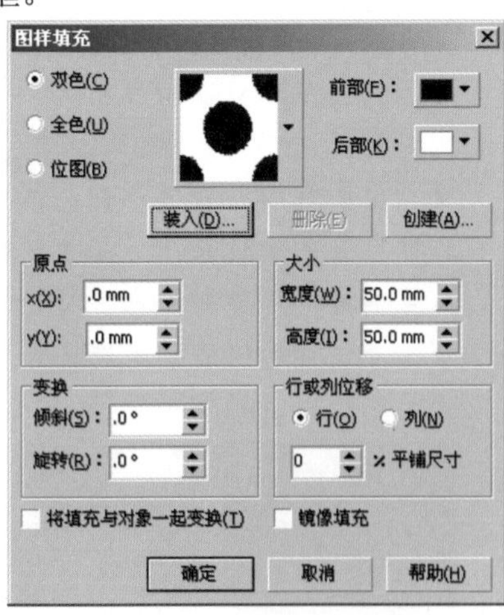

图4-12 【图样填充】对话框

- 【双色】选项：点选此单选项，可以为选择的图形填充重复的花纹图案。通过设置右侧的【前部】和【后部】颜色，可以为图案设置前景和背景颜色。
- 【全色】选项：点选此单选项，可以为选择的图形填充多种颜色的简单材质和重复的色彩花纹图案。
- 【位图】选项：点选此单选项，可以用位图作为一种填充颜色为选择的图形填充效果。
- 单击图案按钮，将弹出【图案样式】选项面板，在该面板中可以选择要使用的填充样式。滑动右侧的滑块，可以浏览全部的图案样式。
- 单击 装入(D)... 按钮，可在弹出的【导入】对话框中将其他的图案导入到当前的【图案样式】选项面板中。
- 单击 删除(E) 按钮，可将当前选择的图案在【图案样式】选项面板中删除。
- 单击 创建(A)... 按钮，将弹出【双色图案编辑器】对话框，在此对话框中可自行编辑要填充的【双色】图案。此按钮只有点选【双色】单选项时才可用。
- 【原点】栏：决定填充图案中心相对于图形选择框在工作区的水平和垂直距离。
- 【大小】栏：决定填充时的图案大小。图4-13所示为设置【宽度】和【高度】值相等，两者分别为“50.8”和“20.8”时图形填充后的效果。

图4-13 图形的填充效果

- 【变换】栏：决定填充时图案的倾斜和旋转角度。【倾斜】值的取值范围为“-75～75”，【旋转】值的取值范围为“-360～360”。
- 【行或列位移】栏：决定填充图案在水平方向或垂直方向的位移量。
- 【将填充与对象一起变换】选项：勾选此复选项，可以在旋转、倾斜或拉伸图形时，使填充图案与图形一起变换。如果不勾选该项，在变换图形时，填充图案不随图形的变换而变换，如图4-14所示。

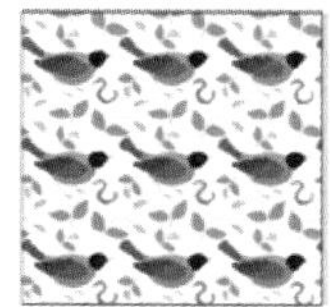
原图填充效果

不勾选选项

勾选选项

图4-14 变换图形时的不同效果

- 【镜像填充】：勾选此复选项，可以为填充图案设置镜像效果。

（3）底纹填充

利用【底纹填充】工具可以将小块的位图作为纹理对图形进行填充，它能够逼真地再现天然材料的外观。选中要进行填充的图形后，选择工具，将弹出图4-15所示的【底纹填充】对话框。

图4-15 【底纹填充】对话框

- 【底纹库】选项：在此下拉列表中可以选择需要的底纹库。
- 【底纹列表】选项：在此列表中可以选择需要的底纹样式。当选择了一种样式后，所选底纹的缩略图即显示在下方的预览窗口中。
- 参数设置区：设置各选项的参数，可以改变所选底纹样式的外观。注意，不同的底纹样式，其参数设置区中的选项也各不相同。

参数设置区中各选项的后面分别有一个按钮，当该按钮处于激活状态时，表示此选项的参数未被锁定；当该按钮处于未激活状态时，表示此选项的参数处于锁定状态。无论该参数是否被锁定，都可以对其进行设置，只是在单击预览(V)按钮时，被锁定的参数不起作用，只有未锁定的参数在随机变化。

- 预览(V)按钮：调整完底纹选项的参数后，单击此按钮，即可看到修改后的底纹效果。
- 选项(O)...按钮：单击此按钮，将弹出【底纹选项】对话框，在此对话框中可以设置纹理的分辨率。该数值越大，纹理越精细，但文件尺寸也相应越大。
- 平铺(I)...按钮：单击此按钮，将弹出【平铺】对话框，在此对话框中可设置纹理的大小、倾斜和旋转角度等。

(4) PostScript填充。

选中要进行填充的图形后，选择工具，将弹出如图4-16所示的【PostScript底纹】对话框。

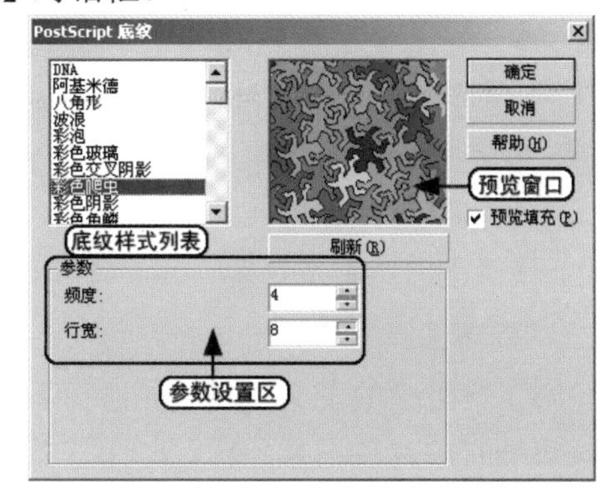

图4-16 【PostScript底纹】对话框

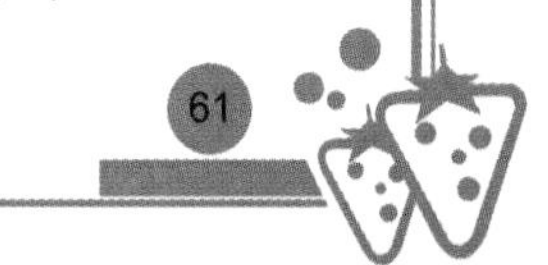

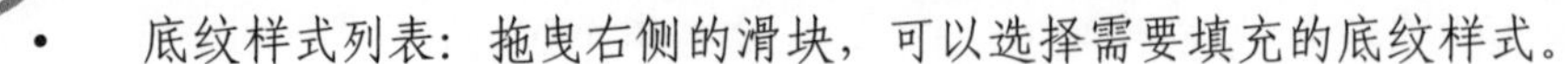

- 底纹样式列表：拖曳右侧的滑块，可以选择需要填充的底纹样式。
- 预览窗口：勾选右侧的【预览填充】复选项，预览窗口中可以显示填充样式的效果。
- 参数设置区：设置各选项的参数，可以改变所选底纹的样式。注意，不同的底纹样式，其参数设置区中的选项也各不相同。
- 刷新(R) 按钮：确认【预览填充】复选项被勾选，单击此按钮，可以查看参数调整后的填充效果。

（5）交互式填充

【交互式填充】工具包含填充工具组中所有填充工具的功能，利用该工具可以为图形设置各种填充效果，其属性栏根据设置的填充样式的不同而不同。默认状态下的属性栏如图4-17所示。

图4-17 默认状态下【交互式填充】工具的属性栏

- 【填充类型】无填充：在此下拉列表中包括前面学过的所有填充效果，如【线性】、【射线】、【圆锥】、【方角】、【双色图样】、【全色图样】、【位图图样】、【底纹填充】和【PostScript填充】等。

在【填充类型】下拉列表中，选择除【无填充】以外的其他选项时，属性栏中的其他参数才可用。

- 【编辑填充】按钮：单击此按钮，将弹出相应的填充对话框，通过设置对话框中的各选项，可以进一步编辑交互式填充的效果。
- 【复制填充属性】按钮：单击此按钮，可以给一个图形复制另一个图形的填充属性。

（6）网状填充

选择【网状填充】工具，通过设置不同的网格数量可以给图形填充不同颜色的混合效果。【网状填充】工具的属性栏如图4-18所示。

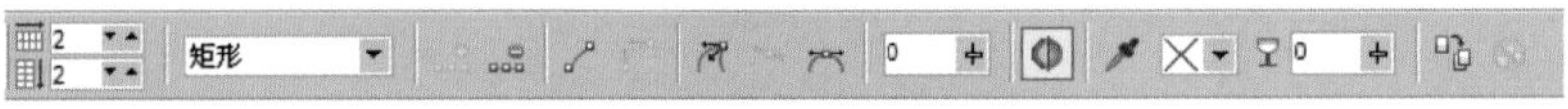

图4-18 【网状填充】工具的属性栏

- 【网格大小】：设置水平和垂直网格的数目，从而决定图形中网格的多少。
- 【平滑网状颜色】按钮：激活此按钮，可减少网状填充中的硬边缘，使填充颜色的过渡更加柔和。
- 【选择颜色】按钮：激活按钮，可在绘图窗口中吸取要应用的颜色；单击按钮，可在弹出的列表中选择要应用的颜色。
- 【透明度】：设置颜色的透明度。数值为“0”时，颜色不透明；数值为“100”时，颜色完全透明。
- 【清除网状】按钮：单击此按钮，可以将图形中的网状填充颜色删除。

二、轮廓工具

轮廓工具组中的工具包括【轮廓笔】工具、【轮廓色】工具、【无轮廓】工具和一些特定的轮廓宽度工具。在2.2.2节中我们已经对【轮廓色】工具和【无轮廓】工具进行了讲解，下面主要对【轮廓笔】工具和各轮廓宽度工具进行介绍。

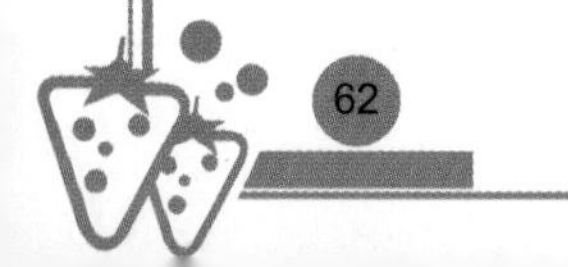

选中要设置轮廓的线形或其他图形，然后选择工具，在弹出的隐藏工具组中选择工具（快捷键为<F12>键），将弹出图4-19所示的【轮廓笔】对话框。

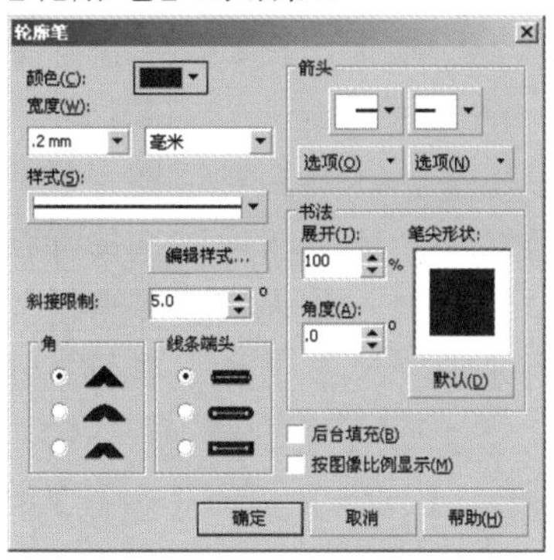

图4-19 【轮廓笔】对话框

- 【颜色】按钮：单击此按钮，可在弹出的【颜色】选择面板中选择需要的轮廓颜色。单击【颜色】选择面板中的 其它(O)... 按钮，还可以在弹出的【选择颜色】对话框中自行设置轮廓的颜色。
- 【宽度】选项：在下方的下拉列表中可以设置轮廓的宽度。在右侧的下拉列表中还可以选择使用轮廓宽度的单位，包括【英寸】、【毫米】、【点】、【像素】、【英尺】、【码】、【千米】等。
- 【样式】选项：在此下拉列表中可以选择轮廓线的样式。单击下方的 编辑样式... 按钮，将弹出图4-20所示的【编辑线条样式】对话框。在此对话框中，可以将鼠标指针移动到调节线条样式的滑块上按下鼠标左键拖曳；在滑块左侧的小方格中单击，可以将线条样式中的点打开或关闭。

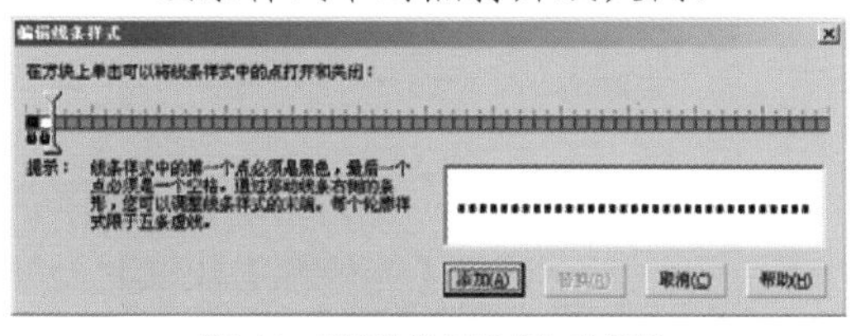

图4-20 【编辑线条样式】对话框

在编辑线条样式时，线条的第一个小方格只能是黑色，最后一个小方格只能是白色，调节编辑后的样式可以在【编辑线条样式】对话框中的样式预览图中观察到。

- 【斜接限制】选项：当两条线段通过节点的转折组成夹角时，此选项控制着两条线段之间夹角轮廓线角点的倾斜程度。当设置的参数大于两条线组成的夹角度数时，夹角轮廓线的角点将变为斜切形态。
- （尖角）：尖角是尖突而明显的角，如果两条线段之间的夹角超过90°，边角则变为平角。
- （圆角）：圆角是平滑曲线角，圆角的半径取决于该角线条的宽度和角度。
- （平角）：平角在两条线段的连接处以一定的角度把夹角切掉，平角的角度等于边角角度的50%。

图4-21所示为分别选择这3种转角样式时的转角图像。

图4-21 分别选择不同转角样式时的转角形态

- （平形）：线条端头与线段末端平行，这种类型的线条端头可以产生出简洁、精确的线条。
- （圆形）：线条端头在线段末端有一个半圆形的顶点，线条端头的直径等于线条的宽度。
- （伸展形）：可以使线条延伸到线段末端节点以外，伸展量等于线条宽度的50%。

图4-22所示为分别选择这3种【线条端头】选项时的线形效果。

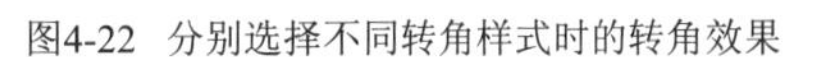

图4-22 分别选择不同转角样式时的转角效果

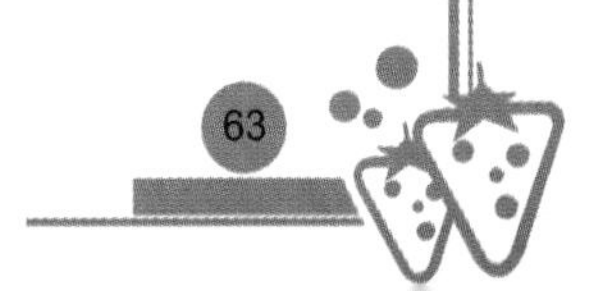

- 【箭头】栏：此栏可以为开放的直线或曲线对象设置起始箭头和结束箭头样式，对于封闭的图形将不起作用。
- 【书法】栏：该栏用于设置笔头的形状。【展开】选项用来设置笔头的宽度，当笔头为方形时，减小此数值将使笔头变成长方形；当笔头为圆形时，减小此数值可以使笔头变成椭圆形。利用【角度】选项可以设置笔头的倾斜角度。在【笔尖形状】预览窗口中可以观察设置不同参数时笔尖形状的变化。单击 默认(D) 按钮，可以将轮廓笔头的设置还原为默认值。图4-23所示为设置【展开】和【角度】选项前后的图形轮廓对比效果。

图4-23 图形轮廓对比效果

- 【后台填充】选项：默认情况下，图形的外轮廓位于填充颜色的前面，这样可以使整个外轮廓处于可见状态。当勾选此复选项后，该外轮廓的宽度将只有50%是可见的。图4-24所示为勾选与不勾选该选项时图形轮廓的显示效果。

图4-24 勾选与不勾选时的效果对比

- 【按图像比例显示】选项：默认情况下，在缩放图形时，图形的外轮廓不与图形一起缩放。当勾选此复选项后，在缩放图形时图形的外轮廓将随图形一起缩放。图4-25所示为勾选与不勾选该选项时图形轮廓的显示效果。

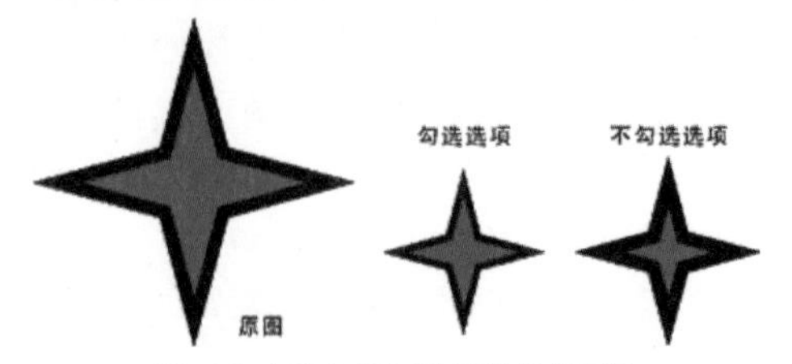

图4-25 勾选与不勾选时的效果对比

除了在【轮廓笔】对话框中设置图形的外轮廓粗细外，还可以通过选择系统自带的常用【轮廓笔】工具来设置图形外轮廓的粗细。常用【轮廓笔】工具主要包括【细线】、【1/2点】、【1点】、【2点】、【8点】、【16点】和【24点】工具，各轮廓笔的宽度效果对比如图4-26所示。

细线轮廓
1/2点轮廓
1点轮廓
2点轮廓
8点轮廓
16点轮廓
24点轮廓

图4-26 各轮廓宽度对比

4.1.2 范例解析——设计信纸

本节综合利用【矩形】工具、【图样填充】工具、【轮廓笔】工具、【基本形状】工具和移动复制图形的方法，来设计图4-27所示的信纸。

图4-27 设计的信纸

该案例主要学习利用【图样填充】工具对图形进行填充和利用【轮廓笔】对话框对线形进行设置的方法。具体操作方法如下。

1. 按<Ctrl>+<N>键，新建一个图形文件，然后在【页面大小】选项窗口中选择“信纸”选项。
2. 双击工具，创建一个与页面相同大小的矩形图形，然后选取工具，弹出【图样填充】对话框，设置各项参数如图4-28所示。

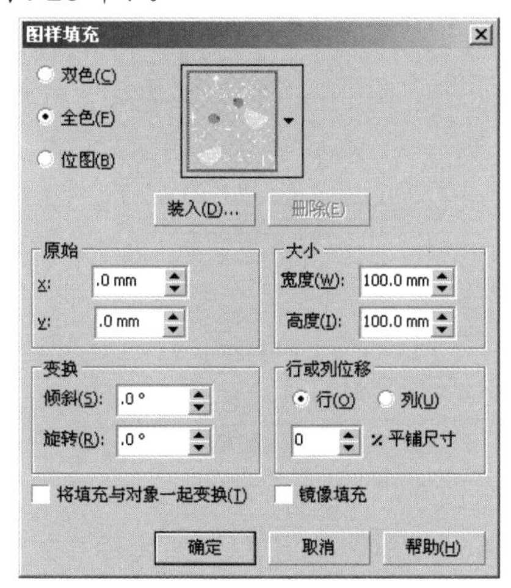

图4-28 【图样填充】对话框

3. 单击确定按钮，填充图样后的图形效果如图4-29所示。

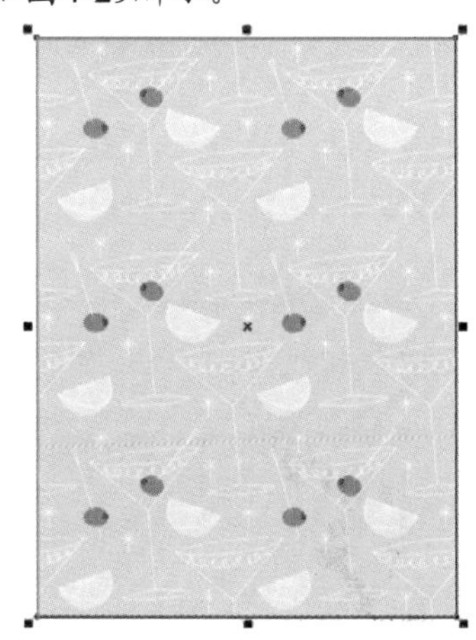

图4-29 填充图样后的效果

4. 利用工具，绘制一白色无外轮廓的矩形图形，然后将属性栏中选项的参数都设置为“10”，将矩形图形调整为圆角矩形图形，效果如图4-30所示。

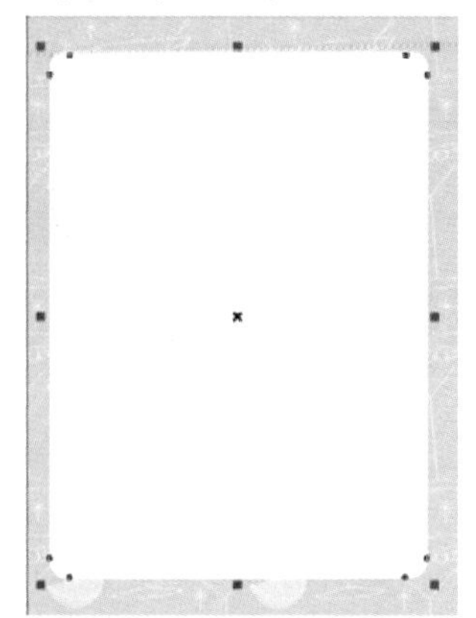

图4-30 绘制的圆角矩形图形

5. 选取工具，将鼠标光标移动到白色矩形图形的上方位置，按住左键并向下拖曳鼠标，为其添加图4-31所示的交互式透明效果。

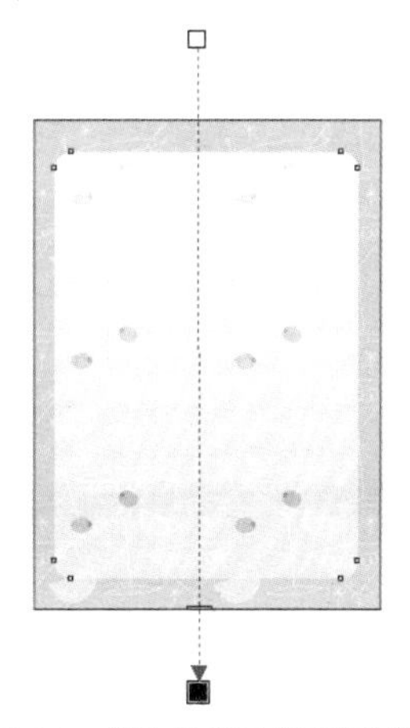

图4-31 添加的交互式透明效果

6. 选取工具，按住<Ctrl>键，绘制出图4-32所示的黑色直线。

图4-32 绘制的黑色直线

7. 选取工具，弹出【轮廓笔】对话框，设置各项参数如图4-33所示，然后单击确定按钮，设置轮廓属性后的直线效果如图4-34所示。

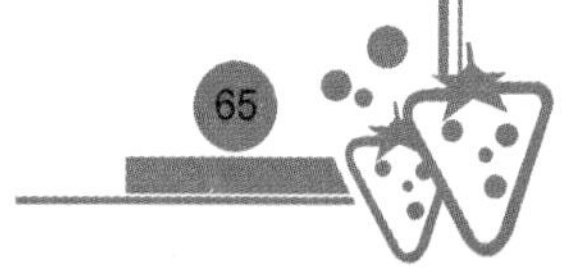

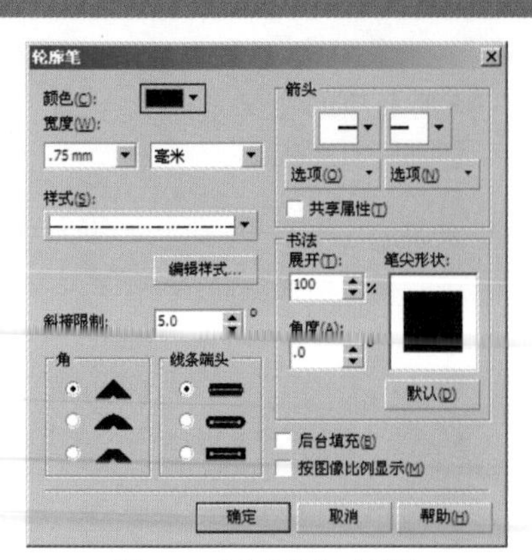

图4-33 【轮廓笔】对话框

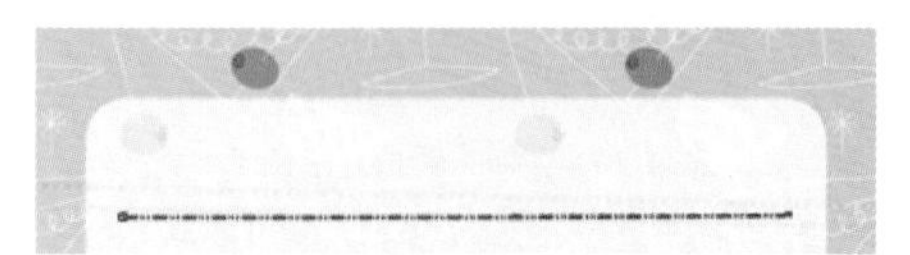

图4-34 设置轮廓属性后的直线效果

8. 在直线上按住鼠标左键向下拖曳鼠标，至合适位置时，在不释放鼠标左键的情况下单击鼠标右键，移动复制直线。
9. 依次按<Ctrl>+<R>键，重复复制出图4-35所示的直线。

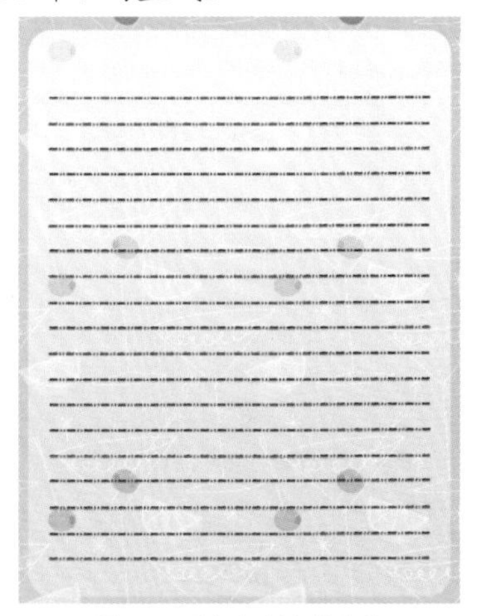

图4-35 重复复制出的直线

10. 利用字工具，在画面的左上方输入图4-36所示的绿色（C:95, M:50, Y:100, K:15）英文字母。

图4-36 输入的文字

11. 选取工具，单击属性栏中的按钮，在弹出的【完美形状】面板中选择图4-37所示的“心形”图形。

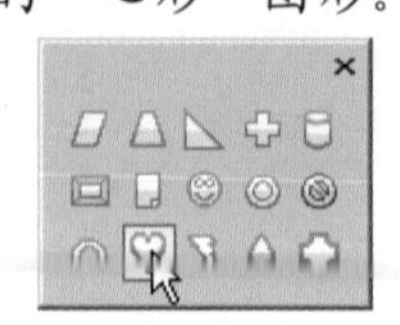

图4-37 【完美形状】面板

12. 按住<Ctrl>键，在画面中按住左键并拖曳鼠标，绘制出图4-38所示的“心形”图形。

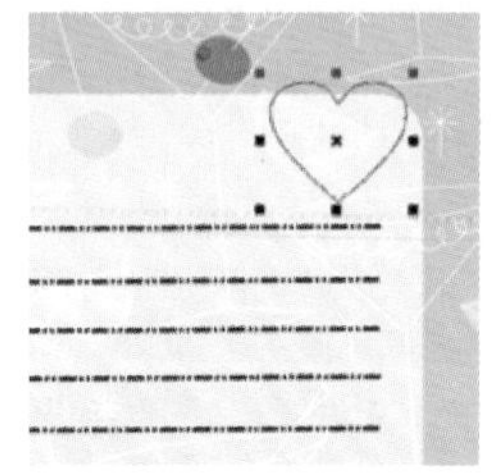

图4-38 绘制的图形

13. 为心形图形填充粉红色（M:55），然后将轮廓颜色设置为白色，【轮廓宽度】设置为“1.5mm”。
14. 在心形图形上再次单击鼠标左键，使其周围出现旋转和扭曲符号，然后将其旋转至图4-39所示的形态。

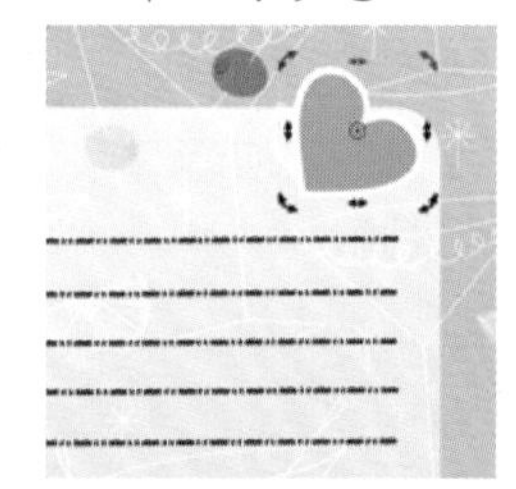

图4-39 旋转后的图形形态

15. 将心形图形移动复制2个，并将复制出图形调整不同的大小、角度及颜色后分别放置到图4-40所示的位置。

图4-40 图形放置的位置

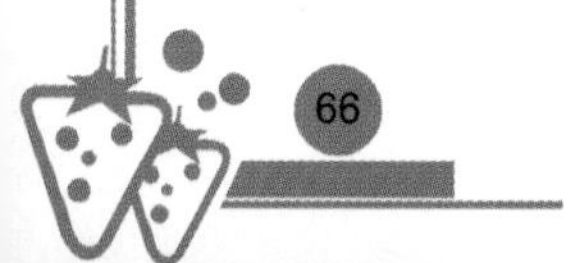

至此，信纸已设计完成，其整体效果如图4-41所示。

图4-41 设计完成的信纸

16. 按<Ctrl>+<S>键，将文件命名为“信纸设计.cdr”保存。

4.1.3 课堂实训——绘制风景画

利用各种基本绘图工具，结合【网状填充】工具以及【交互式填充】工具，绘制出图4-42所示的风景画。

图4-42 绘制完成的风景画

【步骤提示】

1. 新建一个【纸张宽度和高度】选项为的图形文件，然后双击工具，添加一个与当前页面相同大小的矩形，并为其填充浅蓝色（C:55, Y:10）。
2. 选择工具，将属性栏中的参数都设置为“4”，在矩形上添加调整控制点，然后依次对控制点的颜色进行修改，修改颜色后的图形效果如图4-43所示。

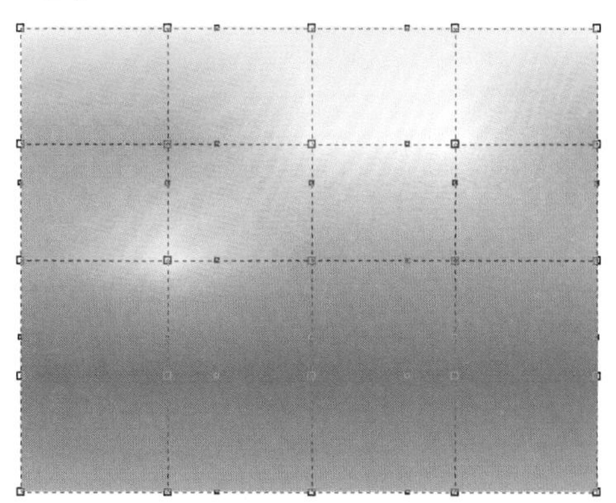

图4-43 修改颜色后的图形效果

3. 在需要调整的控制点上按下鼠标左键拖曳，依次调整控制点的位置，调整后的画面颜色混合效果如图4-44所示。

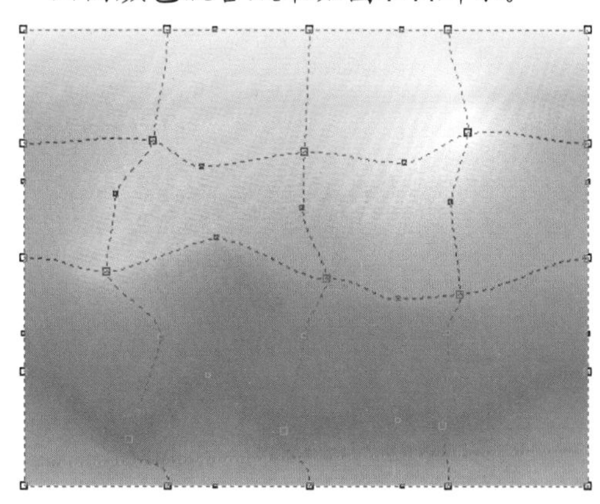

图4-44 调整后的画面效果

4. 荷花图形的绘制过程示意图如图4-45所示。
5. 荷叶图形的绘制过程示意图如图4-46所示。
6. 蜻蜓图形的绘制过程示意图如图4-47所示。

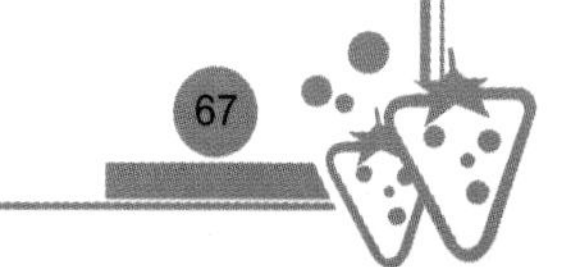

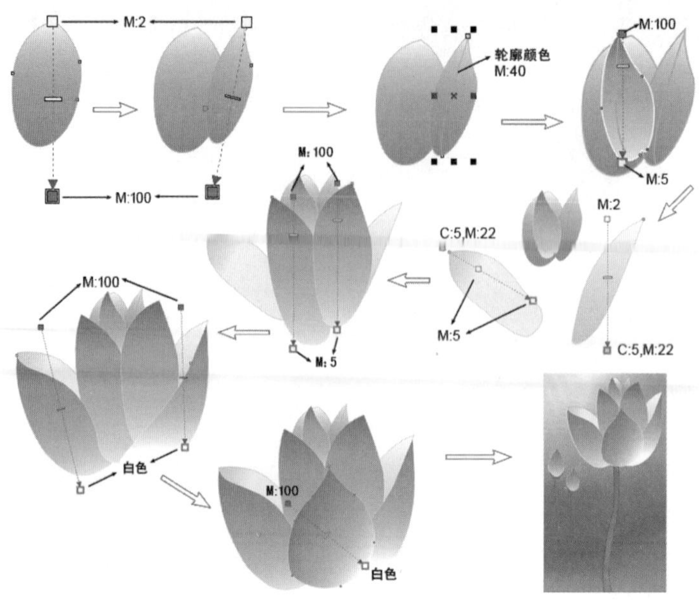

图4-45　绘制荷花图形的过程示意图

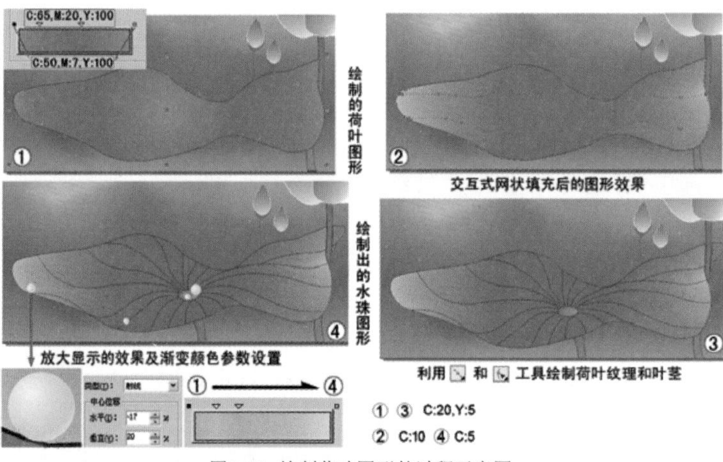

图4-46　绘制荷叶图形的过程示意图

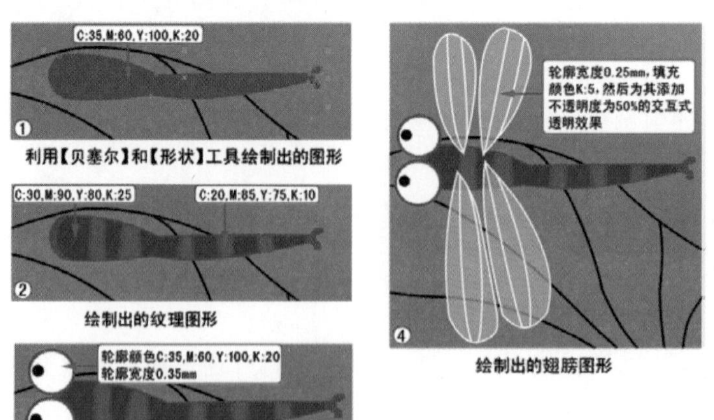

图4-47　绘制蜻蜓图形的过程示意图

7. 利用字工具输入文字，即可完成风景画的绘制。

4.2 编辑工具

利用编辑工具可以对图形的形状进行裁剪、擦除、涂抹和变换，在图纸绘制中还可以测量尺寸及添加标注等。本节分别来介绍各编辑工具的使用方法及属性设置。

一、形状编辑工具组

形状编辑工具组中的工具主要用于对图形进行变形及变换操作，包括【形状】工具、【涂抹笔刷】工具、【粗糙笔刷】工具和【自由变换】工具。其中【形状】工具在3.1.1节已经讲解，下面来讲解其他3个工具。

（1）【涂抹笔刷】工具

【涂抹笔刷】工具的具体操作为：首先将要涂抹的带有曲线性质的图形选择，然后选择工具，并在属性栏中设置好笔头的大小、形状及角度后，将鼠标指针移动到选择的图形内部，按下鼠标左键并向外拖曳，即可将图形向外涂抹。如将鼠标指针移动到选择图形的外部，按下鼠标左键并向内拖曳，可以在图形中将鼠标拖曳过的区域擦除。

【涂抹笔刷】工具的属性栏如图4-48所示。

图4-48 【涂抹笔刷】工具的属性栏

- 【笔尖大小】选项 10.0 mm：用于设置涂抹笔刷的笔头大小。
- 【水分浓度】选项 6：参数为正值时，可以使涂抹出的线条产生逐渐变细的效果；参数为负值时，可以使涂抹出的线条产生逐渐变粗的效果。
- 【笔斜移】选项 90.0°：用于设置涂抹笔刷的形状，参数设置范围为“15～90”。数值越大，涂抹笔刷越接近圆形。
- 【笔方位】选项 .0°：用于设置涂抹笔刷的角度，参数设置范围为“0～359”。只有将涂抹笔刷设置为非圆形的形状时，设置笔刷的角度才能看出效果。

当计算机连接图形笔时，【涂抹笔刷】工具属性栏中的【笔压】按钮才会变的可用。激活此按钮，可以设置使用图形笔涂抹图形时带有压力。

（2）【粗糙笔刷】工具

【粗糙笔刷】工具的具体操作为：首先选择要对其进行编辑的曲线对象，然后选择工具，并在属性栏中设置好笔头的大小、形状及角度后，将鼠标指针移动到选择的图形边缘，按下鼠标左键并沿图形边缘拖曳，即可使图形的边缘产生凹凸不平类似锯齿的效果。

【粗糙笔刷】工具的属性栏如图4-49所示。

图4-49 【粗糙笔刷】工具的属性栏

- 【笔尖大小】选项 50.0 mm：用于设置粗糙笔刷的笔头大小。
- 【尖突频率】选项 3：用于设置在应用粗糙笔刷工具时图形边缘生成锯齿的数量。数值越小，生成的锯齿越少。参数设置范围为“1～10”。
- 【水分浓度】选项 1：用于设置拖动鼠标时图形增加粗糙尖突的数量。参数设置

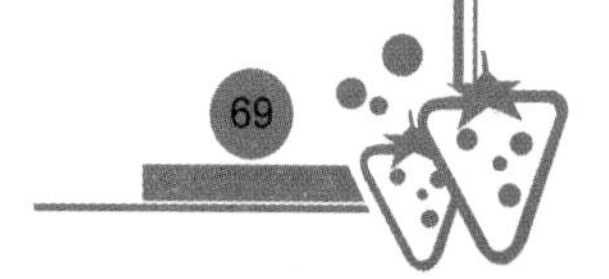

范围为“-10~10”，数值越大，增加的尖突数量越多。

- 【笔斜移】选项：用于设置产生锯齿的高度。参数设置范围为“0~90”，数值越小，生成锯齿的高度越高。
- 【尖突方向】选项：可以设置生成锯齿的倾斜方向，包括【自动】和【固定方向】两个选项。当选择【自动】选项时，锯齿的方向将随机变换；当选择【固定方向】选项时，可以根据需要在右侧的【笔方位】选项中设置相应的数值，来设置锯齿的倾斜方向。

（3）【自由变换】工具

【自由变换】工具的具体操作为：首先选择想要进行变换的对象，然后选择工具，并在属性栏中设置好对象的变换方式，即激活相应的按钮。再将鼠标指针移动到绘图窗口中的适当位置，按下鼠标左键并拖曳（此时该点将作为对象变换的锚点），即可对选择的对象进行指定的变换操作。

【自由变换】工具的属性栏如图4-50所示。

图4-50 【自由变换】工具的属性栏

- 【自由旋转】按钮：激活此按钮，在绘图窗口中的任意位置按下鼠标左键并拖曳，可将选择的图形以鼠标按下点为中心进行旋转。如按住<Ctrl>键拖曳，可将图形按15°的倍数进行旋转。
- 【自由角度反射】按钮：激活此按钮，将鼠标指针移动到绘图窗口中的任意位置按下鼠标左键并拖曳，可将选择的图形以鼠标单击的位置为锚点、鼠标移动的方向为镜像对称轴来对图形进行镜像。
- 【自由缩放】按钮：激活此按钮，将鼠标指针移动到绘图窗口中的任意位置，按下鼠标左键并拖曳，可将选择的图形进行水平和垂直缩放。如按住<Ctrl>键向上拖曳鼠标，可等比例放大图形；按住<Ctrl>键向下拖曳鼠标，可等比例缩小图形。
- 【自由倾斜】按钮：激活此按钮，将鼠标指针移动到绘图窗口中的任意位置按下鼠标左键并拖曳，可将选择的图形进行扭曲变形。
- 【对象位置】选项：用于显示或设置选择对象的中心位置。
- 【对象大小】选项：用于显示或设置选择对象的大小。
- 【旋转中心】选项：用于设置当前选择对象的旋转中心位置。
- 【倾斜角度】选项：用于设置当前选择对象在水平和垂直方向上的倾斜角度。
- 【应用到再制】按钮：激活此按钮，使用【自由变换】工具对选择的图形进行变形操作时，系统将首先复制该图形，然后再进行变换操作。
- 【相对于对象】按钮：激活此按钮，属性栏中的【x】和【y】选项的数值将都变为“0”。在【x】和【y】选项的文本框中输入数值，如都输入“15”，然后按<Enter>键，选择的对象将相对于当前的位置在*x*轴向右、*y*轴向上分别移动15个单位。

二、裁剪工具组

裁剪工具组中的工具主要用于对图形进行裁剪或擦除，包括【裁剪】工具、【刻刀】工具、【橡皮擦】工具和【虚拟段删除】工具。

（1）【裁剪】工具

选择工具后，在绘图窗口中根据要保留的区域拖曳鼠标指针，绘制一个裁剪框，确认裁剪框的大小及位置后在裁剪框内双击，即可完成图像的裁剪，此时裁剪框以外的图像将被删除。

- 将鼠标指针放置在裁剪框各边中间的控制点或角控制点处，当鼠标指针显示为┼形状时，按下鼠标左键并拖曳，可调整裁剪框的大小。
- 将鼠标指针放置在裁剪框内，按下鼠标左键并拖曳，可调整裁剪框的位置。
- 在裁剪框内单击，裁剪框的边角将显示旋转符号，将鼠标指针移动到各边角位置，当鼠标指针显示为旋转符号时，按下鼠标左键并拖曳，可旋转裁剪框。

（2）【刻刀】工具

选择工具，然后移动鼠标指针到要分割图形的外轮廓上，当鼠标指针显示为形状时，单击鼠标左键确定第一个分割点，移动鼠标指针到要分割的另一端的图形外轮廓上，再次单击鼠标左键确定第二个分割点，释放鼠标左键后，即可将图形分割。

使用【刻刀】工具分割图形时，只有当鼠标指针显示为形状时单击图形的外轮廓，然后移动鼠标至图形另一端的外轮廓处单击才能分割图形。如在图形内部确定分割的第二点，不能将图形分割。

（3）【橡皮擦】工具

【橡皮擦】工具可以很容易地擦除所选图形的指定位置。选择要进行擦除的图形，然后选择工具（快捷键为<X>键），设置好笔头的宽度及形状后，将鼠标指针移动到选择的图形上，按下鼠标左键并拖曳，即可对图形进行擦除。另外，将鼠标指针移动到选择的图形上单击，然后移动鼠标指针到合适的位置再次单击，可对图形进行直线擦除。

（4）【虚拟段删除】工具

【虚拟段删除】工具的功能是将图形中多余的线条删除。确认绘图窗口中有多个相交的图形，选择工具，然后将鼠标指针移动到想要删除的线段上，当鼠标指针显示为图标时单击，即可删除选定的线段；当需要同时删除某一区域内的多个线段时，可以将鼠标指针移动到该区域内，按下鼠标左键并拖曳，将需要删除的线段框选，释放鼠标左键后即可将框选的多个线段删除。

三、 度量工具

利用度量工具可以在图纸绘制中测量尺寸并添加标注。在CorelDRAW X5中，度量工具主要包括【平行度量】工具、【水平或垂直度量】工具、【角度量】工具、【线段度量】工具和【3点标注】工具。下面来分别讲解其使用方法。

（1）平行度量

【平行度量】工具可以对图形进行垂直、水平或任意斜向标注。其标注方法为：首先选择工具，在弹出的隐藏工具组中选择工具。将鼠标光标移动到要标注图形的合适位置按下鼠标，确定标注的起点，然后移动鼠标光标至标注的终点位置释放，再移动鼠标至合适的位置单击，确定标注文本的位置，即可完成标注操作。

（2）水平或垂直度量

【水平或垂直度量】工具可以对图形进行垂直或水平标注。其使用方法与【平行度量】工具的相同，区别仅在于此工具不能进行倾斜角度的标注。

（3）角度量

【角度量】工具可以对图形进行角度标注。其标注方法为：选择工具，在弹出的隐藏工具组中选择工具。将鼠标光标移动到要标注角的顶点位置按下鼠标并沿一条边拖曳，至合适位置释放鼠标，移动鼠标至角的另一边，至合适位置单击，再移动鼠标，确定角度标注文本的位置，确定后单击即可完成角度标注，如图4-51所示。

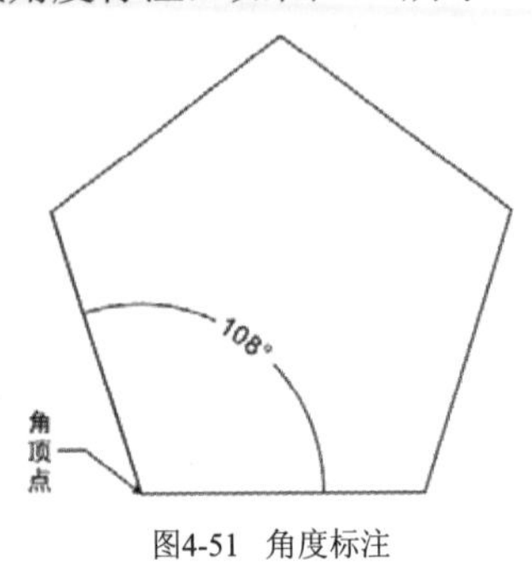

图4-51 角度标注

（4）线段度量

【线段度量】工具可以快捷地对线段或连续的线段进行一次性标注。具体使用方法为：选择工具，在弹出的隐藏工具组中选择工具。然后在要标注的线段上单击，再移动鼠标确定标注文本的位置，确定后单击，即可完成线段标注，如图4-52所示。如要同时对很多条线段进行标注，可利用工具框选要标注的线段，注意要全部选择，然后移动鼠标确定标注文本的位置即可，如图4-53所示。

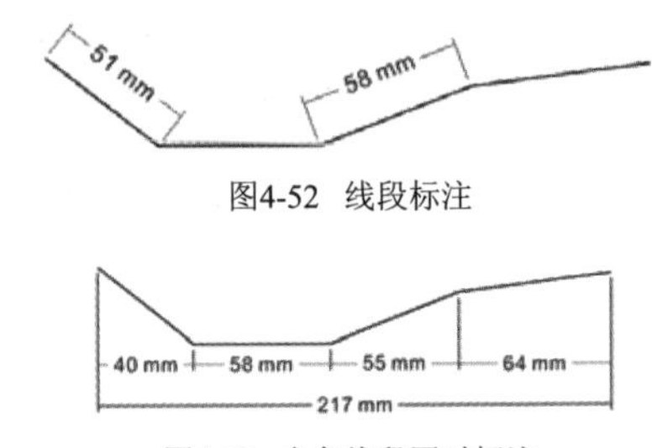

图4-52 线段标注

图4-53 多条线段同时标注

（5）度量工具的属性栏

以上所讲的4种度量工具的属性栏基本相似，下面以【线段度量】工具的属性栏进行讲解，如图4-54所示。

图4-54 【线段度量】工具的属性栏

- 【度量样式】十进制：用于选择标注样式。包括【十进制】、【小数】、【美国工程】和【美国建筑学的】4个选项。
- 【度量精度】0.00：用于设置在标注图形时数值的精确度，小数点后面的“0”越多，表示对图形标注得越精确。
- 【尺寸单位】毫米：用于设置标注图形时的尺寸单位。
- 【显示单位】按钮：激活此按钮，在对图形进行标注时，将显示标注的尺寸单位；否则只显示标注的尺寸。
- 【度量前缀】前缀:和【度量后缀】后缀:：在这两个文本框中输入文字，可以为标注添加前缀和后缀，即除了标注尺寸外，还可以在标注尺寸的前面或后面添加其他的说明文字。
- 【显示前导零】按钮：当标注尺寸小于1时，激活此按钮，将显示小数点前面的“0”；否则将不显示。
- 【动态度量】按钮：当对图形进行修改时，激活此按钮，添加的标注尺寸也会随之变化；否则添加的标注尺寸不会随图形的调整而改变。
- 【文本位置下拉式对话框】按钮：单击此按钮，可以在弹出图4-55所示的【标注样式】选项面板中设置标注时文本所在的位置。

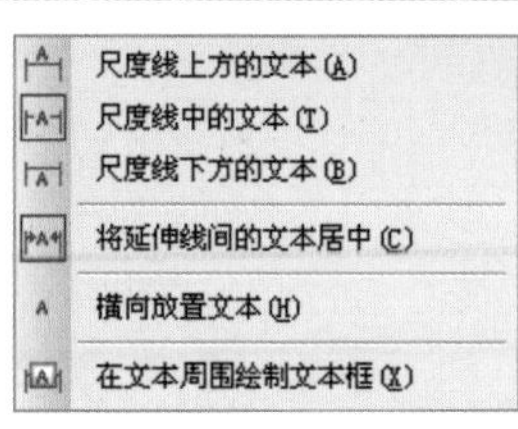

图4-55 【标注样式】选项面板

- 【延伸线选项】按钮：单击此按钮，将弹出图4-56所示的【自定义延伸线】面板，在该面板中可以自定义标注两侧截止线离标注对象的距离和延伸出的距离。

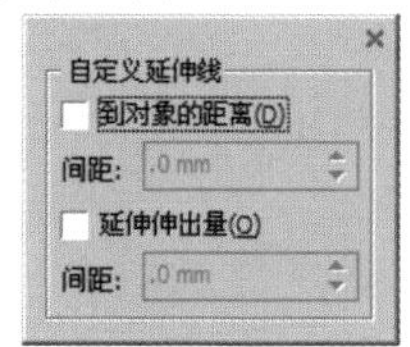

图4-56 【自定义延伸线】面板

（6）标记线

【3点标注】工具可以对图形上的某一点或某一个地方以引线的形式进行标注，但标注线上的文本需要自己去填写。【3点标注】工具的使用方法为：选择工具，在弹出的隐藏工具组中选择工具。将鼠标光标移到要标注图形的标注点位置按下鼠标并拖曳，至合适位置后释放鼠标，确定第一段标记线；然后移动鼠标，至合适位置单击，确定第二段标记线，即标注的终点。此时，将出现插入光标闪烁符，输入说明文字，即可完成标记线标注。

如果要制作一段标记线标注，可在确定第一段标记线的结束位置再单击鼠标，然后输入说明文字即可。

【3点标注】工具的属性栏如图4-57所示。

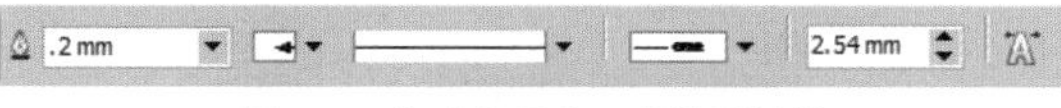

图4-57 【3点标注】工具的属性栏

- 【起始箭头】：单击此按钮，可在弹出的面板中选择标注线起始处的箭头样式。
- 【线条样式】：单击此按钮，可在弹出的列表中选择标注线的线条样式。
- 【标注符号】：单击此按钮，可在弹出的列表中选择标注文本的边框样式。
- 【间距】2.54 mm：用于设置标注文字距标记线终点的距离。
- 【字符格式化】按钮：单击此按钮，将弹出【字符格式化】泊坞窗，用于设置标注文字的字体和字号等属性。

4.3 综合案例——绘制圣诞贺卡

本节综合利用【贝塞尔】工具、【形状】工具结合【渐变填充】工具、【底纹填充】工具和【艺术笔】工具来绘制图4-58所示的圣诞贺卡。

图4-58 绘制的圣诞贺卡

1. 按<Ctrl>+<N>键，新建一个图形文件。
2. 利用工具，绘制红色（C:17, M:100, Y:100）无外轮廓的矩形图形。

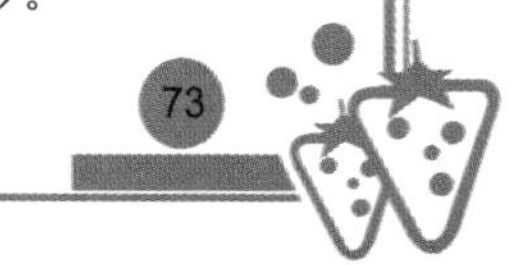

3. 利用和工具，在矩形的上方位置绘制并调整出图4-59所示的不规则图形。

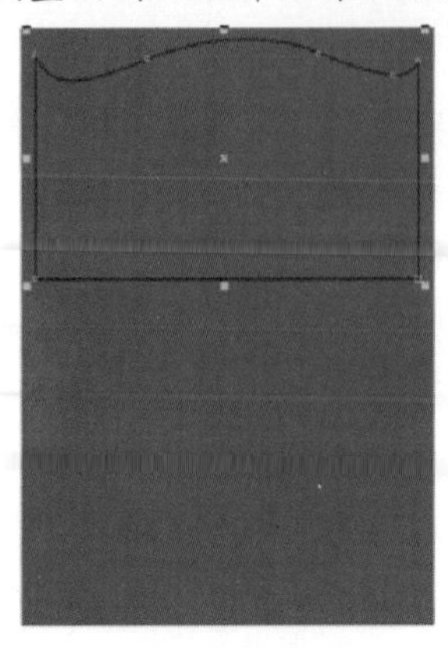

图4-59 绘制的图形

4. 选取工具，弹出【底纹填充】对话框，设置各项参数如图4-60所示，然后单击 确定 按钮，填充底纹后的图形效果如图4-61所示。

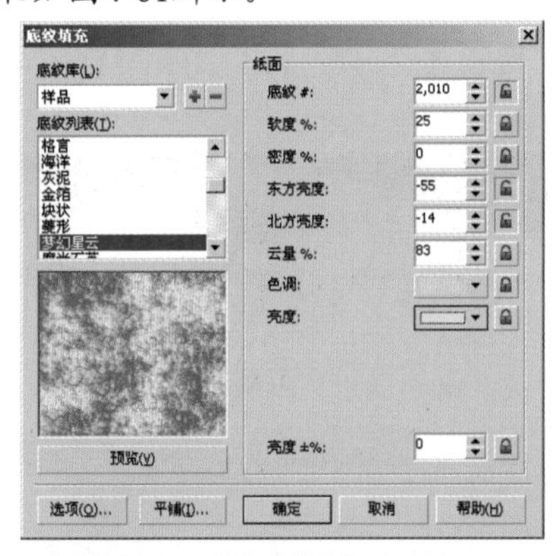

图4-60 【底纹填充】对话框

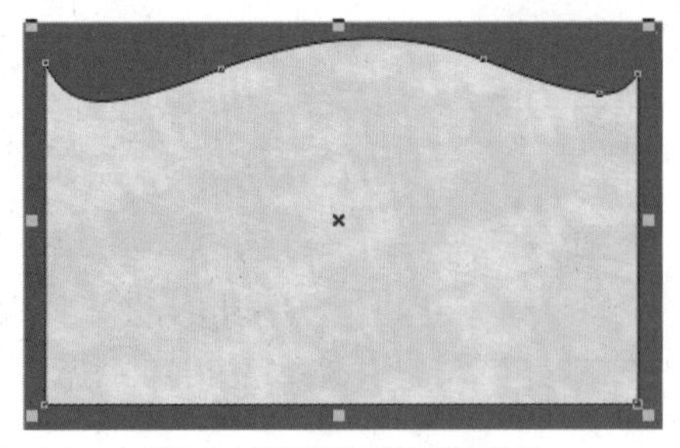

图4-61 填充底纹后的图形效果

5. 选取工具，弹出【轮廓笔】对话框，设置各项参数如图4-62所示，然后单击 确定 按钮，设置轮廓属性后的图形效果如图4-63所示。

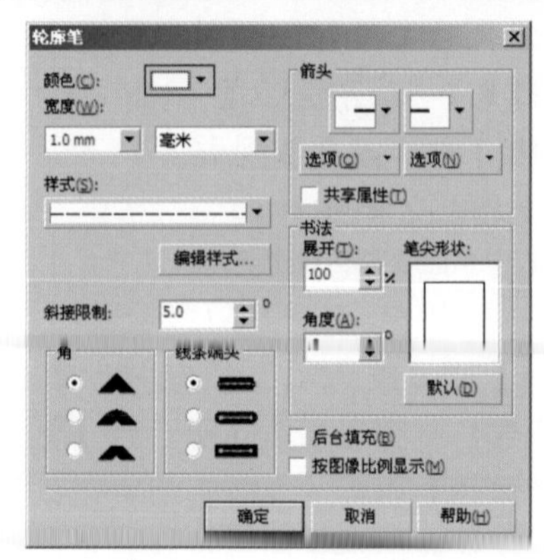

图4-62 【轮廓笔】对话框

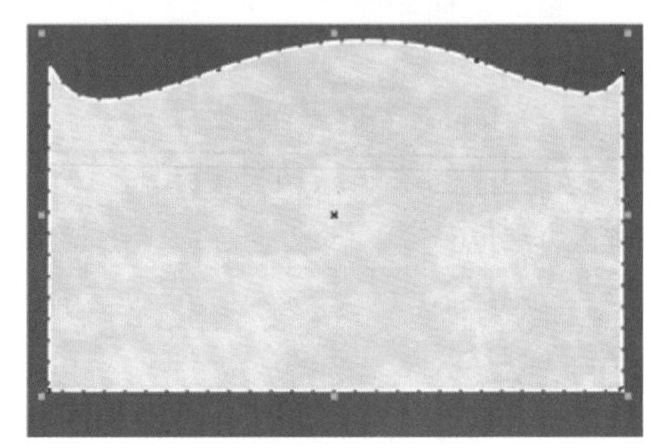

图4-63 设置轮廓属性后的图形效果

6. 按<Ctrl>+<I>键，将“图库\第04章”目录下名为“铃铛.psd”的图片导入，然后将其调整合适大小后放置到图4-64所示的位置。

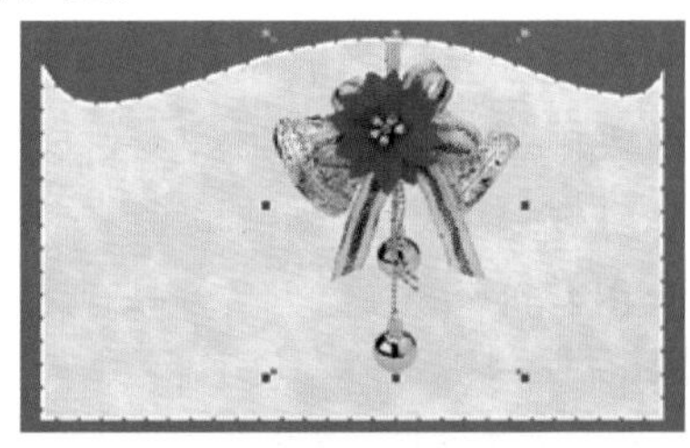

图4-64 图片放置的位置

7. 将“铃铛”图片移动复制2个，然后将其调整大小后分别放置到图4-65所示的位置。

图4-65 图片放置的位置

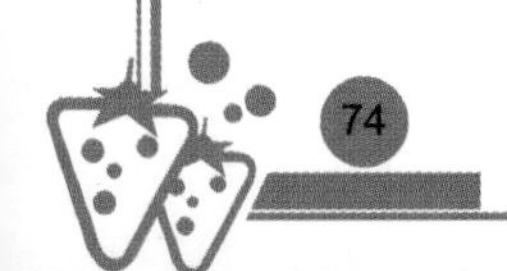

8. 将左侧的“铃铛”图片选择，然后执行【效果】/【调整】/【所选颜色】命令，弹出【所选颜色】对话框，设置各项参数如图4-66所示。

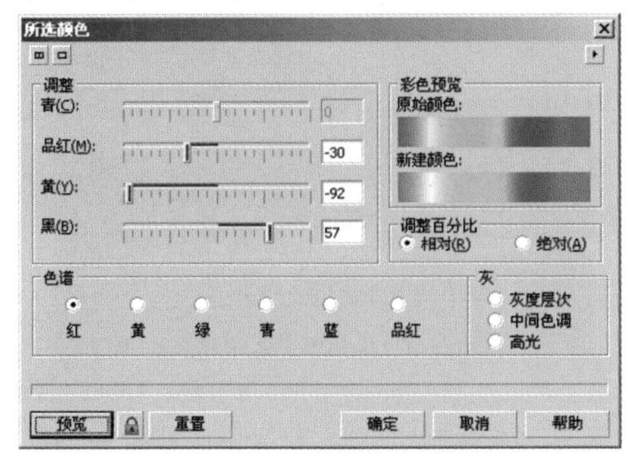

图4-66 【所选颜色】对话框

9. 单击 确定 按钮，调整后的图片效果如图4-67所示。

图4-67 调整后的图片效果

10. 将右侧的“铃铛”图片选择，然后执行【效果】/【调整】/【所选颜色】命令，弹出【所选颜色】对话框，设置各项参数如图4-68所示。

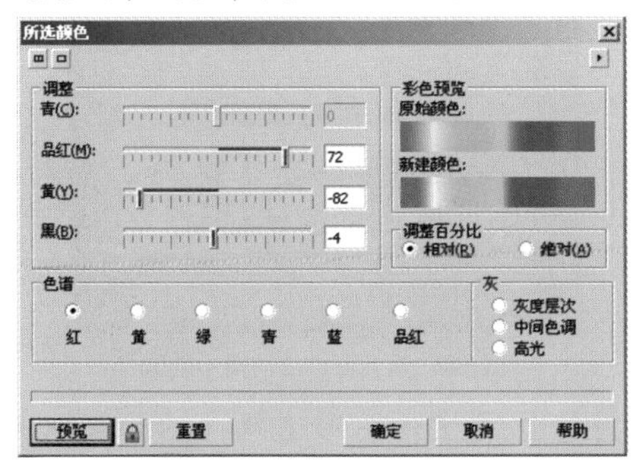

图4-68 【所选颜色】对话框

11. 单击 确定 按钮，调整后的图片效果如图4-69所示。

图4-69 调整后的图片效果

12. 利用和工具，依次绘制并调整出图4-70所示的黄色（Y:100）蝴蝶结图形。

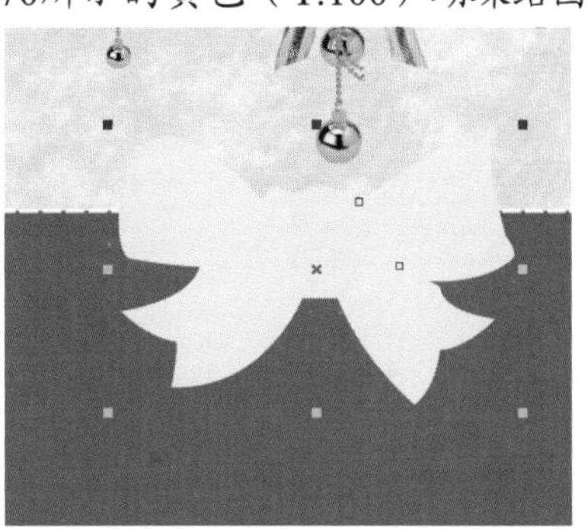

图4-70 绘制的图形

13. 选取工具，将鼠标光标移动到蝴蝶结的中间位置，按住左键并向右下方拖曳鼠标，为其添加交互式阴影效果，如图4-71所示。

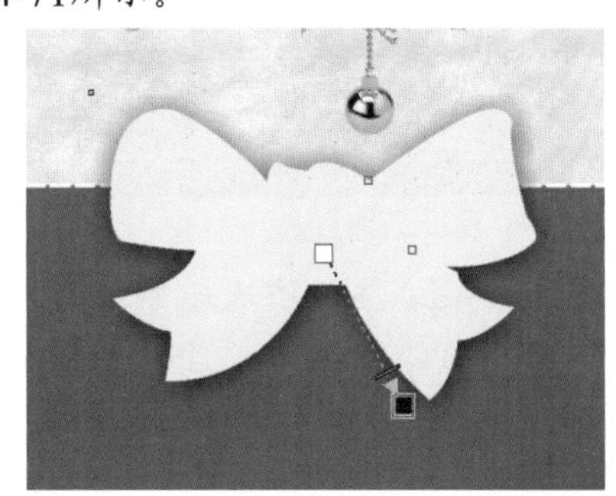

图4-71 添加交互式阴影后的效果

14. 选取工具，按住<Ctrl>键，绘制一圆形图形，然后选取工具，弹出【渐变填充】对话框，设置各项参数如图4-72所示。

15. 单击 确定 按钮，然后将图形的外轮廓线去除，填充渐变色后的图形效果如图4-73所示。

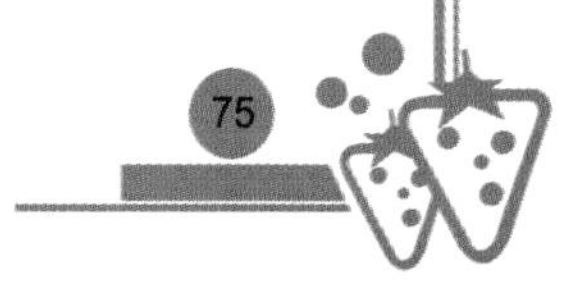

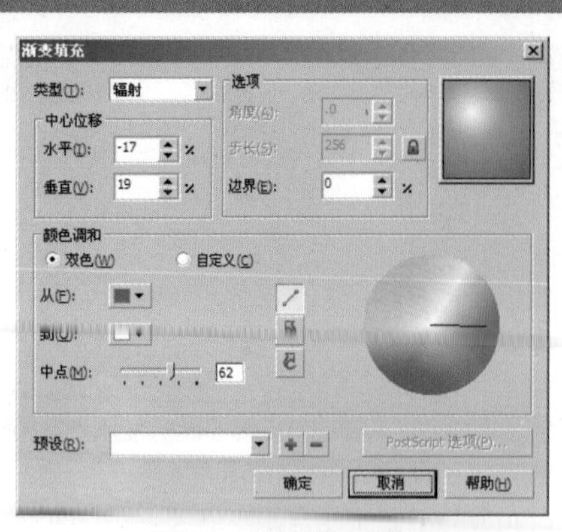

图4-72 设置的渐变颜色

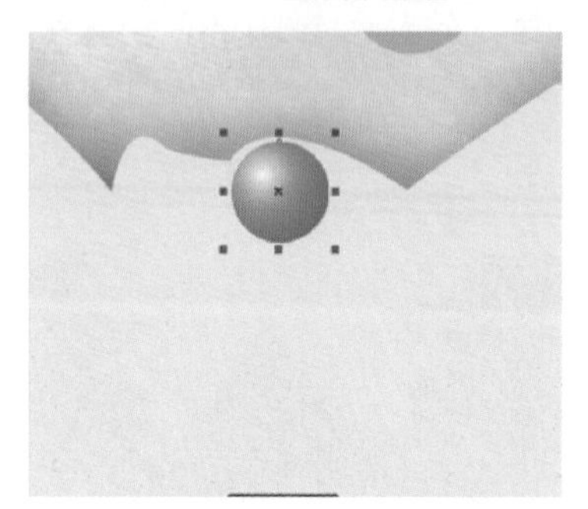

图4-73 填充渐变色后的图形效果

16. 将圆形图形移动复制4个，然后将复制出的图形分别放置到图4-74所示的位置。

图4-74 图形放置的位置

17. 利用和工具，依次绘制并调整出图4-75所示的铃铛图形，注意图形顺序的调整。

图4-75 绘制的图形

18. 继续利用和工具，依次绘制并调整出图4-76所示的铃铛结构图形。

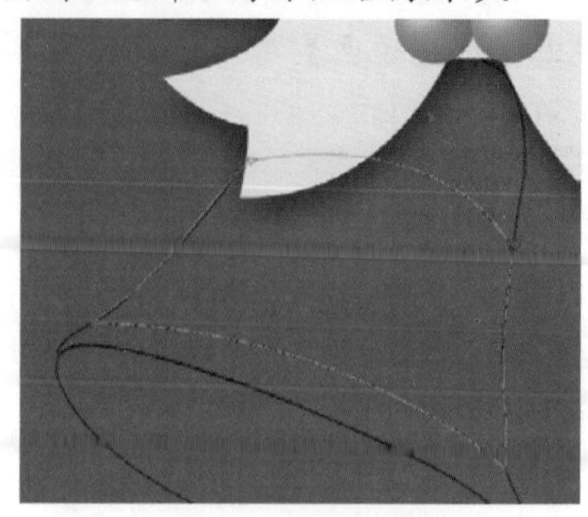

图4-76 绘制的结构图形

19. 选取工具，弹出【图样填充】对话框，设置各项参数如图4-77所示。

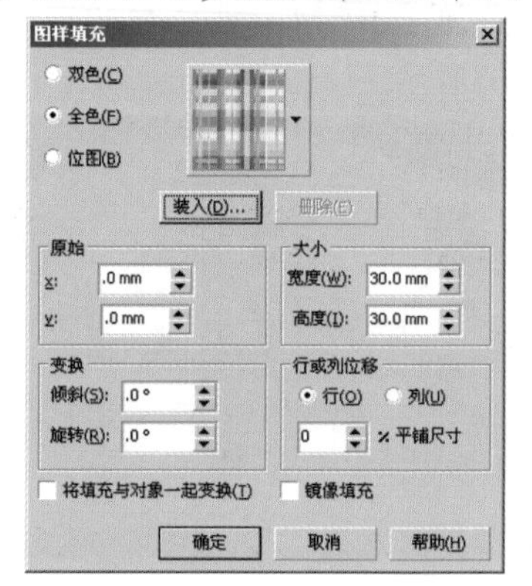

图4-77 【图样填充】对话框

20. 单击 确定 按钮，填充图样后的图形效果如图4-78所示。

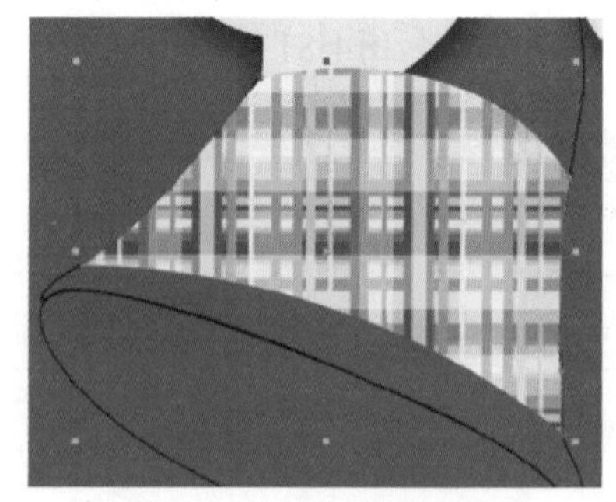

图4-78 填充图样后的图形效果

21. 将铃铛的主体图形选择，然后选取工具，弹出【底纹填充】对话框，设置各项参数如图4-79所示。

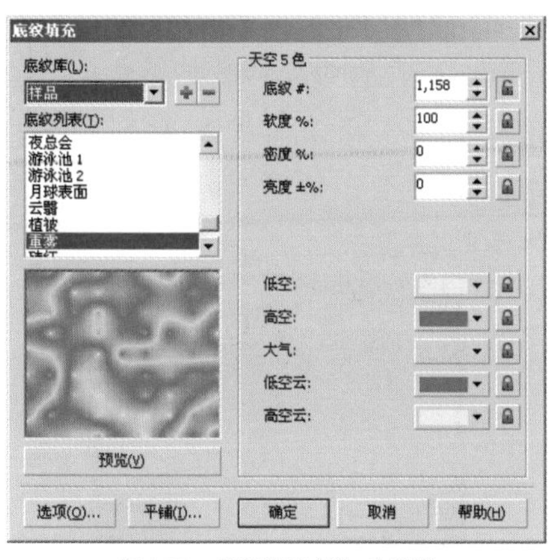

图4-79 【底纹填充】对话框

22. 单击 确定 按钮，填充底纹后的图形效果如图4-80所示。

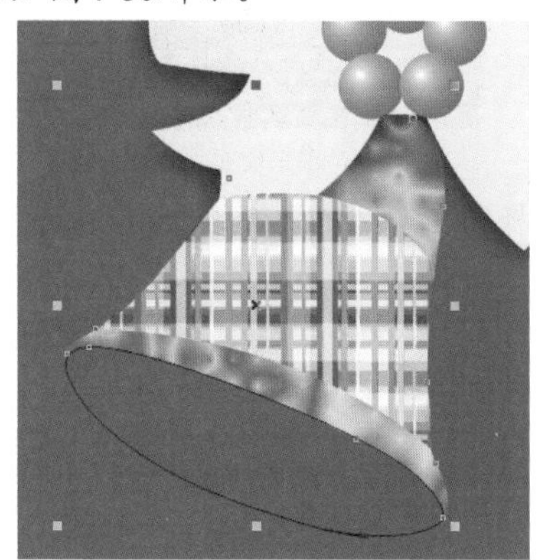
图4-80 填充底纹后的图形效果

23. 将下方的铃铛结构图形选择，然后选取工具，弹出【底纹填充】对话框，设置各项参数如图4-81所示。

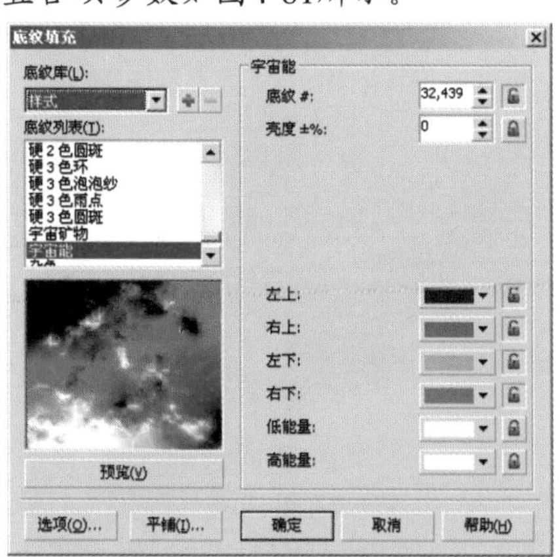

图4-81 【底纹填充】对话框

24. 单击 确定 按钮，填充底纹后的图形效果如图4-82所示。

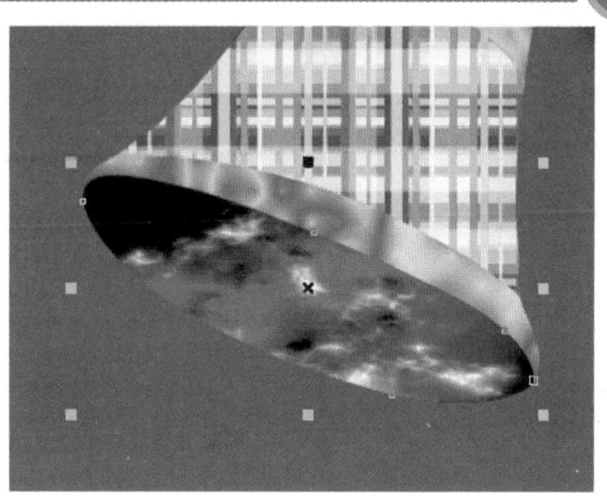
图4-82 填充底纹后的图形效果

25. 将铃铛结构图形全部选择，按<Ctrl>+<G>键将其群组，再将其移动复制1个，然后将其旋转合适的角度后放置到图4-83所示的位置。

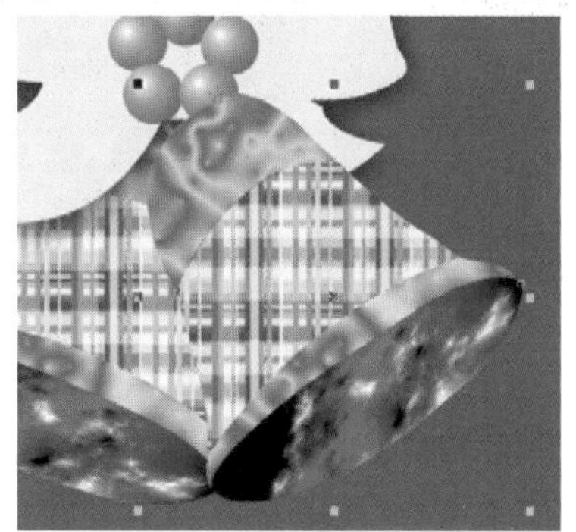
图4-83 图形放置的位置

26. 选取工具，将鼠标光标移动到铃铛图形的左侧位置，按住左键并向右上方拖曳鼠标，为其添加交互式阴影效果，如图4-84所示。

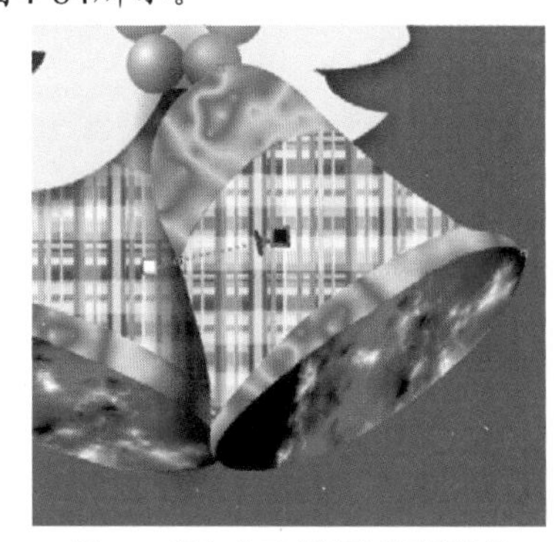
图4-84 添加交互式阴影后图形效果

27. 依次按<Ctrl>+<PageDown>键，将复制出的铃铛图形调整至蝴蝶结图形的下方位置，效果如图4-85所示。

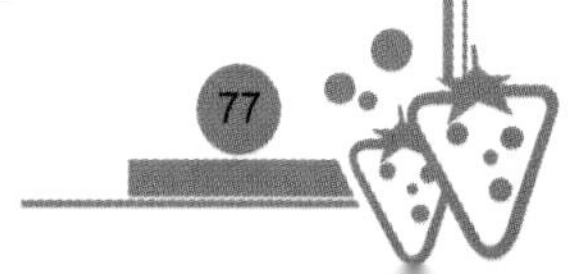

图4-85 调整图形堆叠顺序后的效果

28. 利用□工具结合移动复制图形的方法，依次绘制并复制出图4-86所示的白色矩形图形。

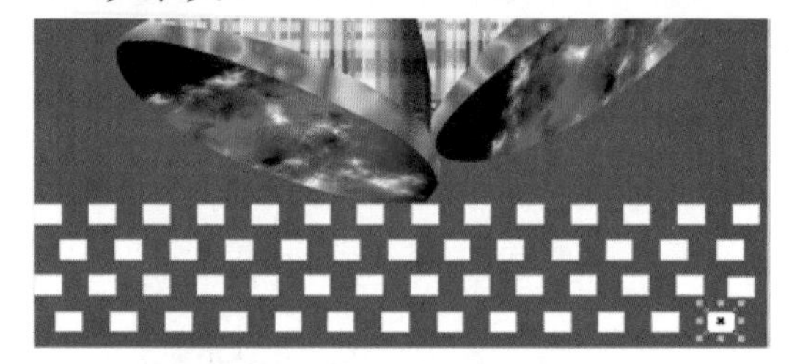

图4-86 绘制并复制出的矩形图形

29. 选取工具，激活属性栏中的按钮，并将【类别】选项设置为“其他”，然后在【喷射图样】下拉列表中选择图4-87所示的“雪花”选项。

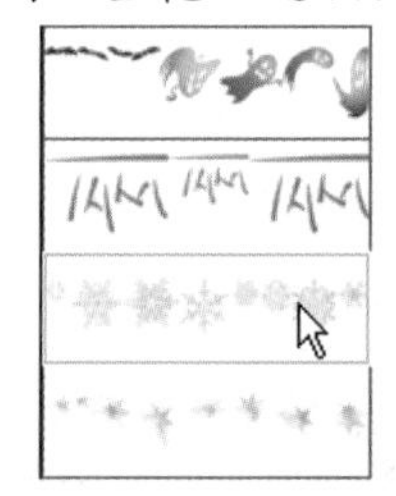

图4-87 选择的喷绘图像

30. 将鼠标光标移动到页面中，按住左键并拖曳鼠标，喷绘出图4-88所示的“雪花”图形。

图4-88 喷绘出的图形

31. 按<Ctrl>+<K>键，将雪花图形拆分，再按<Ctrl>+<U>组合键取消群组，然后利用工具，依次将雪花图形移动到画面中，调整至合适的大小后移动到图4-89所示的位置。

图4-89 图形放置的位置

32. 选择工具，确认属性栏中的按钮处于激活状态，将【类别】选项设置为“对象”，然后在【喷射图样】下拉列表中选择图4-90所示的“礼物”选项。

图4-90 选择的喷绘图像

33. 将鼠标光标移动到页面中，按住左键并拖曳鼠标，喷绘出图4-91所示的“礼物”图形。

图4-91 喷绘出的图形

34. 用与步骤31相同的方法，将“礼物”图形拆分并取消群组，然后将其分别移动到画面中，放置到图4-92所示的位置，

注意图形堆叠顺序的调整。

图4-92 图形放置的位置

35. 利用字工具，依次输入图4-93所示的红色（M:100, Y:100）和黑色英文字母。

图4-93 输入的文字

至此，圣诞贺卡绘制完成，整体效果如图4-94所示。

图4-94 绘制完成的圣诞贺卡

36. 按<Ctrl>+<S>键，将文件命名为“圣诞贺卡.cdr”保存。

4.4 课后作业

1. 灵活运用线形工具、轮廓工具、【虚拟段删除】工具及度量工具绘制图4-95所示的家居平面图。

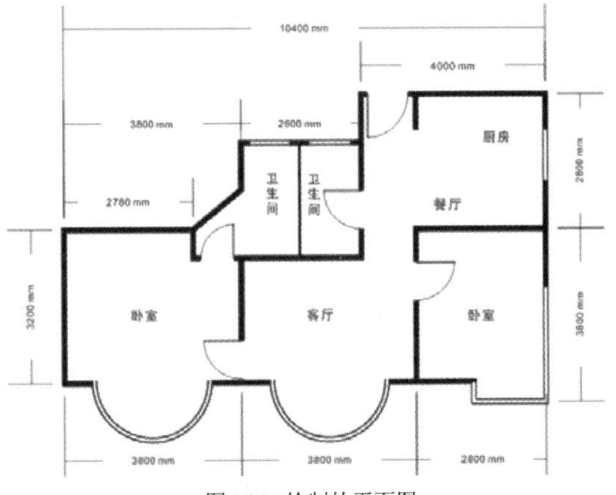

图4-95 绘制的平面图

2. 利用各种填充工具将居室平面图制作成平面布置图效果，如图4-96所示。

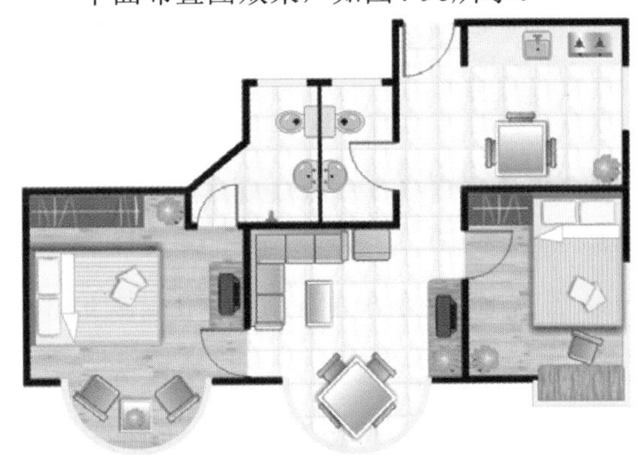

图4-96 布置的居室平面图

第5章 效果工具

本章主要介绍各种效果工具的功能和使用方法，包括【调和】工具、【轮廓图】工具、【扭曲】工具、【阴影】工具、【封套】工具、【立体化】工具和【透明】工具，利用这些工具可以给图形进行调和、变形或添加轮廓、立体化、阴影及透明等效果。

【本章课时】

本章课时为4小时。

【教学目标】

- 掌握利用【调和】工具调和图形的方法。
- 掌握利用【轮廓图】工具为图形添加外轮廓的方法。
- 掌握利用【扭曲】工具扭曲图形的方法。
- 掌握为图形添加阴影及外发光效果。
- 掌握利用【封套】工具对图形进行变形的方法。
- 掌握制作立体效果字的方法。
- 掌握为图形制作透明效果的方法。
- 熟悉各种效果工具的综合运用。

5.1 调和、轮廓图和阴影工具

本节先来讲解【调和】工具、【轮廓图】工具及【阴影】工具的使用。

5.1.1 功能讲解

一、【调和】工具

利用【调和】工具可以将一个图形经过形状、大小和颜色的渐变过渡到另一个图形上，且在这两个图形之间形成一系列的中间图形，这些中间图形显示了两个原始图形经过形状、大小和颜色的调和过程。

其使用方法非常简单：选取工具，将鼠标指针移动到图形上，当鼠标指针显示形状时，按住鼠标左键向另一个图形上拖曳，当在两个图形之间出现一系列的虚线图形时，释放鼠标左键即可完成调和图形操作。

【调和】工具的属性栏如图5-1所示。

图5-1 【调和】工具的属性栏

- 【预设列表】预设...：在此下拉列表中可选择软件预设的调和样式。
- 【添加预设】按钮：单击此按钮，可将当前制作的调和样式保存。
- 【删除预设】按钮：单击此按钮，可将当前选择的调和样式删除。
- 【调和步长】按钮和【调和间距】按钮：只有创建了沿路径调和的图形后，这两个按钮才可用，用于确定图形在路径上是按指定的步数还是固定的间距进行调和。
- 【调和对象】20 10.0 mm：在此文本框中可以设置两个图形之间层次的多少或中间调和图形之间的偏移量。图5-2所示为设置不同步数和偏移量值后图形的调和效果对比。

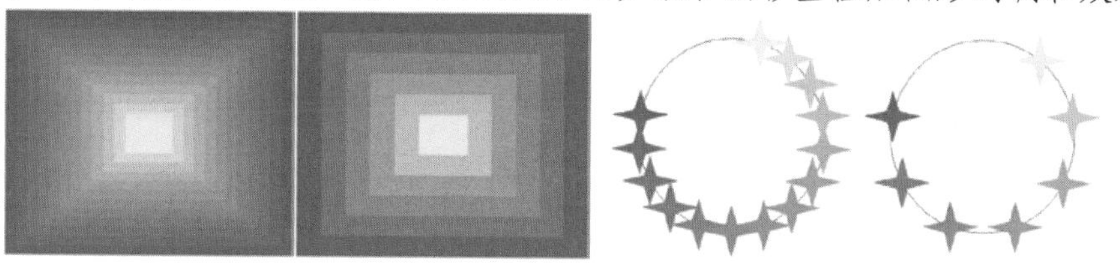

图5-2 设置不同的步长和偏移量时图形的调和效果对比

- 【调和方向】.0 °：可以对调和后的中间图形进行旋转。当输入正值时，图形将逆时针旋转；当输入负值时，图形将顺时针旋转。
- 【环绕调和】按钮：当设置了【调和方向】选项后，此按钮才可用。激活此按钮，可以在两个调和图形之间围绕调和的中心点旋转中间的图形。
- 【直接调和】按钮：可用直接渐变的方式填充中间的图形。
- 【顺时针调和】按钮：可用代表色彩轮盘顺时针方向的色彩填充图形。
- 【逆时针调和】按钮：可用代表色彩轮盘逆时针方向的色彩填充图形。
- 【对象和颜色加速】按钮：单击此按钮，将弹出【对象和颜色加速】选项面板，拖动其中的滑块位置，可对渐变路径中的图形或颜色分布进行调整。

当选项面板中的【锁定】按钮处于激活状态时，通过拖曳滑块的位置将同时调整【对象】和【颜色】的加速效果。

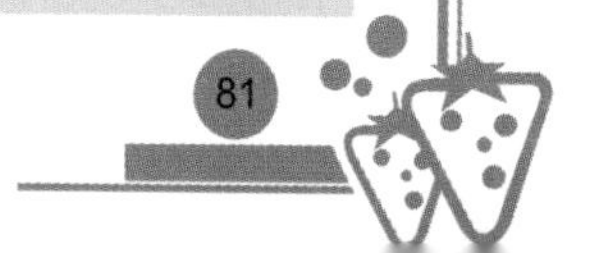

- 【调整加速大小】按钮：激活此按钮，调和图形的对象加速时，将影响中间图形的大小。
- 【更多调和选项】按钮：单击此按钮，将弹出图5-3所示的【调和选项】面板。

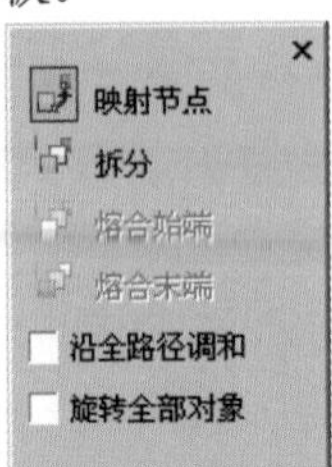

图5-3 【调和选项】面板

【映射节点】按钮：单击此按钮，先在起始图形的指定节点上单击，然后在结束图形上的指定节点上单击，可以调节调和图形的对齐点。

【拆分】按钮：单击此按钮，然后在要拆分的图形上单击，可将该图形从调和图形中拆分出来。此时调整该图形的位置，会发现直接调和图形变为复合调和图形。

【熔合始端】按钮和【熔合末端】按钮：按住<Ctrl>键单击复合调和图形中的某一直接调和图形，然后单击按钮或按钮，可将该段直接调和图形之前或之后的复合调和图形转换为直接调和图形。

【沿全路径调和】：勾选此复选项，可将沿路径排列的调和图形跟随整个路径排列。

【旋转全部对象】：勾选此复选项，沿路径排列的调和图形将跟随路径的形态旋转。不勾选与勾选此项时的调和效果对比如图5-4所示。

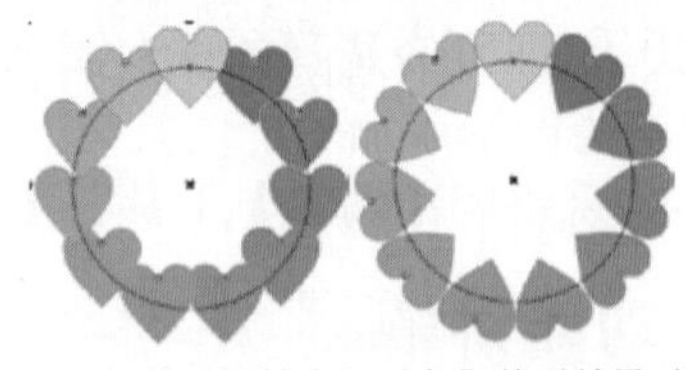

图5-4 勾选【旋转全部对象】前后效果对比

只有选择手绘调和或沿路径调和的图形时，【沿全路径调和】和【旋转全部对象】复选项才可用。

- 【起始和结束属性】按钮：单击此按钮，将弹出【起始和结束对象属性】的选项面板，在此面板中可以重新选择图形调和的起点或终点。
- 【路径属性】按钮：单击此按钮，将弹出【路径属性】选项面板。在此面板中，可以为选择的调和图形指定路径或将路径在沿路径调和的图形中分离。
- 【复制调和属性】按钮：单击此按钮，然后在其他的调和图形上单击，可以将单击的调和图形属性复制到当前选择的调和图形上。
- 【清除调和】按钮：单击此按钮，可以将当前选择调和图形的调和属性清除，恢复为原来单独的图形形态。

和按钮在其他一些交互式工具的工具栏中也有，使用方法与【调和】工具的相同，在后面讲到其他交互式工具的属性栏时将不再介绍。

二、【轮廓图】工具

【轮廓图】工具的工作原理与【调和】工具的相同，都是利用渐变的步数来使图形产生调和效果。但【调和】工具必须用于两个或两个以上的图形，而【轮廓图】工具只需要一个图形即可。

选择要添加轮廓的图形，然后选择工具，再单击属性栏中相应的轮廓图样式按钮（【到中心】、【内部轮廓】或【外部

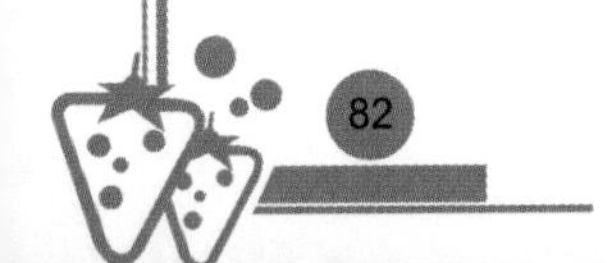

轮廓】 ），即可为选择的图形添加相应的轮廓图效果。选择 工具后，在图形上拖曳鼠标指针，也可为图形添加轮廓图效果。

【轮廓图】工具 的属性栏如图5-5所示。

图5-5 【轮廓图】工具的属性栏

- 【到中心】按钮 ：单击此按钮，可以产生使图形的轮廓由图形的外边缘逐步缩小至图形的中心的调和效果。
- 【内部轮廓】按钮 ：单击此按钮，可以产生使图形的轮廓由图形的外边缘向内延伸的调和效果。
- 【外部轮廓】按钮 ：单击此按钮，可以产生使图形的轮廓由图形的外边缘向外延伸的调和效果。
- 【轮廓图步长】 ：用于设置生成轮廓数目的多少。数值越大，产生的轮廓层次越多。当选择 按钮时此选项不可用。
- 【轮廓图偏移】 ：用于设置轮廓之间的距离。数值越大，轮廓之间的距离越大。
- 【线性轮廓色】按钮 、【顺时针轮廓色】按钮 和【逆时针轮廓色】按钮 ：这3个按钮的功能与【调和】工具属性栏中的【直接调和】、【顺时针调和】和【逆时针调和】按钮的功能相同。
- 【轮廓色】按钮 和【填充色】按钮 ：单击相应按钮，可在弹出的【颜色选项】面板中为轮廓图最后一个轮廓图形设置轮廓色或填充色。
- 【渐变填充结束色】按钮 ：当添加轮廓图效果的图形为渐变填充时，此按钮才可用。单击此按钮，可在弹出的【颜色选项】面板中设置最后一个轮廓图形渐变填充的结束色。

三、【阴影】工具

利用【阴影】工具 可以为矢量图形或位图图像添加两种情况的阴影效果。一种是将鼠标指针放置在图形的中心点上按下鼠标左键并拖曳产生的偏离阴影，另一种是将鼠标指针放置在除图形中心点以外的区域按下鼠标左键并拖曳产生的倾斜阴影。添加的阴影不同，属性栏中的可用参数也不同。

【阴影】工具 的属性栏如图5-6所示。

图5-6 【阴影】工具的属性栏

- 【阴影偏移】 ：用于设置阴影与图形之间的偏移距离。当创建偏移阴影时，此选项才可用。
- 【阴影角度】 ：用于调整阴影的角度，设置范围为“–360～360”。当创建倾斜阴影时，此选项才可用。
- 【阴影的不透明】 ：用于调整阴影的不透明度，设置范围为“0～100”。当为“0”时，生成的阴影完全透明；当为“100”时，生成的阴影完全不透明。
- 【阴影羽化】 ：用于调整阴影的羽化程度。数值越大，阴影边缘越虚化。

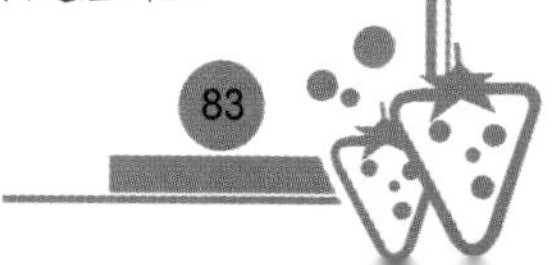

- 【羽化方向】按钮：单击此按钮，将弹出图5-7所示的【羽化方向】选项面板，利用此面板可以为交互式阴影选择羽化方向的样式。

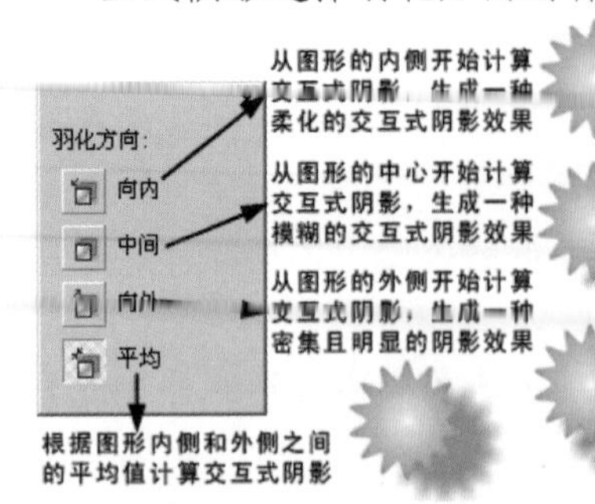

图5-7 【羽化方向】选项面板

- 【羽化边缘】按钮：单击此按钮，将弹出图5-8所示的【羽化边缘】选项面板，利用此面板可以为交互式阴影选择羽化边缘的样式。注意，当在【羽化方向】选项面板中选择【平均】选项时，此按钮不可用。

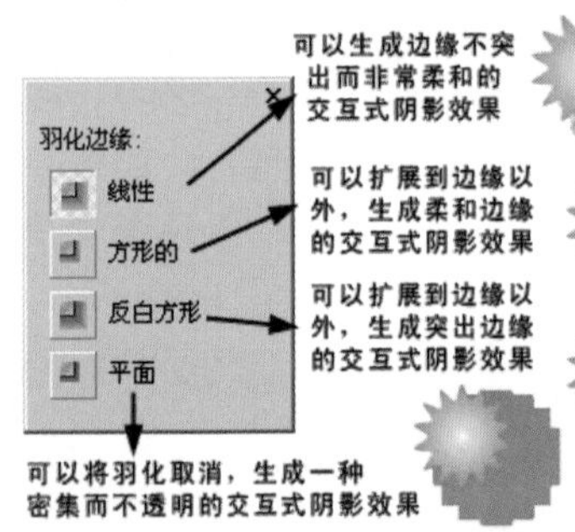

图5-8 【羽化边缘】选项面板

- 【阴影淡出】：当创建倾斜阴影时，此选项才可用。用于设置阴影的淡出效果，设置范围为“0~100”。数值越大，阴影淡出的效果越明显。图5-9所示为原图与调整【淡出】参数后的阴影效果。

图5-9 原图与调整【阴影淡出】参数后的效果

- 【阴影延展】：当创建倾斜阴影时，此选项才可用。用于设置阴影的延伸距离，设置范围为“0~100”。数值越大，阴影的延展距离越长。图5-10所示为原图与调整【阴影延展】参数后的阴影效果。

图5-10 原图与调整【阴影延展】参数后的效果

- 【透明度操作】：用于设置阴影的透明度样式。
- 【阴影颜色】按钮：单击此按钮，可以在弹出的【颜色】选项面板中设置阴影的颜色。

5.1.2 范例解析——制作手链

下面主要利用【调和】工具来制作图5-11所示的手链效果。

图5-11 制作的手链效果

首先利用【艺术笔】工具喷绘出珍珠效果，然后利用【调和】工具沿椭圆形调和图形，即可制作出手链效果。具体操作方法介绍如下。

1. 按<Ctrl>+<N>键，新建一个图形文件。
2. 选取工具，激活属性栏中的按钮，并将【类别】选项设置为“其他”，然后在【喷射图样】的下拉列表中选择“气泡”选项。
3. 将鼠标光标移动到页面中，按住左键并

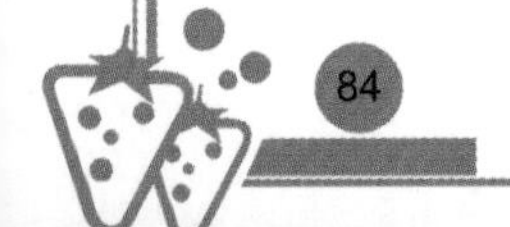

拖曳，喷绘“气泡”图形。

4. 按<Ctrl>+<K>键，将气泡图形拆分，再按<Ctrl>+<U>键取消群组，然后利用工具，将除1个气泡外的所有图形和线形删除。
5. 将剩余的气泡图形在水平方向移动复制1个，如图5-12所示，然后利用工具将2个图形进行调和，效果如图5-13所示。

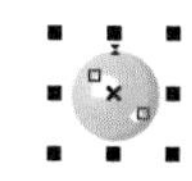

图5-12 复制出的气泡图形

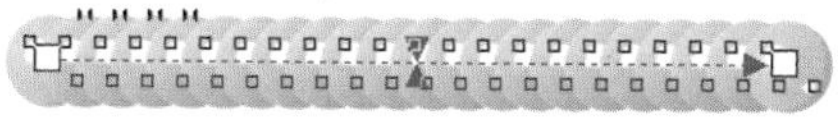

图5-13 调和后的图形效果

6. 利用工具，绘制出图5-14所示的椭圆形图形。

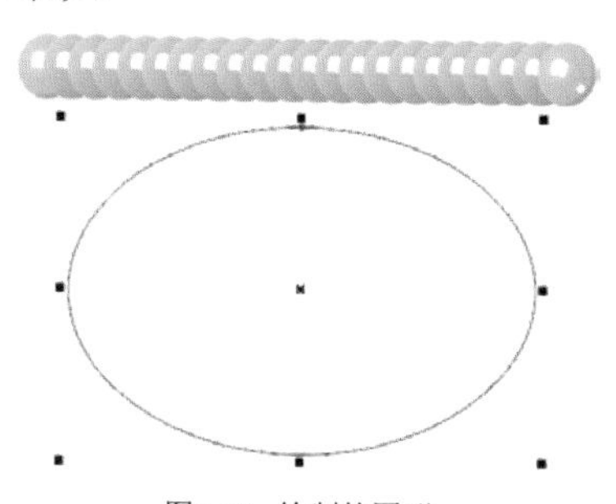

图5-14 绘制的图形

7. 利用工具选择调和图形，然后单击属性栏中的按钮，在弹出的选项面板中选择【新路径】，此时鼠标光标显示为形状。
8. 将鼠标光标移动到椭圆形的黑色轮廓线上单击，将调和后的图形沿椭圆轮廓调和，效果如图5-15所示。

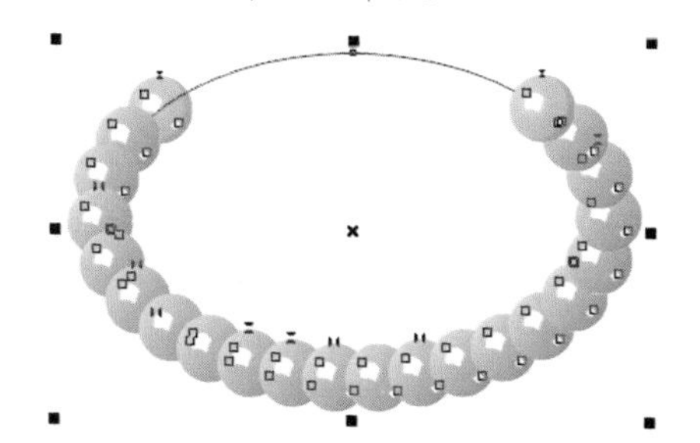

图5-15 沿路径调和后的效果

9. 单击属性栏中的按钮，在弹出的面板中勾选【沿全路径调和】复选项，此时的调和效果如图5-16所示。

图5-16 沿路径调和后的效果

10. 按<Ctrl>+<K>键，将调和图形与椭圆形路径拆分，然后将椭圆形路径选择后按<Delete>键删除。
11. 利用工具，绘制一蓝色（C:100，M:100，Y:30）的矩形图形，然后按<Shift>+<PageDown>键，将其调整至所有图形的下方位置。
12. 将手链图形移动复制1个，然后将其调整合适的角度及大小后分别放置到如图5-17所示的位置。

图5-17 图形放置的位置

13. 按<Ctrl>+<S>键，将文件命名为“制作手链.cdr”保存。

5.1.3 课堂实训——制作灯管字效果

灵活运用【轮廓图】工具制作出图5-18所示的灯管字效果。

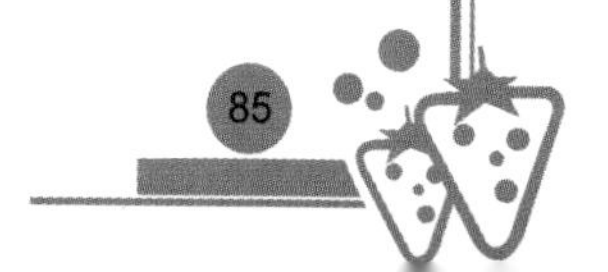

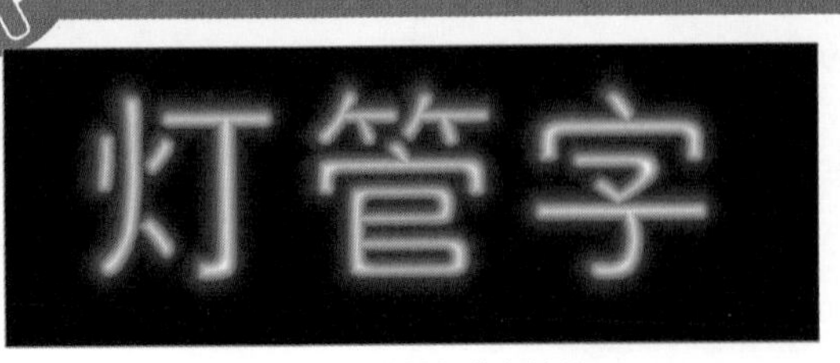

图5-10 制作的灯管字效果

【步骤提示】

1. 新建一个横向的图形文件，利用字工具输入字体为“汉仪粗圆简”的红色文字。
2. 选取工具，激活属性栏中的按钮，再将【填充色】的颜色设置为白色。
3. 选取工具，按住<Ctrl>键单击制作的轮廓字效果，将文字选择，即属性栏中可看到字体选项。
4. 选取工具，在选择的文字的中心位置按下并向右拖曳，为文字添加阴影效果，再设置属性栏中的选项参数如图5-19所示。

图5-19 【阴影】工具属性栏设置

5.2 扭曲和封套工具

本节来讲解【扭曲】工具和【封套】工具的使用。

5.2.1 功能讲解

一、【扭曲】工具

利用【扭曲】工具可以给图形创建特殊的变形效果，其变形方式有3种，分别为推拉变形、拉链变形和扭曲变形。

（1）【推拉变形】方式：此方式可以通过将图形向不同的方向拖曳，从而将图形边缘推进或拉出。选中图形，然后选择工具，激活属性栏中的按钮，再将鼠标指针移动到选择的图形上，按下鼠标左键并水平拖曳。当向左拖曳时，可以使图形边缘推向图形的中心，产生推进变形效果；当向右拖曳时，可以使图形边缘从中心拉开，产生拉出变形效果。拖曳到合适的位置后，释放鼠标左键即可完成图形的变形操作。

当激活工具属性栏中的按钮时，其相对应的属性栏如图5-20所示。

图5-20 激活按钮时的属性栏

- 【添加新的变形】按钮：单击此按钮，可以将当前的变形图形作为一个新的图形，从而可以再次对此图形进行变形。

因为图形最大的变形程度取决于【推拉失真振幅】值的大小，如果图形需要的变形程度超过了它的取值范围，则在图形的第一次变形后单击按钮，然后再对其进行第二次变形即可。

- 【推拉失真振幅】35：可以设置图形推拉变形的振幅大小。设置范围为“–200～200”。当参数为负值时，可将图形进行推进变形；当参数为正值时，可以对图形进行拉出变形。此数值的绝对值越大，变形越明显。图5-21所示为原图与设置不同参数时图形的变形效果对比。
- 【居中变形】按钮：单击此按钮，可以确保图形变形时的中心点位于图形的中心点。

原图　　参数为“30”　　参数为“–30”

图5-21 原图与设置不同参数时图形的变形效果对比

（2）【拉链变形】方式：此方式可以将当前选择的图形边缘调整为带有尖锐的锯齿状轮廓效果。选中图形，然后选择工具，并激活属性栏中的按钮，再将鼠标指针移动到选择的图形上按下鼠标左键并拖曳，至合适位置后释放鼠标左键即可为选择的图形添加拉链变形效果。

当激活工具属性栏中的按钮时，其相对应的属性栏如图5-22所示。

图5-22 激活按钮时的属性栏

- 【拉链失真振幅】：用于设置图形的变形幅度，设置范围为“0～100”。
- 【拉链失真频率】：用于设置图形的变形频率，设置范围为“0～100”。
- 【随机变形】按钮：可以使当前选择的图形根据软件默认的方式进行随机性的变形。
- 【平滑变形】按钮：可以使图形在拉链变形时产生的尖角变得平滑。
- 【局部变形】按钮：可以使图形的局部产生拉链变形效果。

分别使用以上3种变形方式时图形的变形效果如图5-23所示。

图5-23 使用不同变形方式时图形的变形效果

(3) 【扭曲变形】方式：此方式可以使图形绕其自身旋转，产生类似螺旋形效果。选中图形，然后选择工具，并激活属性栏中的按钮，再将鼠标指针移动到选择的图形上，按下鼠标左键确定变形的中心，然后拖曳鼠标指针绕变形中心旋转，释放鼠标左键后即可产生扭曲变形效果。

当激活工具属性栏中的按钮时，其相对应的属性栏如图5-24所示。

图5-24 激活按钮时工具的属性栏

- 【顺时针旋转】按钮和【逆时针旋转】按钮：设置图形变形时的旋转方向。单击按钮，可以使图形按顺时针方向旋转；单击按钮，可以使图形按逆时针方向旋转。
- 【完全旋转】：用于设置图形绕旋转中心旋转的圈数，设置范围为“0～9”。图5-25所示为设置“1”和“3”时图形的旋转效果。

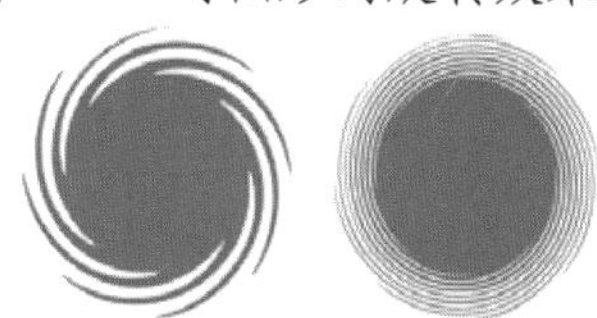

图5-25 设置不同旋转圈数时的旋转效果

- 【附加角度】：用于设置图形旋转的角度，设置范围为“0～359”。图5-26所示为设置“150”和“300”时图形的变形效果。

图5-26 设置不同旋转角度后的变形效果

二、【封套】工具

利用【封套】工具可以在图形或文字的周围添加带有控制点的蓝色虚线框，通过调整控制点的位置，可以很容易地对图形或文字进行变形。

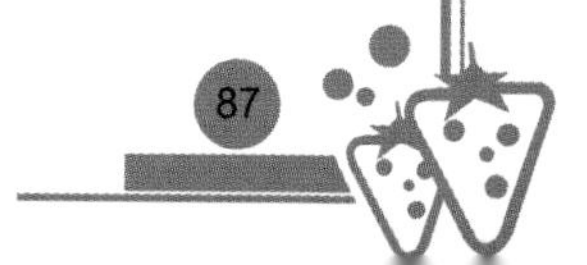

选择工具，在需要为其添加交互式封套效果的图形或文字上单击将其选择，此时在图形或文字的周围将显示带有控制点的蓝色虚线框，将鼠标指针移动到控制点上拖曳，即可调整图形或文字的形状。

【封套】工具的属性栏如图5-27所示。

图5-27 【封套】工具的属性栏

- 【直线模式】按钮：此模式可以制作一种基于直线形式的封套。激活此按钮，可以沿水平或垂直方向拖曳封套的控制点来调整封套的一边。此模式可以为图形添加类似于透视点的效果。图5-28所示为激活按钮后将矩形图形调整出的效果。
- 【单弧模式】按钮：此模式可以制作一种基于单圆弧的封套。激活此按钮，可以沿水平或垂直方向拖曳封套的控制点，在封套的一边制作弧线形状。此模式可以使图形产生凹凸不平的效果。图5-29所示为激活按钮后将矩形图形调整出的效果。

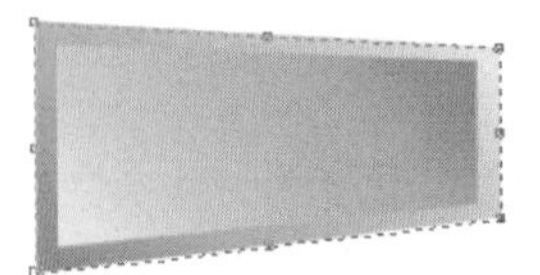
图5-28 激活按钮的效果

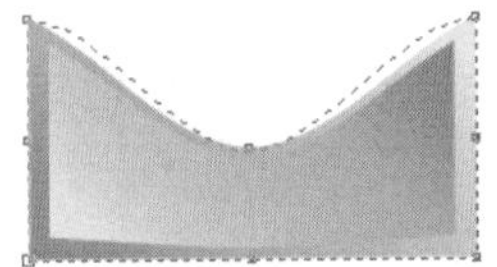
图5-29 激活按钮的效果

- 【双弧模式】按钮：此模式可以制作一种基于双弧线的封套。激活此按钮，可以沿水平或垂直方向拖曳封套的控制点，在封套的一边制作"S"形状。图5-30所示为激活按钮后将矩形图形调整出的图形效果。
- 【非强制模式】按钮：此模式可以制作出不受任何限制的封套。激活此按钮，可以任意调整选择的控制点和控制柄。图5-31所示为激活按钮后将矩形图形调整出的效果。

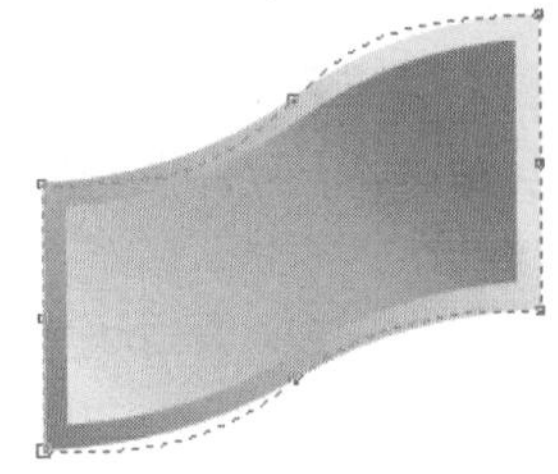
图5-30 激活按钮的效果

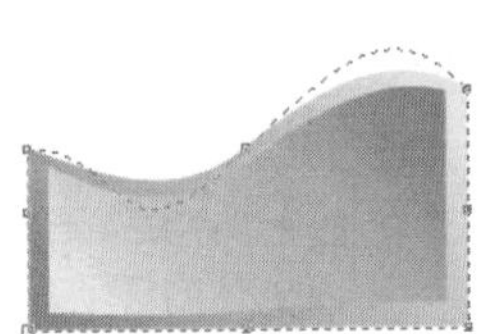
图5-31 激活按钮的效果

当使用直线模式、单弧模式或双弧模式对图形进行编辑时，按住<Ctrl>键，可以对图形中相对的节点一起进行同一方向的调节；按住<Shift>键，可以对图形中相对的节点一起进行反方向的调节；按住<Ctrl>+<Shift>组合键，可以对图形4条边或4个角上的节点同时调节。

- 【添加新封套】按钮：当对图形使用封套变形后，单击此按钮，可以再次为图形添加新封套，并进行编辑变形操作。
- 【映射模式】自由变形：用于选择封套改变图形外观的模式。
- 【保留线条】按钮：激活此按钮，为图形添加封套变形效果时，将保持图形中的直线不被转换为曲线。
- 【创建封套自】按钮：单击此按钮，然后将鼠标指针移动到图形上单击，可将单击图形的形状作为新的封套添加到选择的封套图形上。

5.2.2 范例解析——绘制花图案

下面主要利用【扭曲】工具来绘制花卉图形，最终效果如图5-32所示。

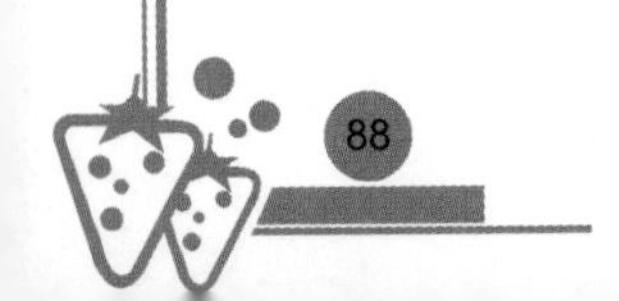

图5-32 绘制的花卉图形

首先利用【扭曲】工具制作出花瓣形状，然后利用基本绘图工具及旋转复制操作制作出花蕊效果。具体操作方法介绍如下。

1. 新建一个图形文件。
2. 单击按钮，将“图库\第05章”目录下名为“花卉背景.jpg”的文件导入。
3. 选取工具，将属性栏中 5 的参数设置为“5”，然后按住<Ctrl>键，在画面中绘制五边形图形。
4. 选取工具，激活工具栏中的按钮，将鼠标光标移动到五边形的中心位置按下并向左拖曳鼠标，对图形进行拉伸变形，状态如图5-33所示，释放鼠标后得到图5-34所示的变形图形。

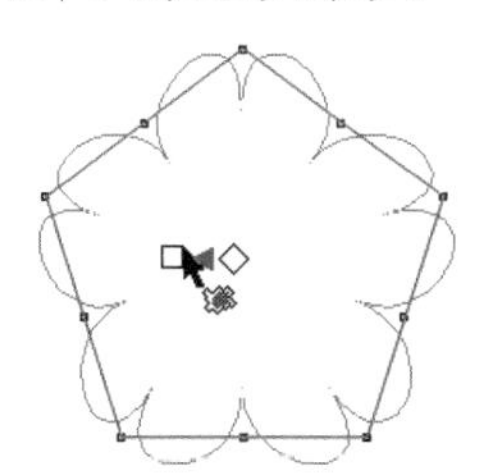

图5-33 变形时的状态

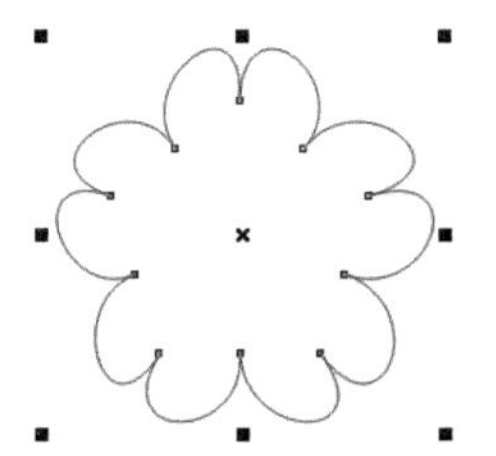

图5-34 变形后的形态

5. 将图形填充白色然后移动放置到图5-35所示的位置。

图5-35 图形放置的位置

6. 按住<Shift>键，将鼠标光标在右上角的控制点上按下，向内等比例缩小图形；在不释放鼠标左键的同时再单击鼠标右键，等比例缩小复制出一个图形，如图5-36所示。

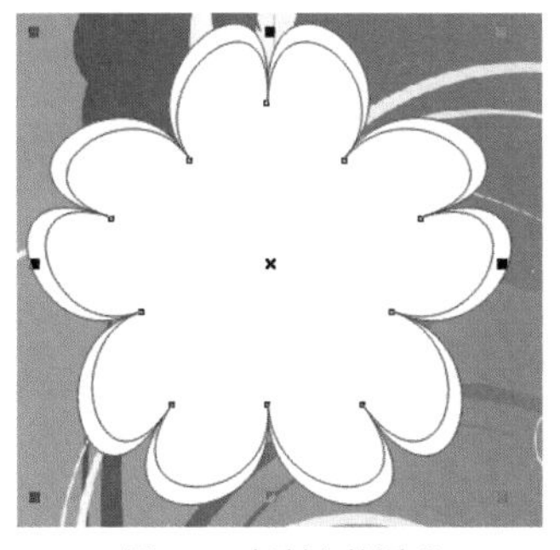

图5-36 复制出的图形

7. 选取工具，在【渐变填充】对话框中设置选项及渐变颜色如图5-37所示；单击 确定 按钮，渐变颜色效果如图5-38所示。

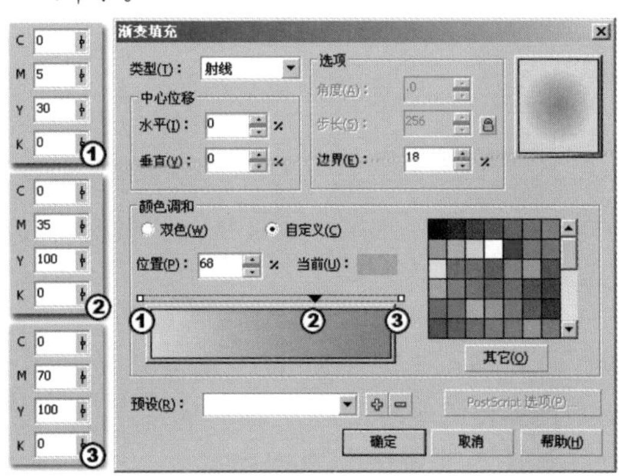

图5-37 【渐变填充】对话框

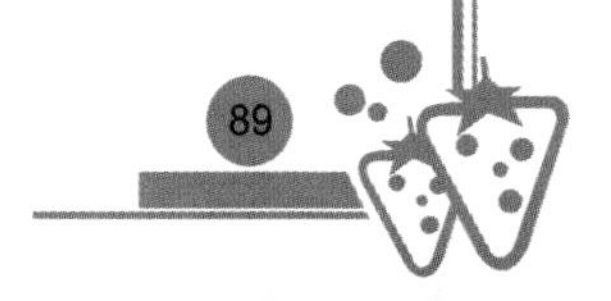

图5-38 渐变颜色效果

8. 将白色图形和填充渐变色图形的外轮廓去除，然后选取工具，并在花心位置绘制一个小的白色圆形，将轮廓颜色设置为橘黄色（M:30, Y:85），轮廓宽度设置为“0.5mm”，绘制的图形如图5-39所示。

9. 在图形上再次单击出现旋转控制符号，然后将旋转中心移动到图5-40所示的位置。

图5-39 绘制的图形

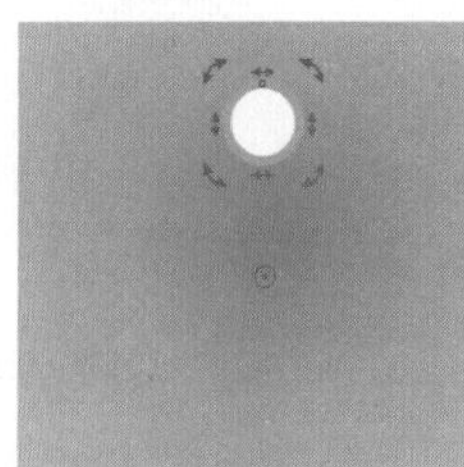

图5-40 移动旋转中心位置

10. 按住<Ctrl>键，拖动旋转控制符号，当跳跃一次到图5-41所示的位置时，在不释放鼠标左键的同时再单击鼠标右键，旋转复制出一个图形，如图5-42所示。

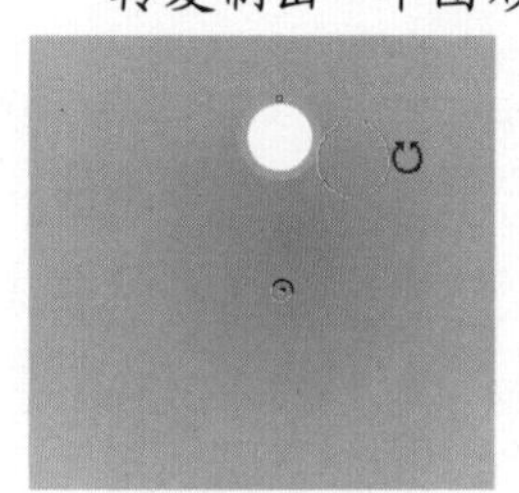

图5-41 旋转状态

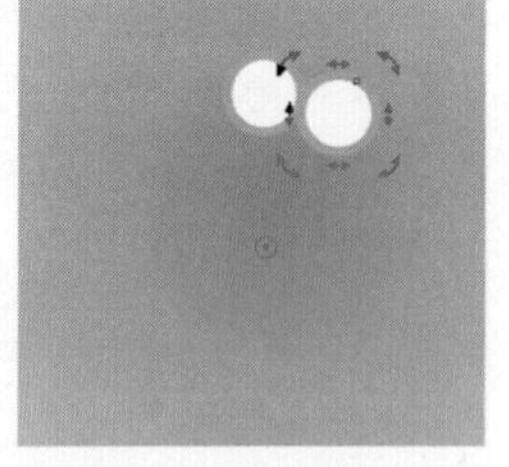

图5-42 复制出的图形

11. 连续按<Ctrl>+<R>键，重复旋转复制出图5-43所示的图形。

12. 再选取其中的一个图形，按下鼠标左键移动其位置，在不释放鼠标左键的同时再单击鼠标右键，移动复制出一个图形，如图5-44所示。

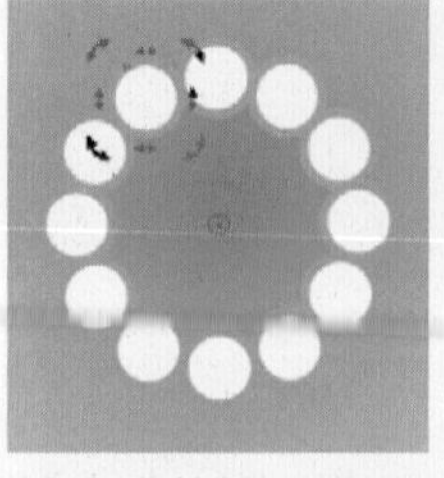

图5-43 旋转复制出的图形

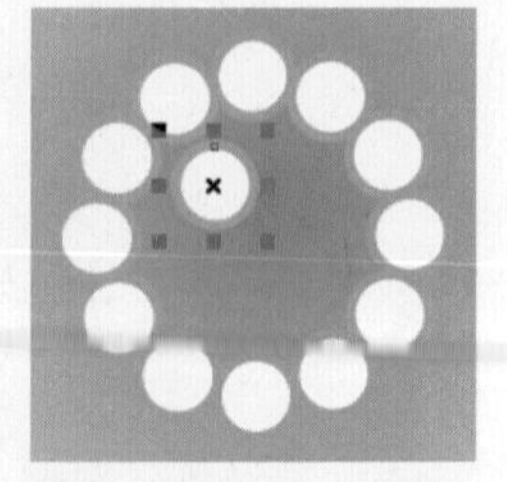

图5-44 移动复制出的图形

13. 使用相同的移动复制方法，再移动复制出4个图形，如图5-45所示。

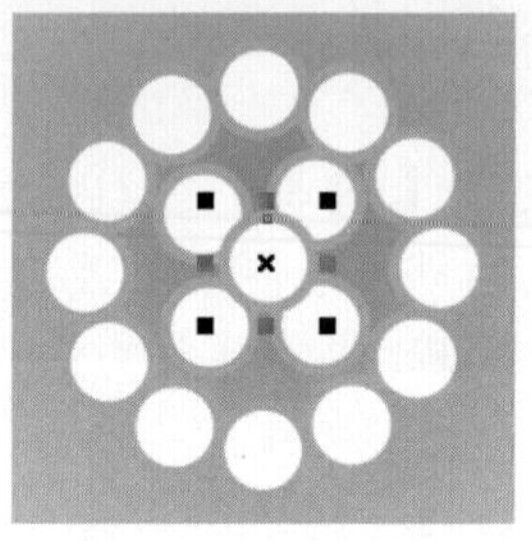

图5-45 复制出的图形

14. 利用和工具，以及移动复制操作，绘制出图5-46所示的图形，颜色填充为灰色（K:10），然后利用【排列】/【群组】命令，将3个灰色图形群组。

15. 执行【排列】/【顺序】/【置于此对象前】命令，然后将鼠标光标移动到填充渐变色的图形上单击，将群组图形调整到图5-47所示的位置。

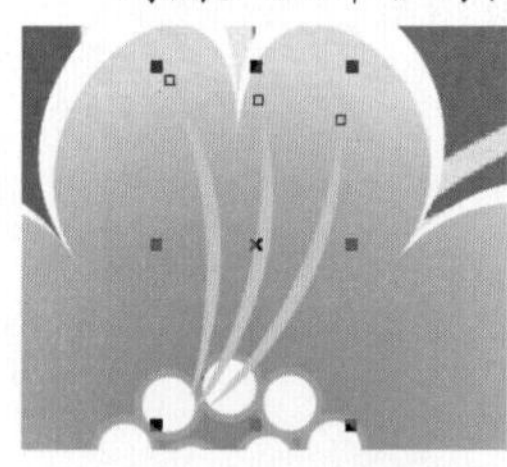

图5-46 绘制的图形

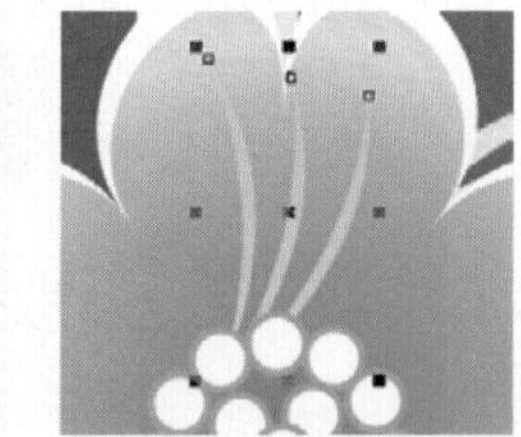

图5-47 调整位置

16. 使用旋转复制操作，旋转复制得到图5-48所示的图形，注意堆叠顺序的调整。

17. 将绘制的图形全部选取后群组，然后利用移动复制操作复制出5个图形，分别调整大小后放置在图5-49所示的画面位置。

图5-48 复制出的图形

图5-49 复制出的图形

18. 按<Ctrl>+<S>键，将此文件命名为“花卉.cdr”保存。

5.2.3 课堂实训——制作变形文字

下面灵活运用【封套】工具来制作图5-50所示的变形文字效果。

【步骤提示】

1. 新建图形文件，将“图库\第05章”目录下名为“音响.jpg”的文件导入。
2. 利用字工具输入文字，然后利用工具对其进行变形调整，调整后的形态如图5-51所示。

图5-50 制作的变形文字效果

图5-51 文字变形后的形态

5.3 立体化和透明度工具

本节来讲解【立体化】工具和【透明度】工具的使用。

5.3.1 功能讲解

一、【立体化】工具

利用【立体化】工具可以通过图形的形状向设置的消失点延伸，从而使二维图形产生逼真的三维立体效果。其使用方法非常简单：选择工具，在需要添加交互式立体化效果的图形上单击将其选择，然后拖曳鼠标指针即可为图形添加立体化效果。

【立体化】工具的属性栏如图5-52所示。

图5-52 【立体化】工具的属性栏

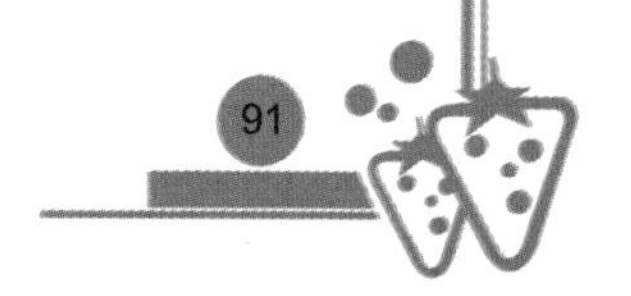

- 【立体化类型】: 其下拉列表中包括预设的6种不同的立体化样式，当选择其中任意一种时，可以将选择的立体化图形变为与选择的立体化样式相同的立体效果。
- 【深度】: 用于设置立体化的立体进深，设置范围为“1～99”。数值越大，立体化深度越大。
- 【灭点坐标】: 用于设置立体图形灭点的坐标位置。灭点是指图形各点延伸线向消失点处延伸的相交点，如图5-53所示。

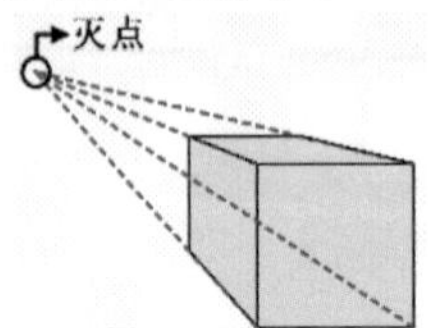

图5-53 立体化的灭点

- 【灭点属性】选项：选择【灭点锁定到对象】选项，图形的灭点是锁定到图形上的。当对图形进行移动时，灭点和立体效果将会随图形的移动而移动；选择【灭点锁定到页面】选项，图形的灭点将被锁定到页面上。当对图形进行移动时，灭点的位置将保持不变；选择【复制灭点，自…】选项，鼠标指针将变为形状，此时将鼠标指针移动到绘图窗口中的另一个立体化图形上单击，可以将该立体化图形的灭点复制到选择的立体化图形上；选择【共享灭点】选项，鼠标指针将变为形状，此时将鼠标指针移动到绘图窗口中的另一个立体化图形上单击，可以使该立体化图形与选择的立体化图形共同使用一个灭点。
- 【页面或对象灭点】按钮: 不激活此按钮时，可以将灭点以立体化图形为参考，此时【灭点坐标】中的数值是相对于图形中心的距离。激活此按钮，可以将灭点以页面为参考，此时【灭点坐标】中的数值是相对于页面坐标原点的距离。
- 【立体的方向】按钮: 单击此按钮，将弹出图5-54所示的选项面板。将鼠标指针移动到面板中，当鼠标指针变为形状时按下鼠标左键拖曳，旋转此面板中的数字按钮，可以调节立体图形的视图角度。

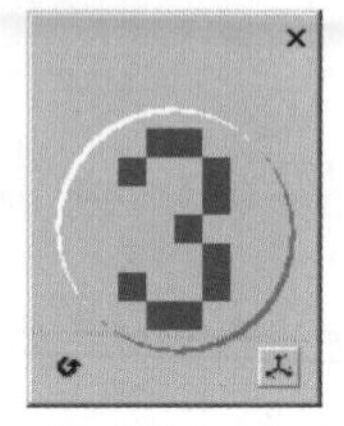

图5-54 【立体的方向】选项面板

按钮：单击该按钮，可以将旋转后立体图形的视图角度恢复为未旋转时的形态。

按钮：单击该按钮，【立体的方向】面板将变为【旋转值】选项面板，通过设置【旋转值】面板中的【x】、【y】和【z】的参数，也可以调整立体化图形的视图角度。

提示：在选择的立体化图形上再次单击，将出现图5-55所示的旋转框，在旋转框内按下鼠标左键并拖曳，也可以旋转立体图形。

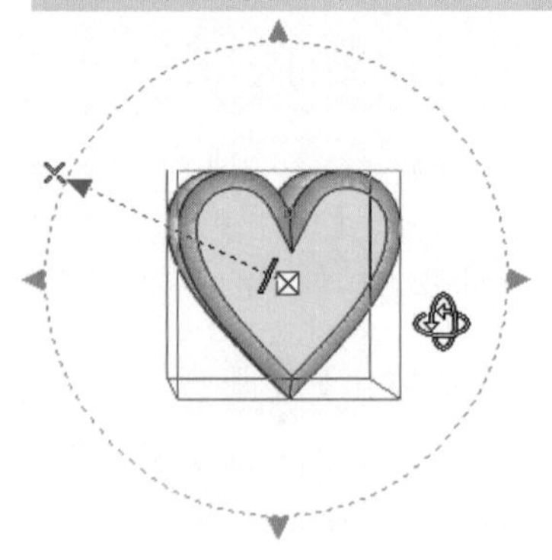

图5-55 出现的旋转框

- 【颜色】按钮: 单击此按钮，将弹出图5-56所示的【颜色】选项面板。

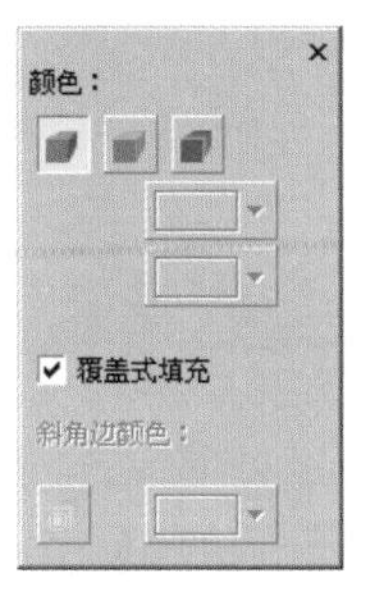

图5-56 【颜色】选项面板

【使用对象填充】按钮：可使当前选择图形的填充色应用到整个立体化图形上。

【使用纯色】按钮：可以通过单击按钮，再在弹出的【颜色】面板中设置任意的单色填充立体化面。

【使用递减的颜色】按钮：可以沿着立体化面的长度渐变填充设置的【从】颜色和【到】颜色。

分别激活以上3种按钮时，设置立体化颜色后的效果如图5-57所示。

图5-57 使用不同的颜色按钮时图形的立体化效果

- 【立体化倾斜】按钮：单击此按钮，将弹出图5-58所示的面板。利用此面板可以将立体变形后的图形边缘制作成斜角效果，使其具有更光滑的外观。勾选【使用斜角修饰边】复选项后，此对话框中的选项才可以使用。

  【只显示斜角修饰边】：勾选此复选项，将只显示立体化图形的斜角修饰边，不显示立体化效果。

  【斜角修饰边深度】2.0 mm：用于设置图形边缘的斜角深度。

  【斜角修饰边角度】45.0：用于设置图形边缘与斜角相切的角度。数值越大，生成的倾斜角就越大。

- 【照明】按钮：单击此按钮，将弹出图5-59所示的【照明】选项面板。在此面板中，可以为立体化图形添加光照效果，从而使立体化图形产生的立体效果更强。

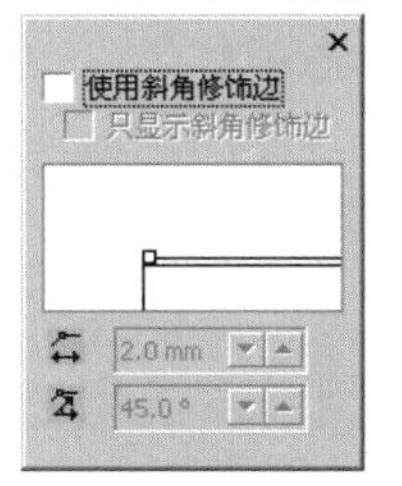

图5-58 【斜角修饰边】面板

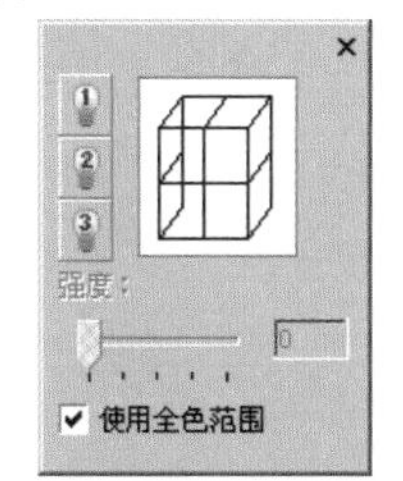

图5-59 【照明】选项面板

单击面板中的、或按钮，可以在当前选择的立体化图形中应用1个、2个或3个光源。再次单击光源按钮，可以将其去除。另外，在预览窗口中拖曳光源按钮可以移动其位置。

拖曳【强度】选项下方的滑块，可以调整光源的强度。向左拖曳滑块，可以使光源的强度减弱，使立体化图形变暗；向右拖曳滑块，可以增加光源的光照强度，使立体化图形变亮。注意，每个光源是单独调整的，在调整之前应先在预览窗口中选择好光源。

勾选【使用全色范围】复选项，可以使产生的阴影看起来更加逼真。

二、【透明度】工具

利用【透明度】工具可以为矢量图形或位图图像添加各种各样的透明效果。

选择工具，在需要为其添加透明效果的图形上单击将其选择，然后在属性栏【透明度类型】中选择需要的透明度类型，即可为选择的图形添加交互式透明效果。

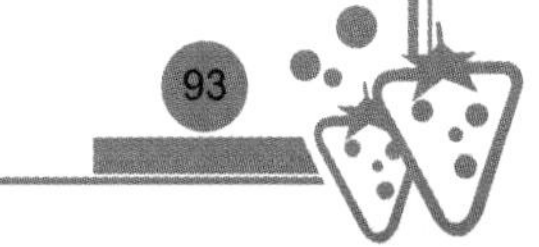

【透明度】工具的属性栏，根据选择不同的透明度类型而显示不同的选项。默认状态下的属性栏如图5-60所示。注意，只有在【透明度类型】选项中选择除“无”以外的其他选项时，属性栏中的其他参数才可用。

图5-60 【透明度】工具的属性栏

- 【透明度类型】：在此下拉列表中包括前面学过的各种填充效果，如【标准】、【线性】、【射线】、【圆锥】、【方角】、【双色图样】、【全色图样】、【位图图样】和【底纹】等。
- 【编辑透明度】按钮：单击此按钮，将弹出相应的填充对话框，通过设置对话框中的选项和参数，可以制作出各种类型的透明效果。
- 【冻结】按钮：激活此按钮，可以将图形的透明效果冻结。当移动该图形时，图形之间叠加产生的效果将不会发生改变。

利用【透明度】工具为图形添加透明效果后，图形中将出现透明调整杆，通过调整其大小或位置，可以改变图形的透明效果。

5.3.2 范例解析——制作立体效果字

下面主要利用【立体化】工具，来制作图5-61所示的立体效果字。

图5-61 制作的立体效果字

1. 新建一个图形文件，将“图库\第05章”目录下名为“素材.jpg”的文件导入。
2. 利用字工具输入“圣诞快乐”文字，如图5-62所示。

图5-62 输入的文字

3. 选取工具，在弹出的【渐变填充】对话框中设置选项及渐变颜色如图5-63所示。单击确定按钮，渐变颜色效果如图5-64所示。

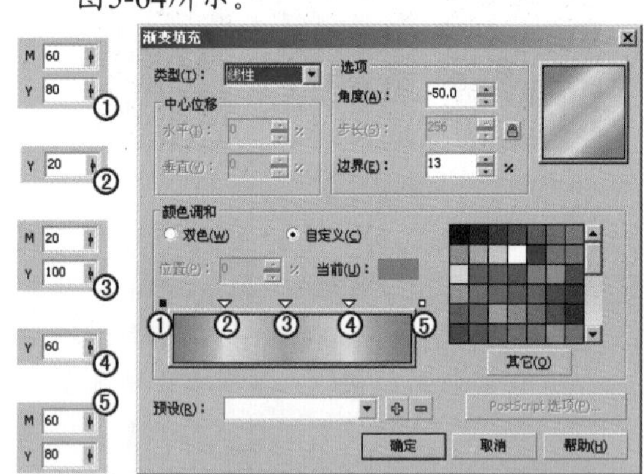

图5-63 【渐变填充】对话框

图5-64 渐变颜色效果

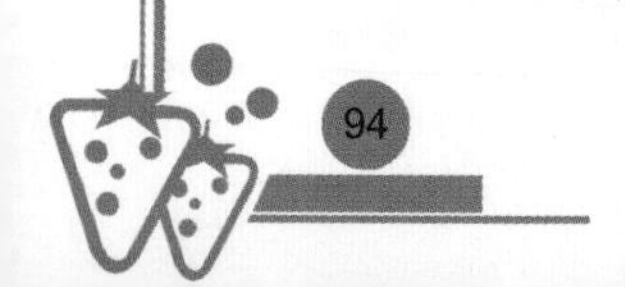

4. 选取工具，将鼠标光标移动到文字上按下鼠标，并向右上方拖曳，为其添加立体化效果，状态如图5-65所示。释放鼠标后生成的立体效果如图5-66所示。

图5-65 添加交互式立体化时的状态

图5-66 添加的立体效果

5. 单击属性栏中的按钮，弹出【颜色】设置面板，设置各选项及颜色参数如图5-67所示。设置立体化颜色后的文字效果如图5-68所示。

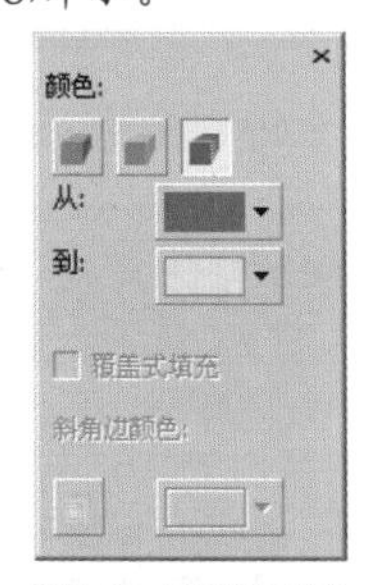

图5-67 设置的颜色

图5-68 调整后的立体文字效果

6. 按<Ctrl>+<S>键，将此文件命名为“立体字.cdr”保存。

5.3.3 课堂实训——标志设计

下面主要利用【椭圆形】工具、【渐变填充】工具和【透明度】工具设计出图5-69所示的标志。

图5-69 设计完成的标志图形

【步骤提示】

标志图形的制作分析图如图5-70所示。

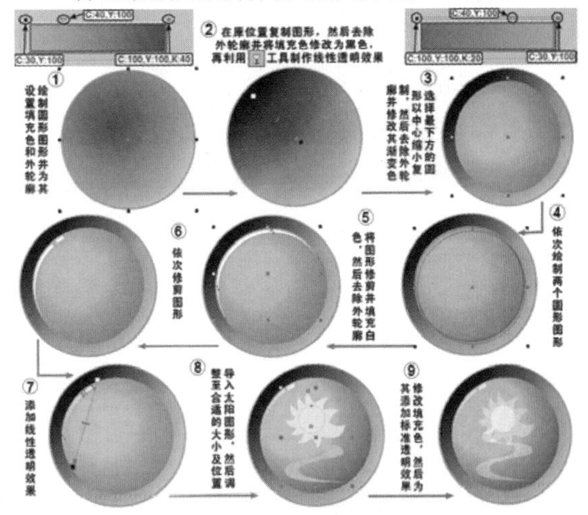

图5-70 标志图形的制作分析图

5.4 综合案例——制作按钮

本节综合利用【矩形】工具、【调和】工具、【封套】工具、【透明】工具、【阴影】和【文本】工具来制作水晶按钮。效果如图5-71所示。

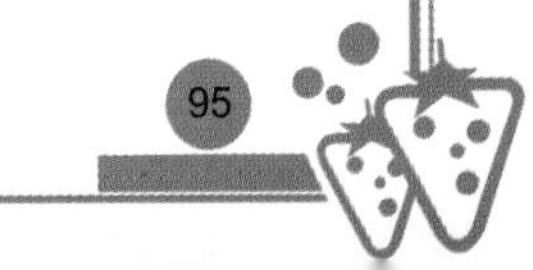

图5-71 制作的水晶按钮效果

【步骤提示】

1. 按<Ctrl>+<N>键，新建一个图形文件。
2. 利用工具，绘制一个矩形图形，然后将属性栏中 100.0 mm 100.0 mm 100.0 mm 100.0 mm 选项的参数都设置为“100”，将矩形图形调整为圆角矩形图形。
3. 为圆角矩形图形填充上绿色（C:80, Y:100），然后将其外轮廓线去除。
4. 用与步骤2相同的方法，绘制出图5-72所示的圆角矩形图形，并为其填充上黄绿色（C:40, Y:100），然后将其外轮廓线去除。

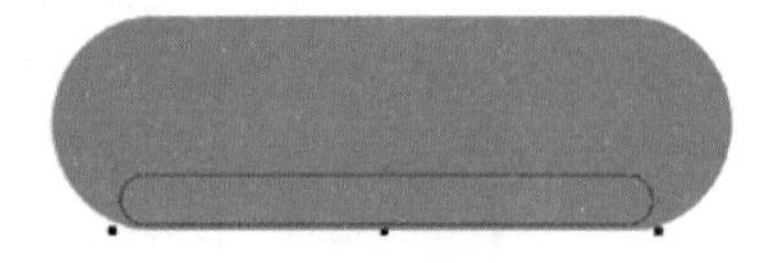

图5-72 绘制的图形

5. 选取工具，将鼠标光标移动到绿色圆角矩形图形上，按住左键并向黄绿色圆角矩形图形上拖曳鼠标，对两个图形进行交互式调和。
6. 将属性栏中 50 选项的参数设置为“50”，设置调和步数后的图形效果如图5-73所示。

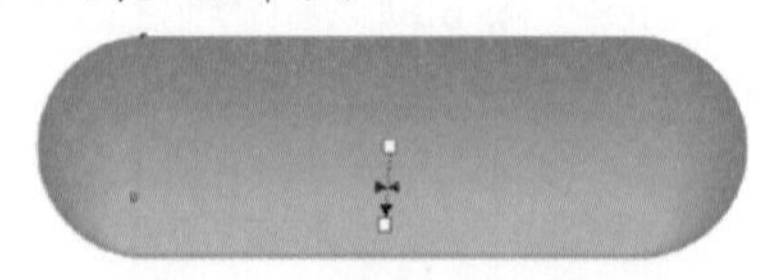

图5-73 设置调和步数后的图形效果

7. 用与步骤2相同的方法，绘制出图5-74所示的白色无外轮廓的圆角矩形图形。

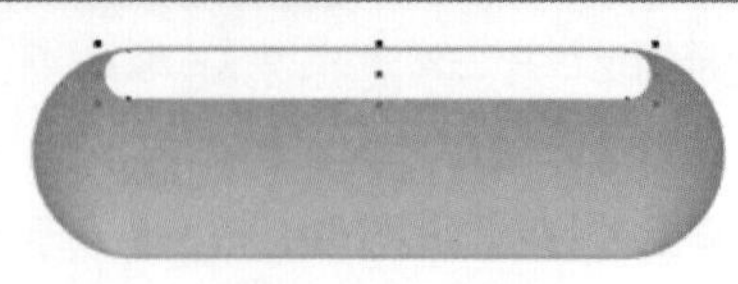

图5-74 绘制的图形

8. 选取工具，然后框选图5-75所示的中间的控制点，并按<Delete>键删除。

图5-75 框选的控制点

9. 分别将左下角的控制点向左移动位置，将右下角的控制点向右移动位置，如图5-76所示。

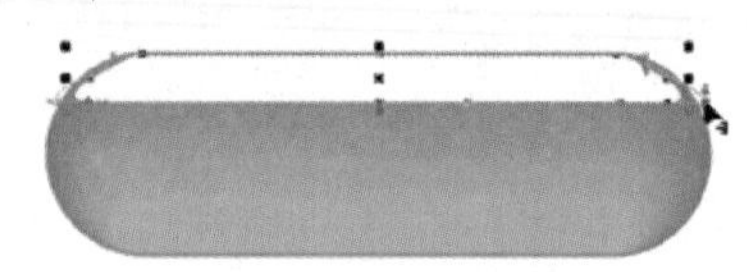

图5-76 调整控制点状态

10. 用调整线形的相同方法，将图形调整至图5-77所示的形态。

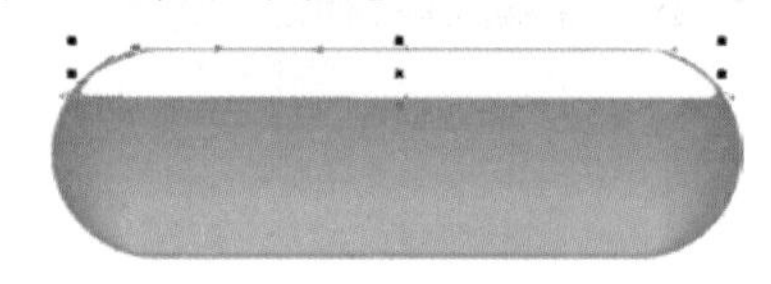

图5-77 图形调整后的形态

11. 选取工具，将鼠标光标移动到白色图形的上方位置按下并向下拖曳，为其添加图5-78所示的透明效果。

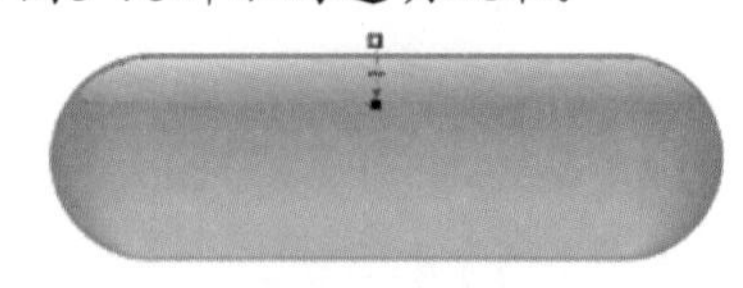

图5-78 添加透明后的图形效果

12. 利用字工具，输入图5-79所示的黑色英文字母。

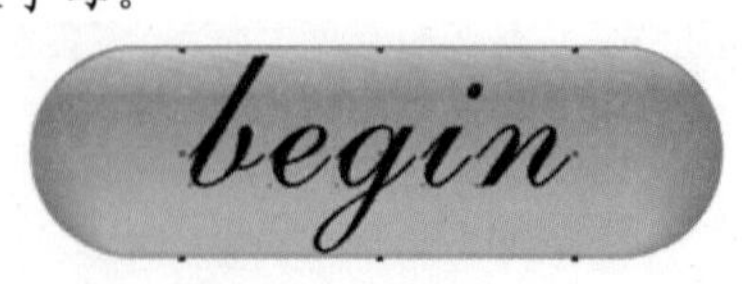

图5-79 输入的英文字母

13. 选取工具，将鼠标光标移动到文字的下方位置按下并向右上方拖曳，为其添加阴影效果。

14. 将属性栏中 50 10 选项的参数分别设置为“50”和“10”，修改阴影的不透明度和羽化参数后的阴影效果如图5-80所示。

图5-80 添加交互式阴影后的效果

15. 将调和后的圆角矩形图形选择，然后单击属性栏中的按钮，在弹出的选项面板中选择【显示起点】选项，将调和图形的起始图形选择。
16. 选取工具，将鼠标光标移动到选择图形的中间位置按下并向下拖曳鼠标，为其添加阴影效果。
17. 将属性栏中 62 20 选项的参数分别设置为“62”和“20”，修改阴影的不透明度和羽化参数后的阴影效果如图5-81所示。

图5-81 添加交互式阴影后的效果

至此，水晶按钮已制作完成。接下来将其复制1个并调整色调。

18. 将制作的水晶按钮全部选择后按<Ctrl>+<G>键群组，然后垂直向下移动复制1个。
19. 执行【效果】/【调整】/【色度/饱和度/亮度】命令，弹出【色度/饱和度/亮度】对话框，设置各项参数如图5-82所示。

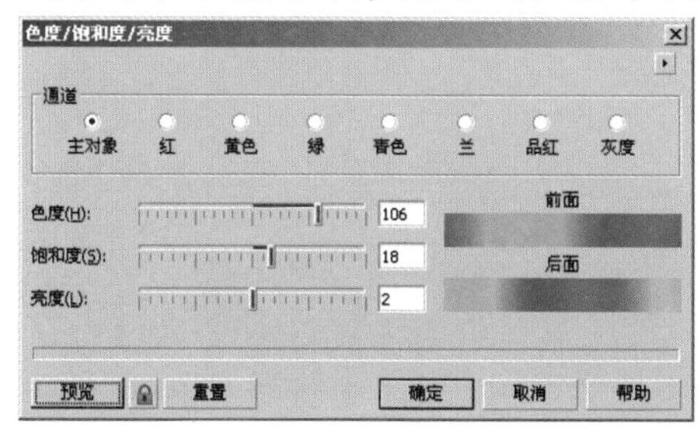

图5-82 【色度/饱和度/亮度】对话框

20. 单击 确定 按钮，调整后的图形效果如图5-83所示。

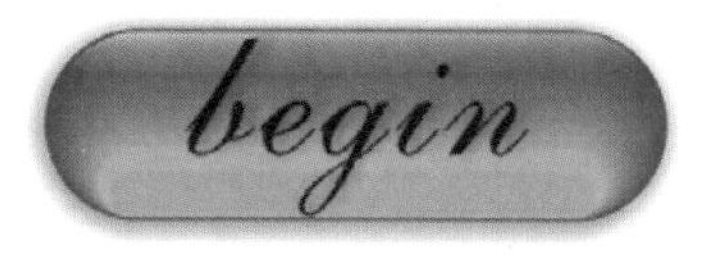

图5-83 调整后的图形效果

21. 按<Ctrl>+<S>键，将文件命名为“制作水晶按钮.cdr”保存。

5.5 课后作业

1. 灵活运用【透明度】工具和【扭曲】工具绘制出图5-84所示的盘子效果。

图5-84 绘制的盘子图形

2. 综合运用各种交互式工具绘制出图5-85所示的插画图形。

图5-85 绘制的插画

第6章 文本和表格工具

本章主要介绍文字工具和表格工具的使用方法，包括文字的输入、文字属性的设置、美术文本和段落文本的编排方法、特殊艺术文字的制作方法以及表格的绘制等。在平面设计中，文字的运用非常重要，大部分作品都需要通过文字内容来说明主题，希望读者能认真学习本章的内容。

【本章课时】

本章课时为3小时。

【教学目标】

- 掌握美术文本的输入方法与编辑。
- 掌握段落文本的输入方法与编辑。
- 掌握沿路径排列文本的输入方法与编辑。
- 掌握文本绕图的设置。
- 熟悉【插入符号字符】命令的运用。
- 掌握绘制表格的方法。
- 掌握单元格的合并与拆分操作。

6.1 文本工具

在CorelDRAW中，文本主要分为美术文本和段落文本。

- 美术文本适合于文字应用较少或需要制作特殊文字效果的文件。在输入时，行的长度会随着文字的编辑而增加或缩短，不能自动换行。美术文本的特点是：每行文字都是独立的，方便各行的修改和编辑。
- 当作品中需要编排很多文字时，利用段落文本可以方便、快捷地输入和编排。另外，段落文本在多页面文件中可以从一个页面流动到另一个页面，编辑起来非常灵活方便。使用段落文字的好处是文字能够自动换行，并能够迅速为文字增加制表位和项目符号等。

6.1.1 功能讲解

下面主要来讲解美术文本和段落文本的输入方法及属性设置。

一、美术文本

输入美术文本的具体操作为：选取字工具（快捷键为<F8>键），在绘图窗口中的任意位置单击，插入文本输入光标，然后在Windows界面右下角的CH按钮上单击，在弹出的输入法菜单中选择一种输入法，即可输入需要的文字。当需要另起一行输入文字时，必须按<Enter>键新起一行。

按<Ctrl>+<Shift>键，可以在Windows系统安装的输入法之间进行切换；按<Ctrl>+空格键，可以在当前使用的输入法与英文输入法之间进行切换；当处于英文输入状态时，按<Caps Lock>键或按住<Shift>键输入，可以切换字母的大小写。

（1）选择文本。

在设置文字的属性之前，必须先将需要设置属性的文字选择。选择字工具，将鼠标指针移动到要选择文字的前面单击，定位插入点，然后在插入点位置按住鼠标左键拖曳，拖曳至要选择文字的右侧时释放，即可选择一个或多个文字。

除以上选择文字的方法外，还有以下几种方法。

- 按住<Shift>键的同时，按键盘上的<→>（右箭头）键或<←>（左箭头）键。
- 在文本中要选择字符的起点位置单击，然后按住<Shift>键并移动鼠标指针至选择字符的终点位置单击，可选择某个范围内的字符。
- 利用工具，单击输入的文本可将该文本中的所有文字选择。

（2）【文本】工具字的属性栏如图6-1所示。

图6-1 【文本】工具的属性栏

- 【字体列表】选项 Arial：在此下拉列表中可选择需要的文字字体。
- 【字体大小】选项 24 pt：在此下拉列表中可选择需要的文字字号。当列表中没有需要的文字大小时，在文本框中直接输入需要的文字大小即可。
- 【粗体】按钮B：激活此按钮，可以将选择的文本加粗显示。
- 【斜体】按钮I：激活此按钮，可以将选择的文本倾斜显示。

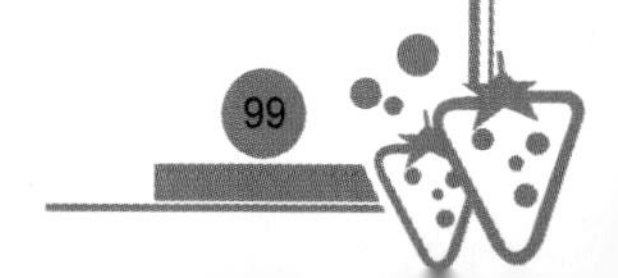

【粗体】按钮B和【斜体】按钮I只适用于部分英文字体，即只有选择支持加粗和倾斜字体的文本时，这两个按钮才可用。

- 【下划线】按钮U：激活此按钮，可以在选择的横排文字下方或竖排文字左侧添加下划线，线的颜色与文字的相同。
- 【文本对齐】按钮：单击此按钮，可在弹出的【对齐】选项面板中设置文字的对齐方式，包括左对齐、居中对齐、右对齐、全部调整和强制调整。
- 【字符格式化】按钮A：单击此按钮（快捷键为<Ctrl>+<T>键），将弹出图6-2所示的【字符格式化】泊坞窗，在此泊坞窗中可以对文本的字体、字号、对齐方式、字符效果和字符偏移等选项进行设置。

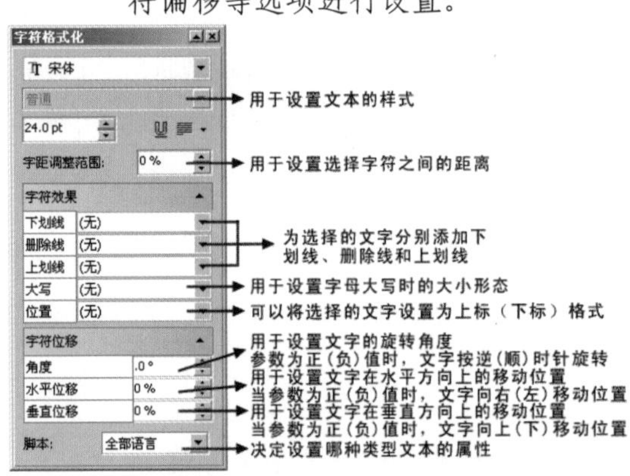

图6-2 【字符格式化】泊坞窗

- 【编辑文本】按钮abI：单击此按钮（快捷键为<Ctrl>+<Shift>+<T>键），将弹出图6-3所示的【编辑文本】对话框，在此对话框中可对文本进行编辑，包括字体、字号、对齐方式、文本格式、查找替换和拼写检查等。
- 【水平排列文本】按钮和【垂直排列文本】按钮：用于改变文本的排列方向。单击按钮，可将垂直排列的文本变为水平排列；单击按钮，可将水平排列的文本变为垂直排列。

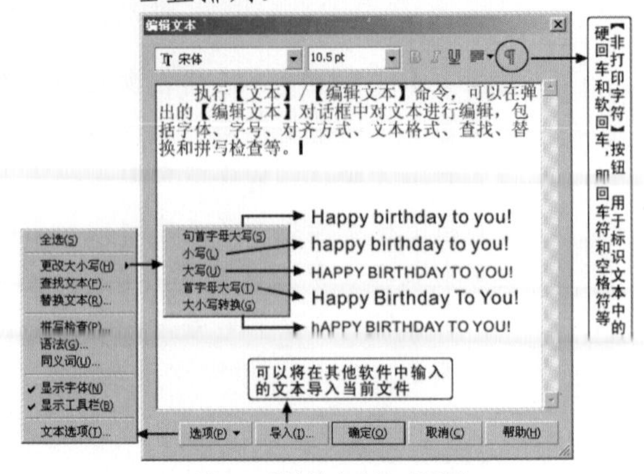

图6-3 【编辑文本】对话框

二、段落文本

输入段落文本的具体操作为：选择字工具，然后将鼠标指针移动到需要输入文字的位置，按住鼠标左键拖曳，绘制一个段落文本框，再选择一种合适的输入法，即可在绘制的段落文本框中输入文字。在输入文字的过程中，当输入的文字至文本框的边界时会自行换行，无须手动调整。

段落文字与美术文字最大的不同点就是段落文字是在文本框中输入。即在输入文字之前，首先根据要输入文字的多少，制定一个文本框，然后再进行文字的输入。

（1）执行【文本】/【段落格式化】命令，将弹出图6-4所示的【段落格式化】泊坞窗。

- 【水平】选项：用于设置所选文本在段落文本框中水平方向上的对齐方式。
- 【垂直】选项：用于设置所选文本在段落文本框中垂直方向上的对齐方式。
- 【%字符高度】选项：用于设置段落与段落或行与行间距的单位。
- 【段落前】选项：用于设置当前段落与前一段文本之间的距离。
- 【段落后】选项：用于设置当前段落

与后一段文本之间的距离。

- 【行】选项：用于设置文本中行与行之间的距离。
- 【语言】选项：用于设置数字或英文字母与中文文字之间的距离。
- 【字符】选项：用于设置所选文本中字符间的距离。
- 【字】选项：用于设置英文单词间的间距。
- 【首行】选项：用于指定所选段落首行的缩进量。
- 【左】选项：用于指定所选段落除首行外其他各行的缩进量。
- 【右】选项：用于指定所选段落到段落文本框右侧的缩进量。
- 【方向】选项：设置段落文本的排列方向，包括水平和垂直。

段落格式化	
对齐	
水平	无
垂直	上
间距	
段落和行:	
% 字符高度	
段落前	100.0 %
段落后	100.0 %
行	100.0 %
语言、字符和字:	
语言	.0 %
字符	20.0 %
字	100.0 %
缩进量	
首行	.0 mm
左	.0 mm
右	.0 mm
文本方向	
方向	水平

图6-4 【段落格式化】泊坞窗

（2）显示文本框中隐藏的文字。

当在文本框中输入了太多的文字，超过了文本框的边界时，文本框下方位置的□符号将显示为☒符号。将文本框中隐藏的文字完全显示的方法主要有以下几种。

- 将鼠标指针放置到文本框的任意一个控制点上，按住鼠标左键并向外拖曳，调整文本框的大小，即可将隐藏的文字全部显示。
- 单击文本框下方的☒符号，此时鼠标指针将显示为图标，将鼠标指针移动到合适的位置后，单击或拖曳鼠标指针绘制一个文本框，此时绘制的文本框中将显示超出了第一个文本框大小的那些文字，并在两个文本框之间显示蓝色的连接线。
- 重新设置文本字号或执行【文本】/【段落文本框】/【文本适合框架】命令，也可将文本框中隐藏的文字全部显示。

利用【文本适合框架】命令显示隐藏的文字时，文本框的大小并没有改变，而是文字的大小发生了变化。

（3）文本框的设置。

文本框分为固定文本框和可变文本框两种，系统默认的为固定文本框。当使用固定文本框时，绘制的文本框大小决定了在文本框中能输入文字的多少，这种文本框一般应用于有区域限制的图像文件中。当使用可变文本框时，文本框的大小会随输入文字的多少而随时改变，这种文本框一般应用于没有区域限制的文件中。

执行【工具】/【选项】命令（快捷键为<Ctrl>+<J>组合键），在弹出的【选项】对话框左侧依次选择【工作区】/【文本】/【段落】命令，然后在右侧的参数设置区中勾选【按文本缩放段落文本框】复选项，单击 确定(O) 按钮，即可将固定文本框设置为可变文本框。

三、 文本工具默认属性设置

当大多数文字需要使用相同的格式时，设置【文本】工具的默认属性可以大大提高工作效率。首先取消对任何图形或文字的选择，然后选择字工具，并设置属性栏中的某一选项，如设置字体或字号大小，将弹出图6-5所示的【文本属性】对话框。

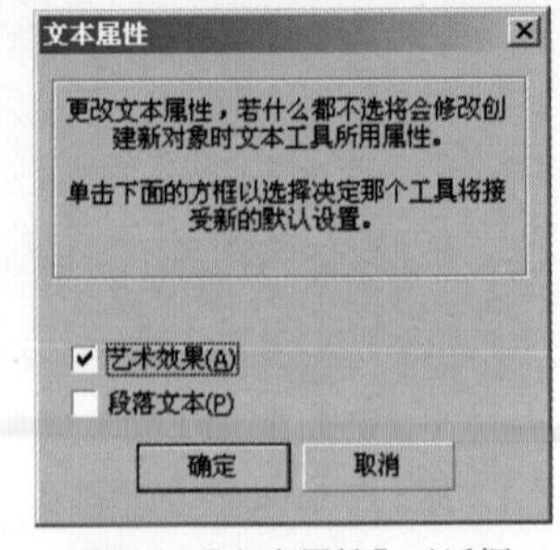

图6-5 【文本属性】对话框

- 【艺术效果】选项：勾选此复选项，设置的文本属性将只应用于美术文本。
- 【段落文本】选项：勾选此复选项，设置的文本属性将只应用于段落文本。
- 如同时勾选这两个复选项，设置的文本属性将同时应用于美术文本和段落文本。

在【文本属性】对话框中，设置好想要应用属性的文本类型，然后单击 确定 按钮，即可结束文本默认属性的设置。更改了文本的默认属性后，在以后输入文字的过程中文本将应用设置好的属性。

四、沿路径排列文本

当需要将文字沿特定的框架进行编辑时，可以采用文本适配路径或适配图形的方法进行编辑。文本适配路径命令是将所输入的美术文本按指定的路径进行编辑处理，使其达到意想不到的艺术效果。沿路径输入文本时，系统会根据路径的形状自动排列文本，使用的路径可以是闭合的图形也可以是未闭合的曲线。其优点在于文字可以按任意形状排列，并且可以轻松地制作各种文本排列的艺术效果。

（1） 输入沿路径排列的文本的具体操作。

首先利用绘图或线形工具绘制出闭合或开放的图形，作为路径。然后选择字工具，将鼠标指针移动到路径的外轮廓上，当鼠标指针显示为形状时，单击插入文本光标，依次输入需要的文本，此时输入的文本即可沿图形或线形的外轮廓排列；如将鼠标指针放置在闭合图形的内部，当鼠标指针显示为形状时单击，此时图形内部将根据闭合图形的形状出现虚线框，并显示插入文本光标，依次输入需要的文本，所输入的文本即以图形外轮廓的形状进行排列。

（2） 文本适配路径后，此时的属性栏如图6-6所示。

图6-6 文本适配路径时的属性栏

- 【文字方向】选项：可在该下拉列表中设置适配路径后的文字相对于路径的方向。
- 【与路径的距离】选项 .0 mm：设置文本与路径之间的距离。参数为正值时，文本向外扩展；参数为负值时，文本向内收缩。
- 【偏移】选项 .0 mm：设置文本在路径上偏移的位置。数值为正值时，文本按顺时针方向旋转偏移；数值为负值时，文本按逆时针方向旋转偏移。
- 【镜像文本】选项：对文本进行镜像设置，单击按钮，可使文本在水平方向上镜像；单击按钮，可使文本在垂直方向上镜像。
- 【贴齐标记】选项：如果设置了此选项，在调整路径中的文本与路径之间的距离时，会按照设置的【标记距离】参数自动捕捉文本与路径之间的距离。

五、 文本绕图

在CorelDRAW中可以将段落文本围绕图形进行排列，使画面更加美观。段落文本围绕图形排列称为文本绕图。

设置文本绕图的具体操作为：利用字工具输入段落文本，然后绘制任意图形或导入位图图像，将图形或图像放置在段落文本上，使其与段落文本有重叠的区域，然后单击属性栏中的按钮，系统将弹出图6-7所示的【绕图样式】选项面板。

- 文本绕图主要有两种方式，一种是围绕图形的轮廓进行排列；一种是围绕图形的边界框进行排列。在【轮廓图】和【方角】栏中单击任一选项，即可设置文本绕图效果。
- 在【文本换行偏移】下方的文本框中输入数值，可以设置段落文本与图形之间的间距。
- 如要取消文本绕图，可单击【换行样式】选项面板中的【无】选项。

选择不同文本绕图样式后的效果如图6-8所示。

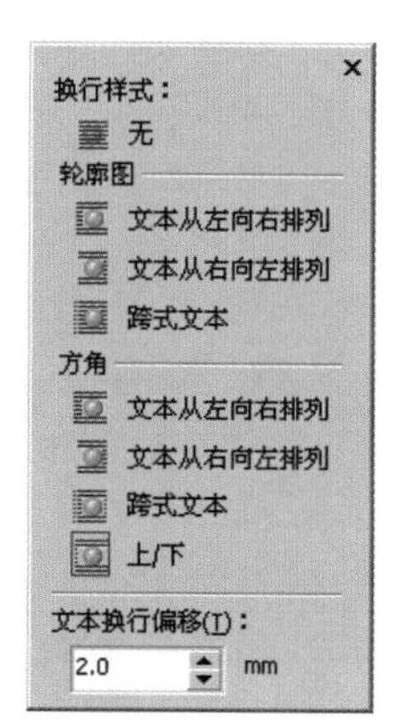

图6-7 【绕图样式】选项面板

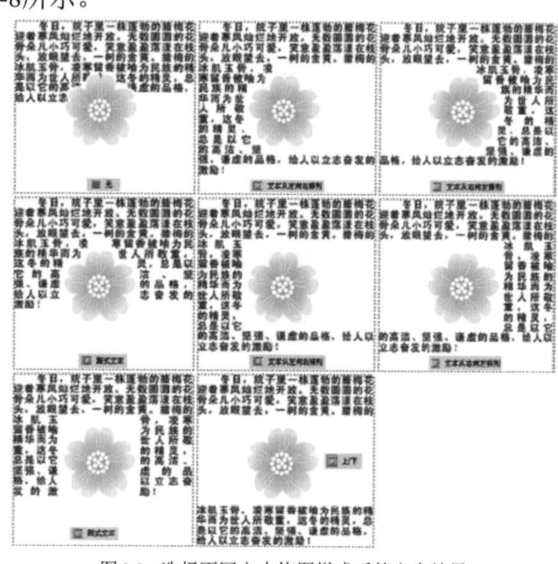

图6-8 选择不同文本绕图样式后的文本效果

6.1.2 范例解析——设计报纸广告

灵活运用【文本】工具字设计出图6-9所示的化妆品广告。

图6-9 设计的化妆品广告

首先利用【导入】命令将背景图片及用到的图像和标志图形导入，并分别调整大小及位置进行组合，然后利用字工具输入文字并分别对其进行调整，即可完成化妆品广告的设计。具体操作方法如下。

1. 新建一个【纸张宽度和高度】选项为的图形文件，然后按<Ctrl>+<I>组合键，在弹出的【导入】对话框中，在“图库\第06章”目录下，按住<Ctrl>键依次单击“背景.jpg”、“标志.cdr”、“化妆品.psd”和“人物.psd”文件，将其同时选择。
2. 单击导入按钮，将选择的文件依次导入当前文件。
3. 选择“背景”图片，按<Shift>+<PageDown>组合键将其调整至所有图形的下方，然后将图片大小调整为，并与页面对齐。

4. 依次调整其他图像的的大小及位置，调整后的效果如图6-10所示。

图6-10 各图形调整后的大小及位置

5. 利用工具将“化妆品”选择，然后选择工具，为化妆品图形添加图6-11所示的阴影效果。

图6-11 添加的阴影

6. 选择字工具，在画面的右上方输入图6-12所示的黑色文字。

图6-12 输入的文字

7. 选择工具，并框选图6-13所示的文字节点，将“美”字选择，然后在【调色板】的“洋红”色块上单击，将文字的颜色修改为洋红色。

图6-13 选择文字状态

8. 利用工具将“丽”字选择，并将其颜色修改为“酒绿”色，然后设置属性栏中的各项参数如图6-14所示。“丽”字调整后的形态如图6-15所示。

图6-14 文字属性设置

图6-15 “丽”字调整后的形态

9. 用与步骤8相同的方法，依次对“肌”和“肤”字进行调整，最终效果如图6-16所示。其中“肌”的颜色为橘红色（M:60, Y:100），“肤”的颜色为紫色（C:20, M:80, K:20）。

图6-16 调整后的文字效果

10. 利用工具为“美丽肌肤”文字添加交互式阴影效果，然后将属性栏中 50 的参数设置为“50”，10 的参数设置为“10”，阴影的颜色设置为红色，修改阴影参数后的效果如图6-17所示。

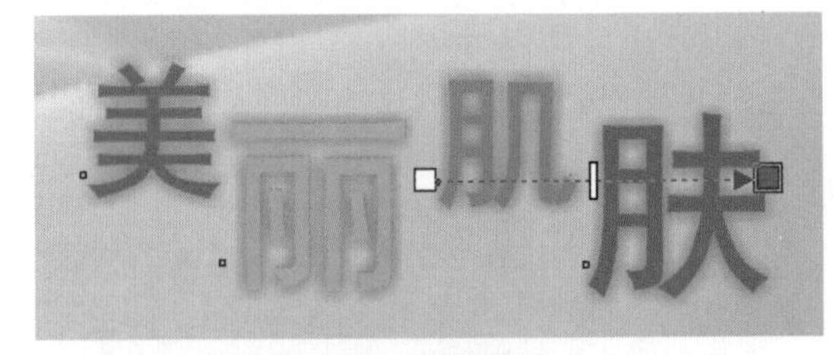

图6-17 添加的阴影效果

11. 用与步骤6～10相同的方法，制作出下方的文字效果，如图6-18所示。

图6-18 制作的文字

12. 继续利用字工具输入图6-19所示的黑色文字，然后为其添加白色的外轮廓。

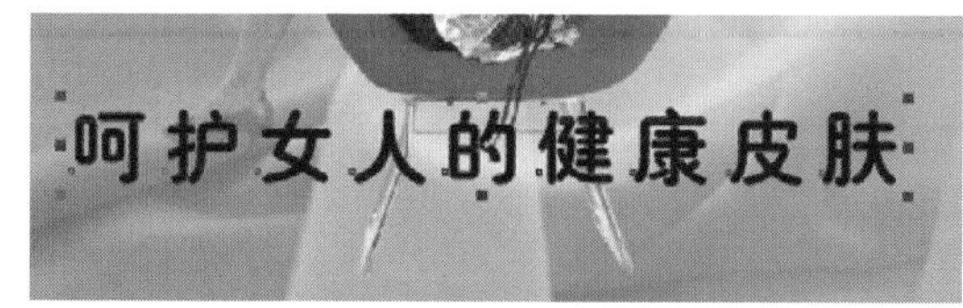

图6-19 输入的文字

13. 选择工具，弹出【轮廓笔】对话框，设置各选项如图6-20所示。

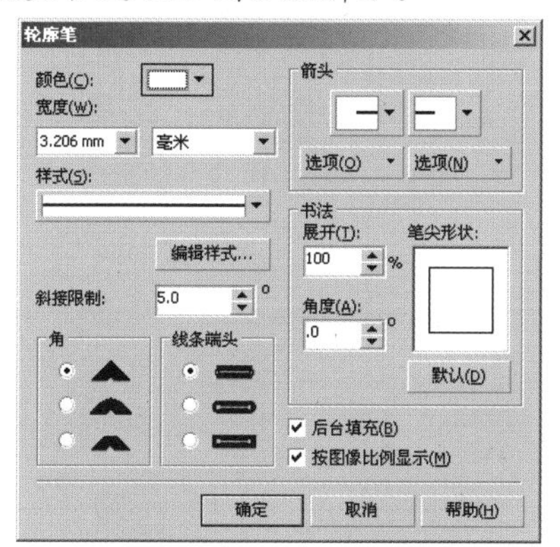

图6-20 设置的轮廓选项

14. 单击 确定 按钮，修改轮廓属性后的效果如图6-21所示。

图6-21 修改轮廓属性后的效果

15. 按键盘数字区中的<+>键，将文字在原位置复制，然后将复制出的文字的填充色修改为黄色（Y:100），轮廓色修改为黑色，并在【轮廓笔】对话框中将文字的轮廓宽度改小，效果如图6-22所示。

图6-22 复制出的文字

16. 继续利用字工具在黄色文字的下方输入图6-23所示的黑色文字，其轮廓色为白色。

图6-23 输入的文字

17. 将鼠标指针移动到画面的左上方位置，按下鼠标左键并拖曳绘制出图6-24所示的文本框，然后依次输入图6-25所示的黑色文字。

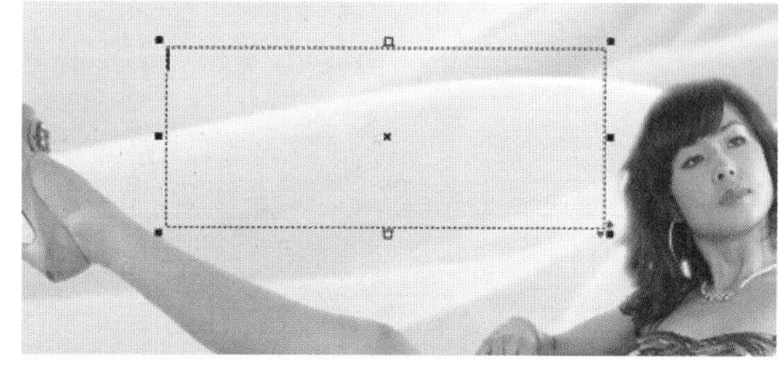

图6-24 绘制的文本框

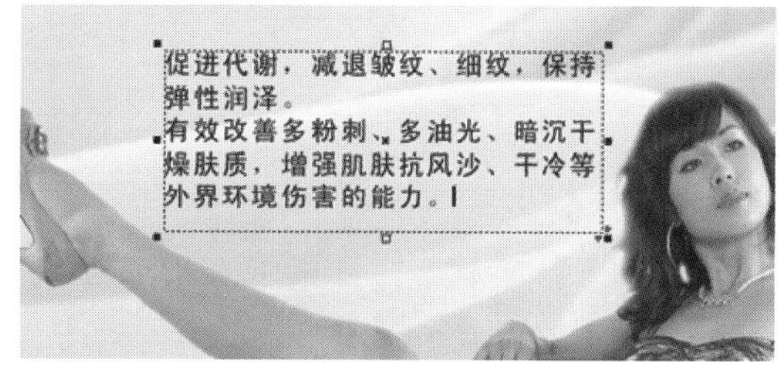

图6-25 输入的文字

18. 选择工具，绘制紫色（C:20, M:80, K:20）的小正方形，然后将其在垂直方向上复制，效果如图6-26所示。

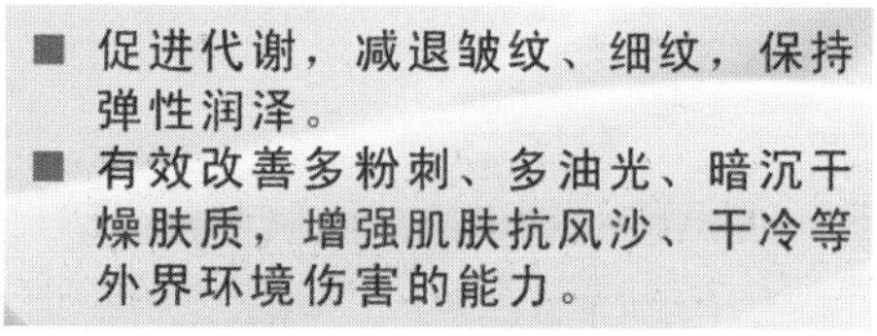

图6-26 绘制的图形

19. 再次利用字工具在画面的右下方输入图6-27所示的黑色文本。

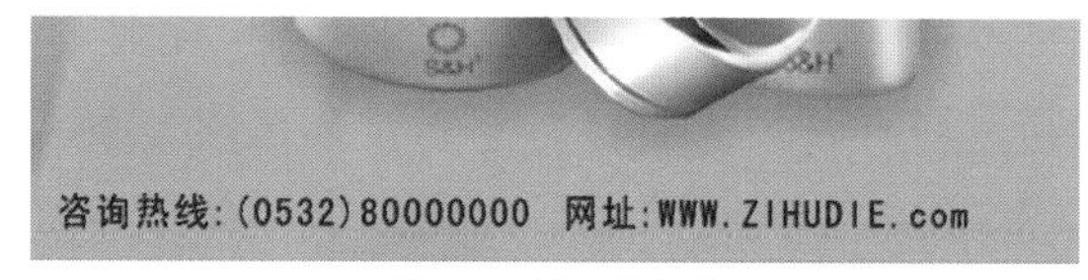

图6-27 输入的文本

20. 至此，化妆品广告设计完成，按<Ctrl>+<S>组合键，将此文件命名为“化妆品广告.cdr”保存。

6.1.3 课堂实训——设计促销广告

灵活运用【文本】工具字设计出图6-28所示的促销广告。

图6-28 设计的促销广告

【步骤提示】

1. 将“图库\第06章”目录下名为“广告素材.cdr”的文件打开。
2. 利用字工具输入绿色（C:100, Y:100）的“三八促销大赠送”文字，然后利用工具为其添加图6-29所示的轮廓图效果。

图6-29 文字添加的轮廓效果

3. 依次按<Ctrl>+<K>组合键和<Ctrl>+<U>组合键，将轮廓图打散并解组，然后将中间图形的颜色修改为白色。
4. 利用工具及移动复制操作依次绘制出图6-30所示的图形，注意图形堆叠顺序的调整。图形填充的渐变色参数如图6-31所示。

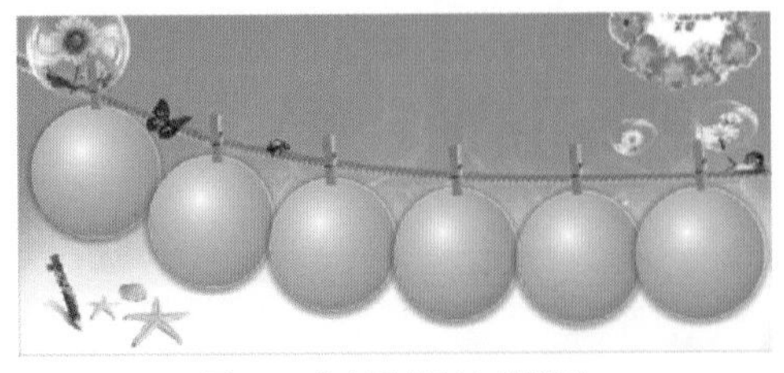

图6-30 绘制及复制出的图形

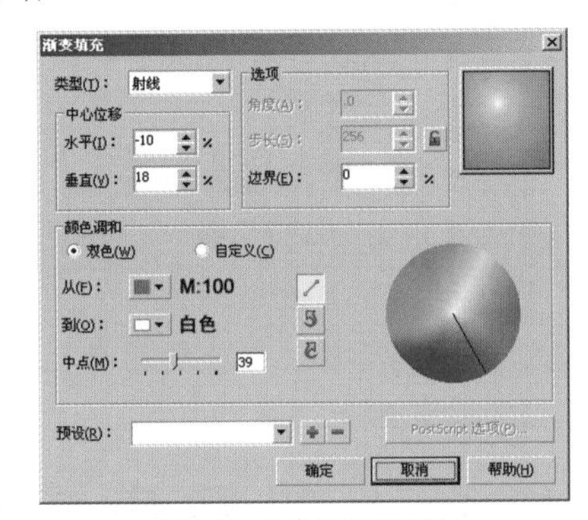

图6-31 设置的渐变颜色

5. 继续利用字工具输入图6-32所示的文字，其填充色为【从】洋红色（M:100）、【到】黄色（Y:100）的射线渐变，轮廓色为白色。然后利用工具将其调整至图6-33所示的形态。

图6-32 输入的文字

图6-33 变形后的形态

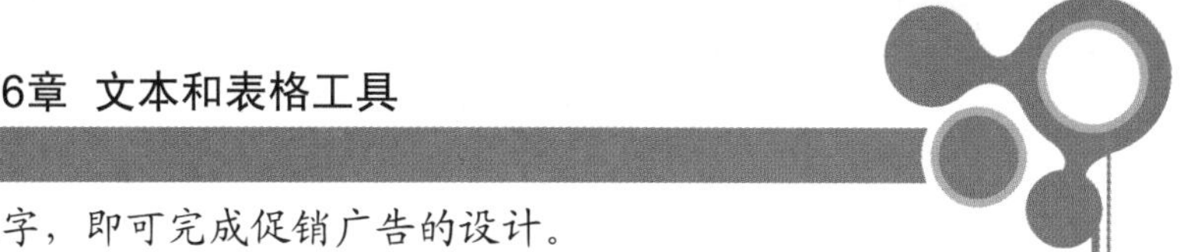

6. 利用字工具依次输入其他相关文字，即可完成促销广告的设计。

6.2 表格工具

【表格】工具主要用于在图像文件中添加表格图形。

6.2.1 功能讲解

【表格】工具的使用方法非常简单：选择工具，在绘图窗口中拖曳鼠标指针，即可绘制出表格。绘制后还可在属性栏中修改表格的行数、列数并能进行单元格的合并和拆分等。

一、【表格】工具的属性栏

【表格】工具的属性栏如图6-34所示。

图6-34 【表格】工具的属性栏

- 【表格中的行数和列数】选项：用于设置绘制表格的行数和列数。
- 【为表格选择背景色或取消选择背景色】选项背景：单击按钮，可在弹出的列表中选择颜色，以为选择的表格添加背景色。当选择图标时，将取消背景色。
- 【编辑填充】按钮：当为表格添加背景色后，此按钮才可用，单击此按钮可在弹出的【均匀填充】对话框中编辑颜色。
- 【边框】选项边框：：单击按钮，将弹出图6-35所示的边框选项，用于选择表格的边框。
- 【选择轮廓宽度或键入新宽度】选项.2 mm：用于设置边框的宽度。
- 【边框颜色】色块：单击色块，可在弹出的颜色列表中选择边框的颜色。
- 【“轮廓笔”对话框】按钮：单击此按钮，将弹出【轮廓笔】对话框，用于设置边框轮廓的其他属性，如将边框设置为虚线等。
- 选项按钮：单击此按钮将弹出图6-36所示的【选项】面板，用于设置单元格的属性。

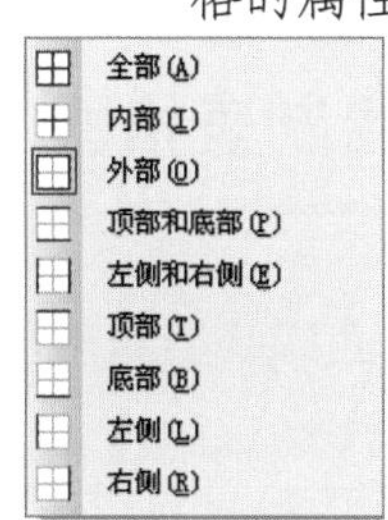

图6-35 边框选项

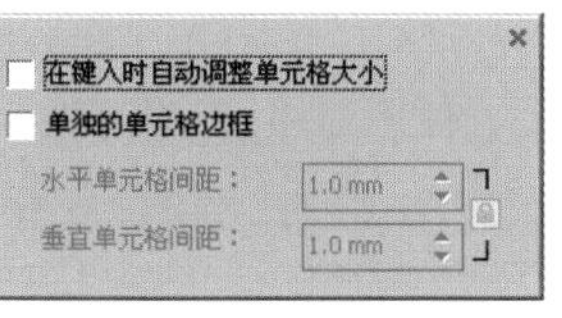

图6-36 【选项】面板

二、选择单元格

选择单元格的具体操作为：确认绘制的表格图形处于选择状态，且选择工具，将鼠标指针移动到要选择的单元格中，当鼠标指针显示为形状时单击，即可将该单元格选择；如鼠标指针显示为形状时拖曳，可将鼠标指针经过的单元格按行、按列选择。

- 将鼠标指针移动到表格的左侧，当鼠标指针显示为形状时单击，可将当前行选择，如按下鼠标左键上下拖曳，可将相临的行选择；
- 将鼠标指针移动到表格的上方，当鼠标指针显示为形状时单击，可将当前列选择，如按下鼠标左键左右拖曳，可将相临的列选择。

将鼠标指针放置到表格图形的任意边线上，当鼠标指针显示为↕或↔形状时按下鼠标左键并拖曳，可调整整行或整列单元格的高度或宽度。

当选择单元格后，【表格】工具的属性栏如图6-37所示。

图6-37 【表格】工具的属性栏

- 页边距按钮：单击此按钮将弹出【设置页边距】面板，用于设置表格中文字距当前单元格的距离。单击其中的按钮使其显示为状态，可分别在各文本框中输入不同的数值，以设置不同的页边距。
- 【将选定单元格合并为一个单元格】按钮：单击此按钮，可将选择的单元格合并为一个单元格。
- 【将选定单元格水平拆分为特定数目的单元格】按钮：单击此按钮，可弹出【拆分单元格】对话框，设置数值后单击确定(O)按钮，可将选择的单元格按设置的行数拆分。
- 【将选定单元格垂直拆分为特定数目的单元格】按钮：单击此按钮，可弹出【拆分单元格】对话框，设置数值后单击确定(O)按钮，可将选择的单元格按设置的列数拆分。
- 【将选定单元格拆分为其合并之前的状态】按钮：只有选择利用按钮合并过的单元格，此按钮才可用。单击此按钮，可将当前单元格还原为没合并之前的状态。

三、【表格】菜单

【表格】菜单如图6-38所示。

图6-38 【表格】菜单

- 【创建新表格】命令：弹出新表格对话框，设置好要创建表格的行数、列数、行高和列宽后，单击确定(O)按钮，即可按照设置的参数新建表格。
- 【将文本转换为表格】命令：可将当前选择的文本创建为表格，在创建时可选择以“逗号”、“制表位”或“段落”等分隔列。
- 【插入】命令：利用工具选择表格中的行、列或单元格后，执行此命令，可在表格中的指定位置插入行、列或单元格。
- 【选择】命令：在任意单元格中插入文本输入光标，然后执行此命令，可选择该光标所在的单元格、行、列或整个网格。
- 【删除】命令：可删除表格中的指定行、列或整个网格。
- 【分布】命令：用于平均分布表格中的各行或各列。
- 【合并单元格】命令：选择连续的多个单元格后，执行此命令，可将选择的单元格合并。
- 【拆分为行】命令：可将当前选择的单元格拆分为多行。
- 【拆分为列】命令：可将当前选择的单元格拆分为多列。
- 【拆分单元格】命令：可将当前选择的单元格拆分。
- 【将表格转换为文本】命令：选择有文字内容的表格图形，执行此命令，可将表格转换为段落文本。

6.2.2 范例解析——绘制表格图形

本节灵活运用【表格】工具绘制出图6-39所示的房屋成交表格。

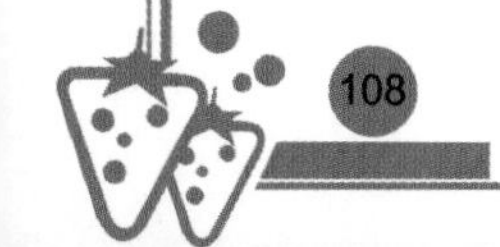

青岛市12月份房屋成交情况												
住宅情况 / 区县	普通住宅（套）		普通住宅（m²）		高级住宅（套）		住宅（m²）		成交套数（套）		成交面积（m²）	
	100（套）		10000（m²）		100（套）		10000（m²）		50（套）		50000（m²）	
	单价（万）	总价（万）	单价（万）	总价（万）	单价（万）	总价（万）	单价（万）	总价（万）	单价（万）	总价（万）	单价（万）	总价（万）
市南区	80	8000	0.8	8000	90	9000	0.9	9000	80	4000	0.8	4000
市北区	60	6000	0.6	6000	70	7000	0.7	7000	60	3000	0.6	3000
四方区	60	6000	0.6	6000	70	7000	0.7	7000	60	3000	0.6	3000
崂山区	60	6000	0.6	6000	70	7000	0.7	7000	60	3000	0.6	3000
李沧区	60	6000	0.6	6000	70	7000	0.7	7000	60	3000	0.6	3000
城阳区	60	6000	0.6	6000	70	7000	0.7	7000	60	3000	0.6	3000
黄岛区	60	6000	0.6	6000	70	7000	0.7	7000	60	3000	0.6	3000
即墨市	60	6000	0.6	6000	70	7000	0.7	7000	60	3000	0.6	3000
注：以上数字纯属虚构												

图6-39 绘制的房屋成交表格

首先利用▦工具绘制表格，然后对表格进行合并和拆分调整，使其符合要求，再输入文字并进行编排，即可完成表格的绘制。具体操作方法如下。

1. 按<Ctrl>+<N>键，新建一个图形文件。
2. 执行【表格】/【创建表格】命令，弹出【创建新表格】对话框，设置各项参数如图6-40所示，然后单击 确定 按钮，创建的表格如图6-41所示。

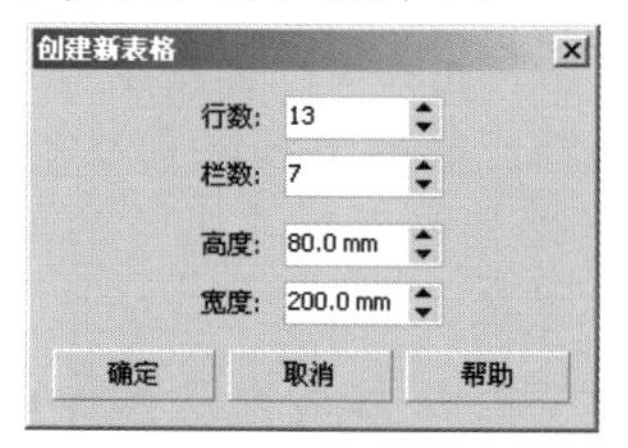

图6-40 【创建新表格】对话框

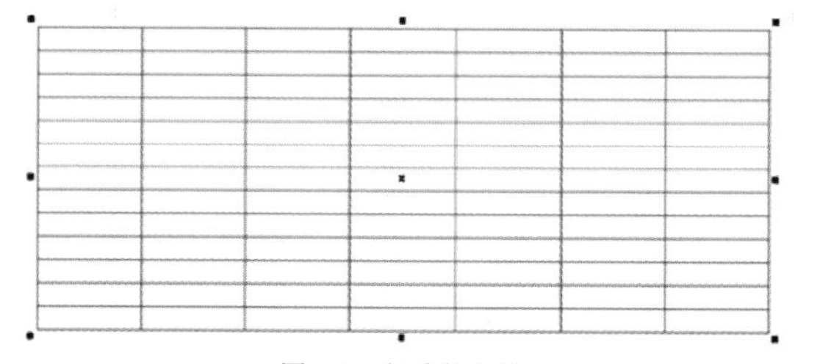

图6-41 创建的表格

3. 选取▦工具，将鼠标光标移动到第一行单元格的左侧位置，当鼠标光标显示为➡图标时单击鼠标左键，将第一行单元格选择，如图6-42所示。

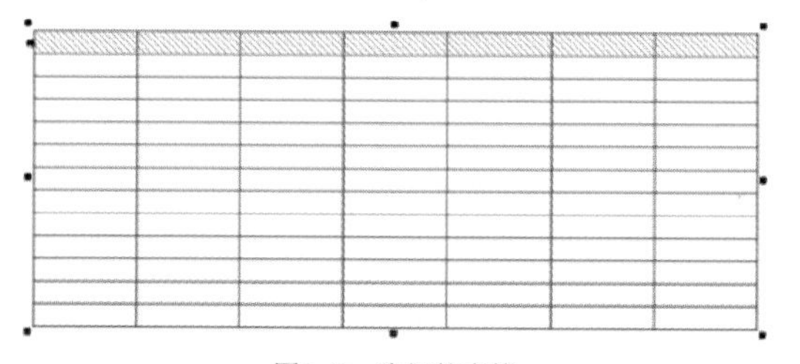

图6-42 选择的表格

4. 单击属性栏中的▣按钮，将选择的单元格合并为一个单元格，效果如图6-43所示。

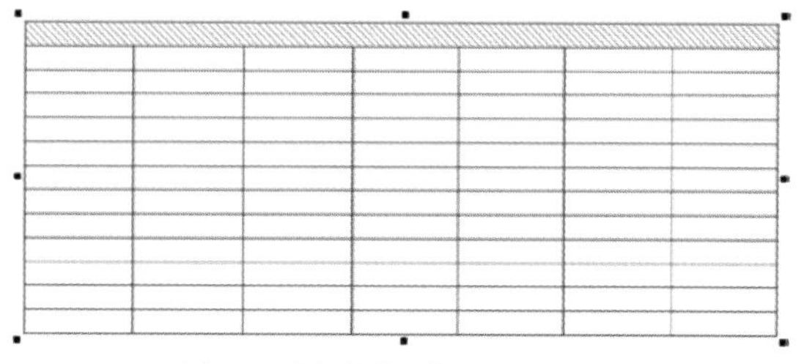

图6-43 选择的单元格合并后的效果

5. 将鼠标光标移动到左上角的单元格中，当鼠标光标显示为图6-44所示的✢图标时按下鼠标左键并向下方拖曳，将图6-45所示的单元格选择。

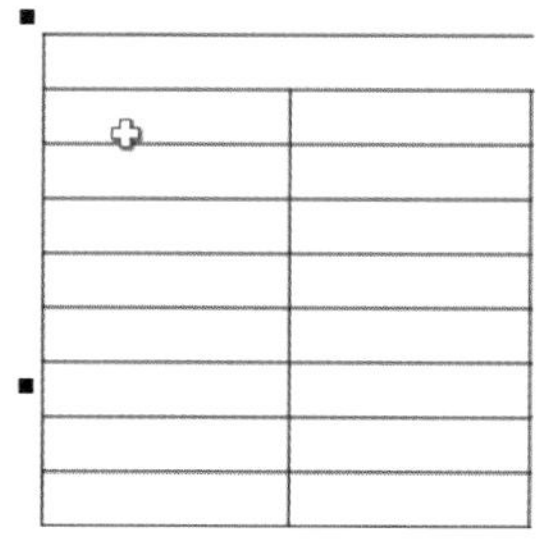

图6-44 鼠标光标显示的状态

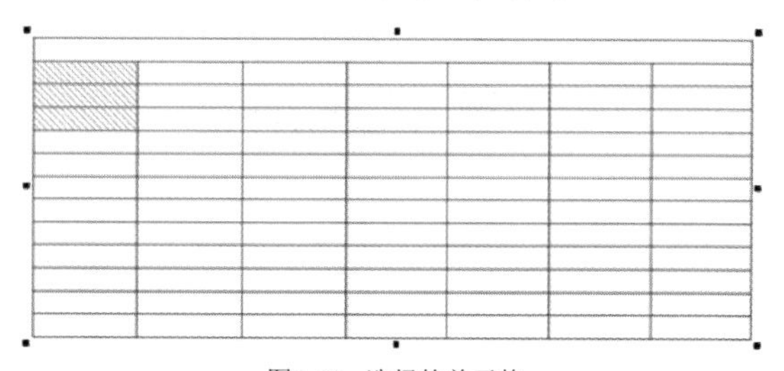

图6-45 选择的单元格

6. 单击属性栏中的▣按钮，将选择的单元格合并为一个单元格，效果如图6-46所示。

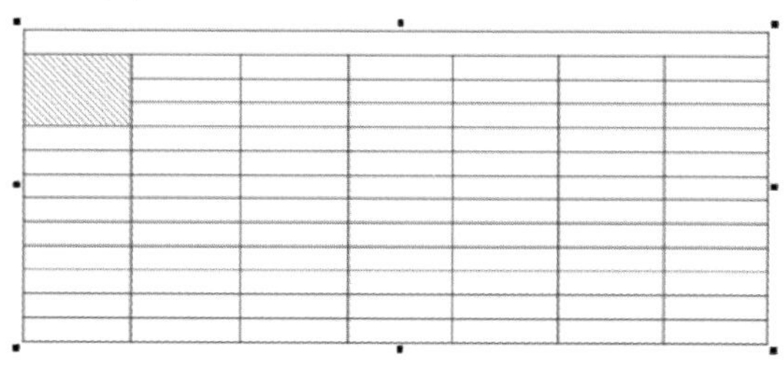

图6-46 选择的单元格合并后的效果

7. 用与步骤3～4相同的方法，将最下方

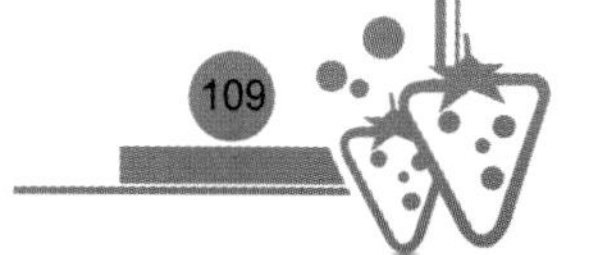

一行单元格进行合并，效果如图6-47所示。

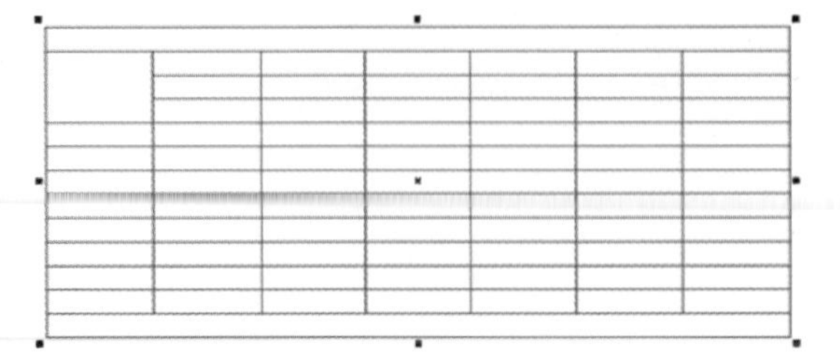

图6-47 合并后的单元格效果

8. 用与步骤5相同的方法，将图6-48所示的单元格选择。

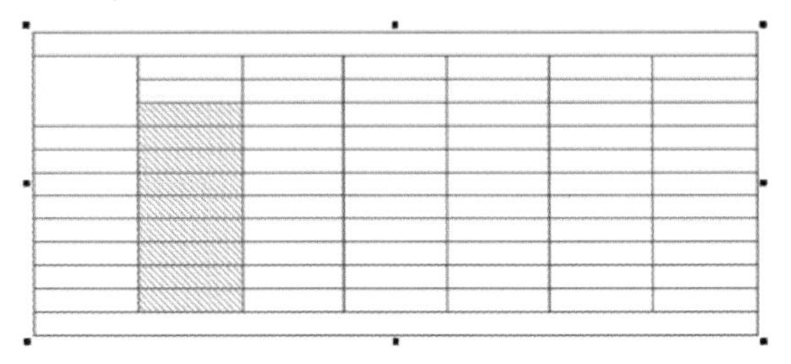

图6-48 选择的单元格

9. 单击属性栏中的按钮，弹出【拆分单元格】对话框，设置参数如图6-49所示。

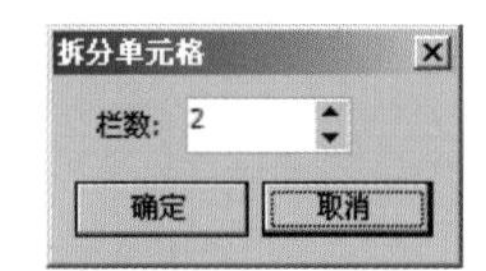

图6-49 【拆分单元格】对话框

10. 单击 确定 按钮，将选择的单元格拆分为2列，效果如图6-50所示。

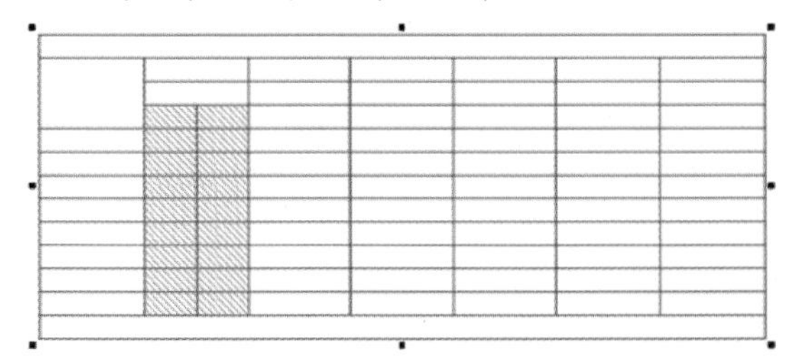

图6-50 拆分后的单元格效果

11. 用与步骤8～10相同的方法，依次选择单元格后拆分，最终效果如图6-51所示。

12. 利用工具，绘制出图6-52所示的黑色斜线。

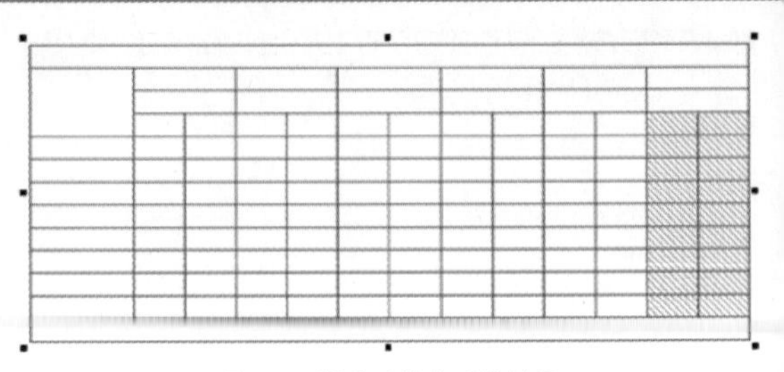

图6-51 拆分后的单元格效果

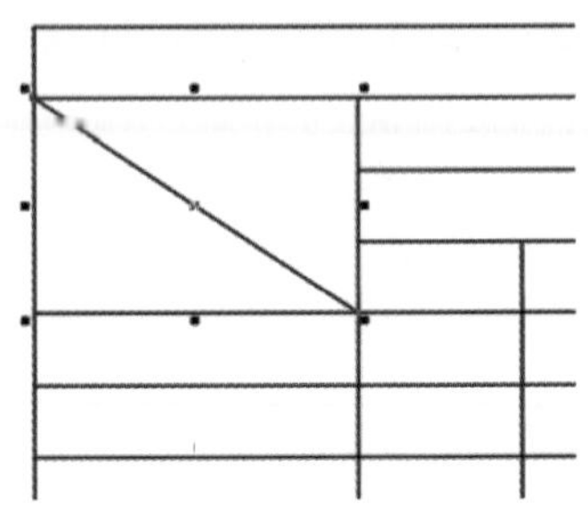

图6-52 绘制的斜线

13. 将所有单元格同时选择，然后单击属性栏中的 页边距 按钮，在弹出的【设置页边距】面板中将数值都设置为“0 mm”。

14. 将鼠标光标移动到左上角的单元格中，当鼠标光标显示为I形状时单击，插入文字输入符，然后依次输入图6-53所示的文字。

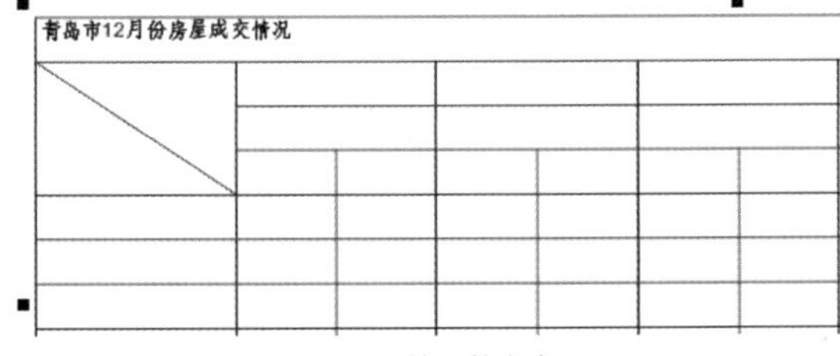

图6-53 输入的文字

15. 将鼠标光标移动到文字的右侧按下鼠标左键并向左拖曳，将文字选择，如图6-54所示。

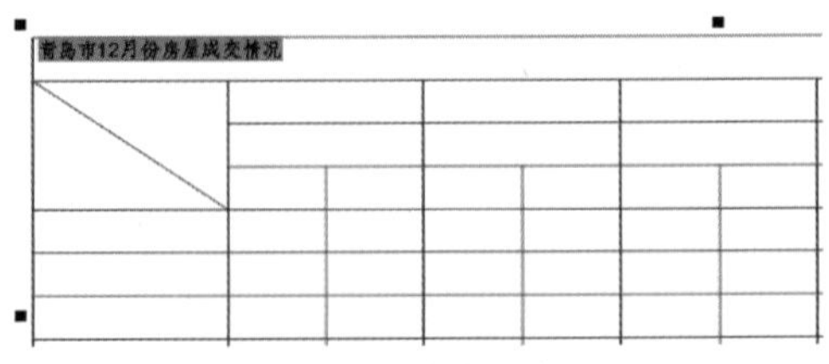

图6-54 选择的文字

16. 单击属性栏中的按钮，在弹出的选项面板中选择图6-55所示的选项，然后单

击按钮，在弹出的选项面板中选择图6-56所示的选项。

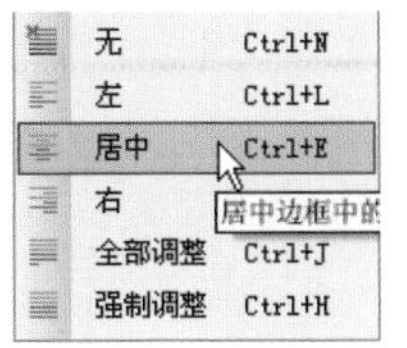
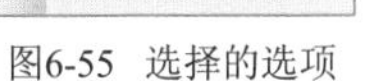
图6-55 选择的选项

图6-56 选择的选项

17. 将属性栏中的 文鼎CS大黑 设置为"文鼎CS大黑"、10 pt 的参数设置为"10pt"，设置文字字体、字号及位置后的效果如图6-57所示。

青岛市12月份房屋成交情况

图6-57 文字调整后的效果

18. 用与步骤14～17相同的方法，依次在表格中输入图6-58所示的文字。

青岛市12月份房屋成交情况												
住宅情况 区县	普通住宅（套）		普通住宅（m²）		高级住宅（套）		住宅（m²）		成交套数（套）		成交面积（m²）	
	100（套）		10000（m²）		100（套）		10000（m²）		50（套）		50000（m²）	
	单价（万）	总价（万）	单价（万）	总价（万）	单价（万）	总价（万）	单价（万）	总价（万）	单价（万）	总价（万）	单价（万）	总价（万）
市南区	80	8000	0.8	8000	90	9000	0.9	9000	80	4000	0.8	4000
市北区	60	6000	0.6	6000	70	7000	0.7	7000	60	3000	0.6	3000
四方区	60	6000	0.6	6000	70	7000	0.7	7000	60	3000	0.6	3000
崂山区	60	6000	0.6	6000	70	7000	0.7	7000	60	3000	0.6	3000
李沧区	60	6000	0.6	6000	70	7000	0.7	7000	60	3000	0.6	3000
城阳区	60	6000	0.6	6000	70	7000	0.7	7000	60	3000	0.6	3000
黄岛区	60	6000	0.6	6000	70	7000	0.7	7000	60	3000	0.6	3000
即墨市	60	6000	0.6	6000	70	7000	0.7	7000	60	3000	0.6	3000
注:以上数字纯属虚构												

图6-58 输入的文字

19. 将上方第一行单元格选择，然后选取工具，在弹出的【均匀填充】对话框中将颜色设置为紫色（C:75, M:92），单击 确定 按钮，填充颜色后的单元格效果如图6-59所示。

青岛市12月份房屋成交情况												
住宅情况 区县	普通住宅（套）		普通住宅（m²）		高级住宅（套）		住宅（m²）		成交套数（套）		成交面积（m²）	
	100（套）		10000（m²）		100（套）		10000（m²）		50（套）		50000（m²）	
	单价（万）	总价（万）	单价（万）	总价（万）	单价（万）	总价（万）	单价（万）	总价（万）	单价（万）	总价（万）	单价（万）	总价（万）
市南区	80	8000	0.8	8000	90	9000	0.9	9000	80	4000	0.8	4000
市北区	60	6000	0.6	6000	70	7000	0.7	7000	60	3000	0.6	3000
四方区	60	6000	0.6	6000	70	7000	0.7	7000	60	3000	0.6	3000
崂山区	60	6000	0.6	6000	70	7000	0.7	7000	60	3000	0.6	3000
李沧区	60	6000	0.6	6000	70	7000	0.7	7000	60	3000	0.6	3000
城阳区	60	6000	0.6	6000	70	7000	0.7	7000	60	3000	0.6	3000
黄岛区	60	6000	0.6	6000	70	7000	0.7	7000	60	3000	0.6	3000
即墨市	60	6000	0.6	6000	70	7000	0.7	7000	60	3000	0.6	3000
注:以上数字纯属虚构												

图6-59 填充颜色后的单元格效果

20. 将上方第一行单元格中的文字选择，然后在【调色板】中的"白"色块上单击左键，将其填充色修改为白色，效果如图6-60所示。

青岛市12月份房屋成交情况												
住宅情况 区县	普通住宅（套）		普通住宅（m²）		高级住宅（套）		住宅（m²）		成交套数（套）		成交面积（m²）	
	100（套）		10000（m²）		100（套）		10000（m²）		50（套）		50000（m²）	
	单价（万）	总价（万）	单价（万）	总价（万）	单价（万）	总价（万）	单价（万）	总价（万）	单价（万）	总价（万）	单价（万）	总价（万）
市南区	80	8000	0.8	8000	90	9000	0.9	9000	80	4000	0.8	4000
市北区	60	6000	0.6	6000	70	7000	0.7	7000	60	3000	0.6	3000
四方区	60	6000	0.6	6000	70	7000	0.7	7000	60	3000	0.6	3000
崂山区	60	6000	0.6	6000	70	7000	0.7	7000	60	3000	0.6	3000
李沧区	60	6000	0.6	6000	70	7000	0.7	7000	60	3000	0.6	3000
城阳区	60	6000	0.6	6000	70	7000	0.7	7000	60	3000	0.6	3000
黄岛区	60	6000	0.6	6000	70	7000	0.7	7000	60	3000	0.6	3000
即墨市	60	6000	0.6	6000	70	7000	0.7	7000	60	3000	0.6	3000
注:以上数字纯属虚构												

图6-60 修改填充色后的文字效果

21. 用与步骤19相同的方法，为其他单元格填充颜色，效果如图6-61所示。

青岛市12月份房屋成交情况												
住宅情况 区县	普通住宅（套）		普通住宅（m²）		高级住宅（套）		住宅（m²）		成交套数（套）		成交面积（m²）	
	100（套）		10000（m²）		100（套）		10000（m²）		50（套）		50000（m²）	
	单价（万）	总价（万）	单价（万）	总价（万）	单价（万）	总价（万）	单价（万）	总价（万）	单价（万）	总价（万）	单价（万）	总价（万）
市南区	80	8000	0.8	8000	90	9000	0.9	9000	80	4000	0.8	4000
市北区	60	6000	0.6	6000	70	7000	0.7	7000	60	3000	0.6	3000
四方区	60	6000	0.6	6000	70	7000	0.7	7000	60	3000	0.6	3000
崂山区	60	6000	0.6	6000	70	7000	0.7	7000	60	3000	0.6	3000
李沧区	60	6000	0.6	6000	70	7000	0.7	7000	60	3000	0.6	3000
城阳区	60	6000	0.6	6000	70	7000	0.7	7000	60	3000	0.6	3000
黄岛区	60	6000	0.6	6000	70	7000	0.7	7000	60	3000	0.6	3000
即墨市	60	6000	0.6	6000	70	7000	0.7	7000	60	3000	0.6	3000
注:以上数字纯属虚构												

图6-61 填充颜色后的效果

22. 按<Ctrl>+<S>键，将文件命名为"制作表格.cdr"保存。

6.2.3 课堂实训——绘制报表

灵活运用工具绘制出图6-62所示的收据表单。要求绘制的表格与图示的表格基本相似，标题为"黑体"、大小为"24pt"，位于表格上方的中间位置；表格中的文字要求"黑体"、大小为"12pt"、并在单元格中"居中"显示；外边框线形为"实线0.75mm"；内部线形为"实线0.5mm"。

订报收据

户名				电话	
详细地址					
报刊名称	订阅份数	月份	价格	备注：	
人民币（大写）	千 佰 拾 元 角 分				

图6-62 绘制的订报收据

【步骤提示】

用与6.2.2节相同的方法即可绘制出本例的订报收据。

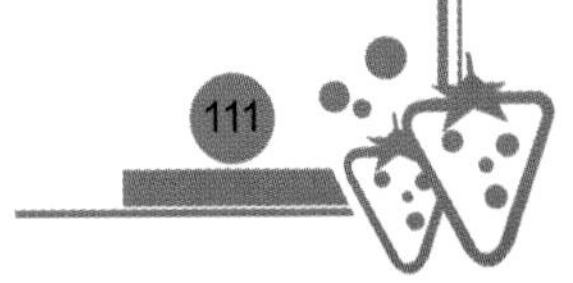

6.3 综合案例——设计广告

本节主要利用【矩形】工具、【渐变填充】工具、【表格】工具和【文本】工具及【文本】/【插入符号字符】命令来设计手机广告，效果如图6-63所示。

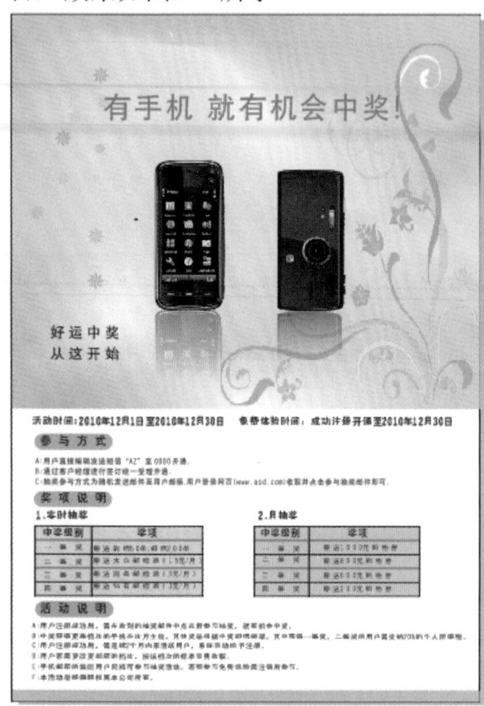

图6-63 设计的手机广告

1. 新建一个图形文件，然后双击□工具，创建一个与页面大小相同的矩形图形。
2. 将鼠标光标移动到矩形图形下方中间的控制点上，按住左键并向上拖曳鼠标，至合适位置后，在不释放左键的情况下单击鼠标右键，缩小复制图形，复制出的图形如图6-64所示。

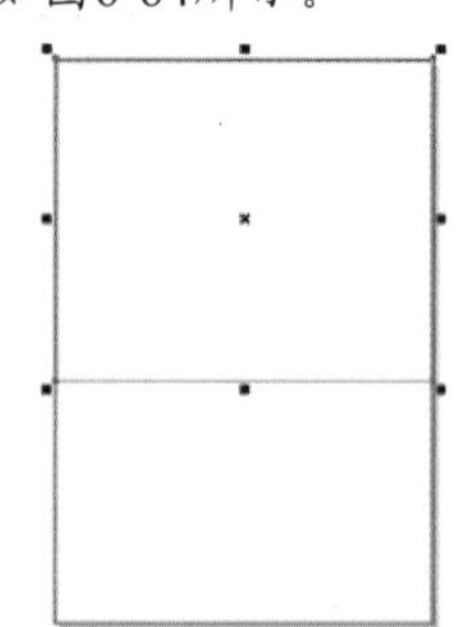

图6-64 缩小复制出的矩形图形

3. 选取■工具，弹出【渐变填充】对话框，设置各项参数如图6-65所示，然后单击 确定 按钮，填充渐变色后的图形效果如图6-66所示。

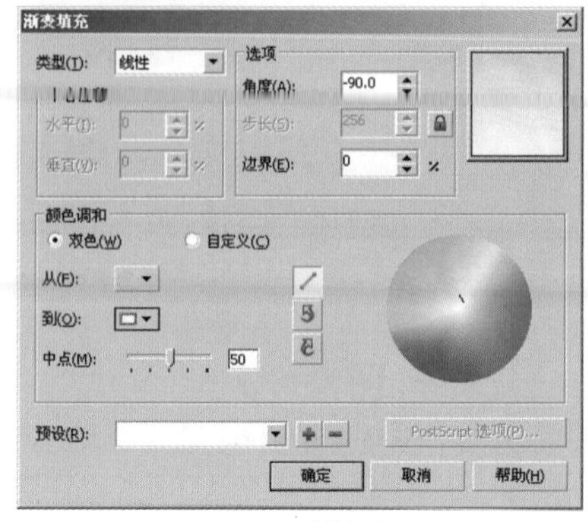

图6-65 【渐变填充】对话框

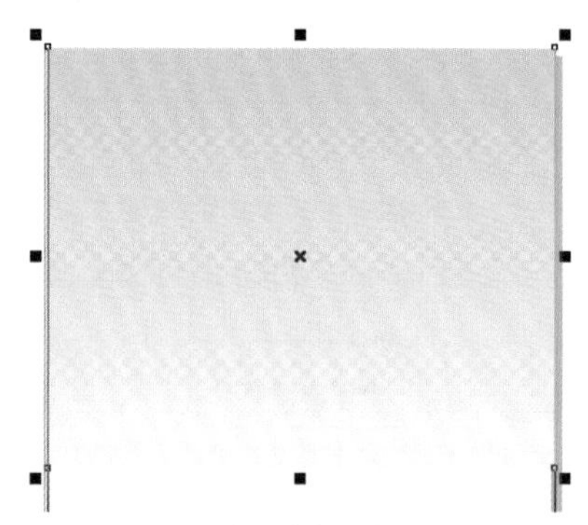

图6-66 填充渐变色后的图形效果

4. 选取▦工具，将属性栏中▦选项的参数都设置为“4”，然后依次选择节点填充颜色后调整其节点的位置，改变图形的填充效果，调整后的填充效果如图6-67所示。

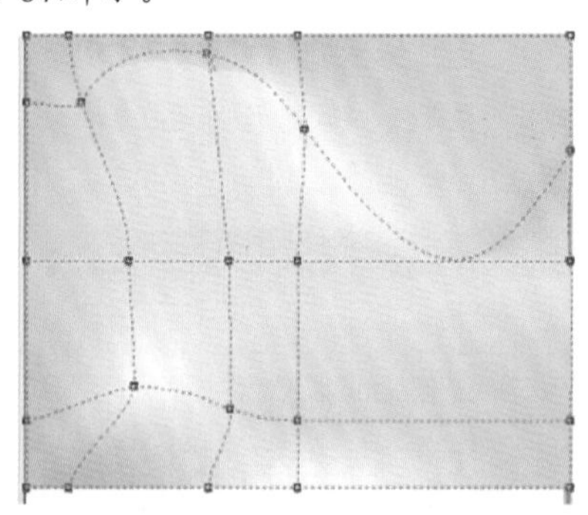

图6-67 调整后的填充效果

5. 按<Ctrl>+<I>键，将“图库\第06章”目录下名为“花纹.psd”的图片导入，然后将其调整大小后放置到图6-68所示的位置。

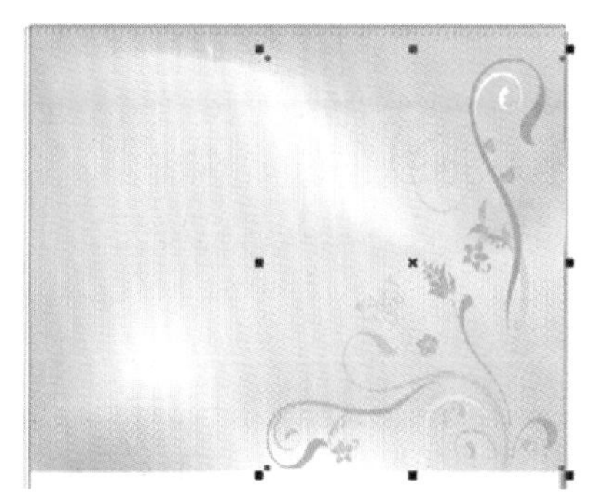

图6-68 图片放置的位置

6. 执行【文本】/【插入符号字符】命令，在弹出的【插入字符】泊坞窗中设置【字体】选项为“Webdings”，然后用鼠标拖曳滚动条来查找所需要的符号。
7. 将图6-69所示的符号选择，然后单击 插入(I) 按钮，将选择的符号插入画面，效果如图6-70所示。

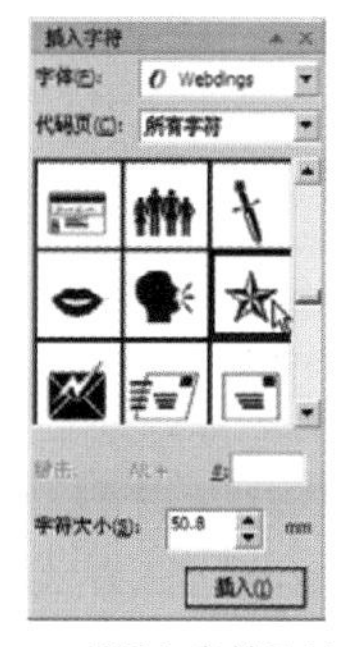

图6-69 【插入字符】泊坞窗

图6-70 插入的符号

8. 将插入符号的填充色修改为浅绿色（C:60, Y:100），然后用移动复制和缩放图形的方法，依次复制出不同大小的符号图形，如图6-71所示。

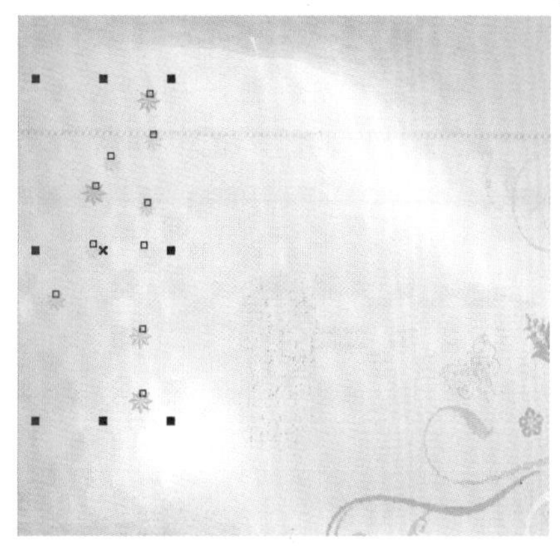

图6-71 复制出的图形

9. 按<Ctrl>+<I>键，将“图库\第06章”目录下名为“手机正面.psd”的图片导入，然后将其调整大小后放置到图6-72所示的位置。

图6-72 图片放置的位置

10. 按住<Ctrl>键，将鼠标光标放置到手机图片上方中间的控制点上，按住左键并向下拖曳鼠标，镜像后在不释放左键的情况下单击鼠标右键，将其垂直镜像复制，复制出的图片如图6-73所示。

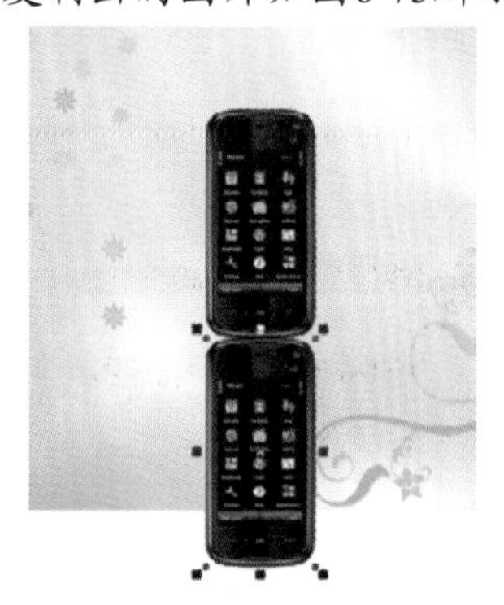

图6-73 镜像复制出的图片

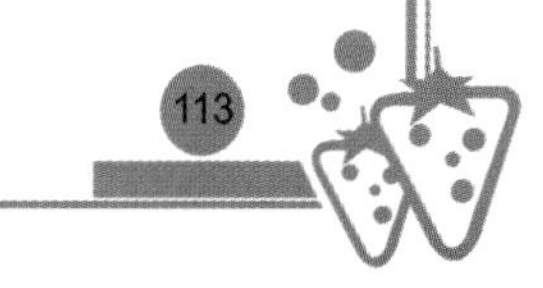

11. 选取工具，将鼠标光标移动到复制的手机图片的上方位置，按住鼠标左键并向下拖曳，为其添加图6-74所示的透明效果。

图6-74 添加透明后的图片效果

12. 将“手机背面.psd”的图片导入，然后用与步骤10～11相同的方法，制作出图6-75所示的倒影效果。

图6-75 制作出的倒影效果

13. 利用字工具，依次输入图6-76所示的绿色（C:100, M:20, Y:100）和黑色文字。

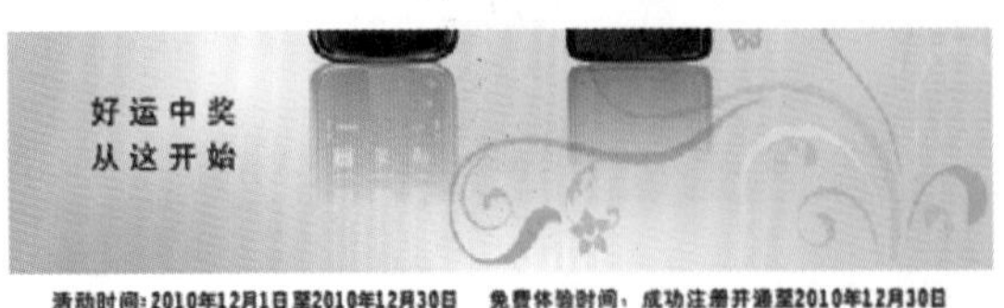

图6-76 输入的文字

14. 利用工具，绘制一浅绿色（C:60, Y:100）无外轮廓的矩形图形，然后将属性栏中 10.0 mm 10.0 mm 10.0 mm 10.0 mm 选项的参数都设置为“10”，将矩形图形调整为圆角矩形图形，效果如图6-77所示。

15. 利用字工具，输入图6-78所示的黑色文字。

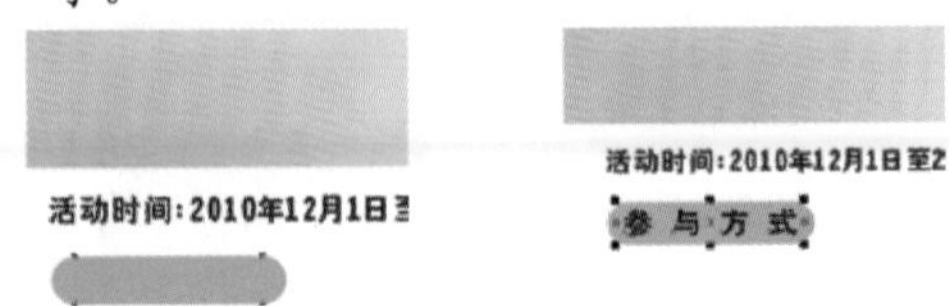

图6-77 绘制的圆角矩形　　图6-78 输入的文字

16. 选取字工具，在画面中按住鼠标左键并拖曳鼠标，绘制出图6-79所示的段落文本框，然后输入图6-80所示的黑色文字。

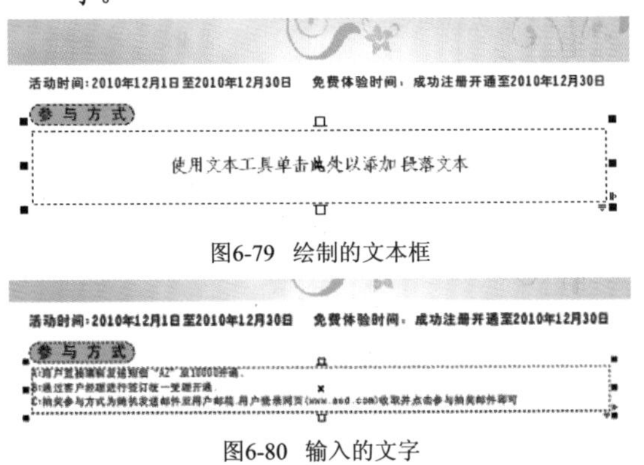

图6-79 绘制的文本框

图6-80 输入的文字

17. 将浅绿色圆角矩形图形垂直向下移动复制1个，然后利用字工具，输入图6-81所示的黑色文字。

图6-81 输入的文字

18. 执行【表格】/【创建表格】命令，弹出【创建新表格】对话框，设置各项参数

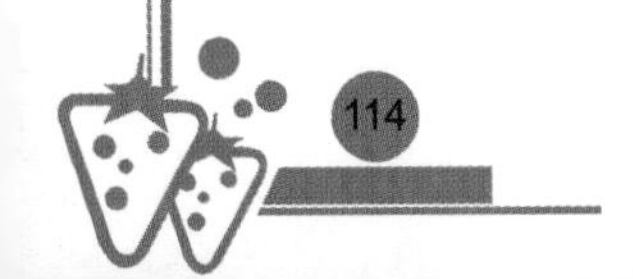

如图6-82所示。

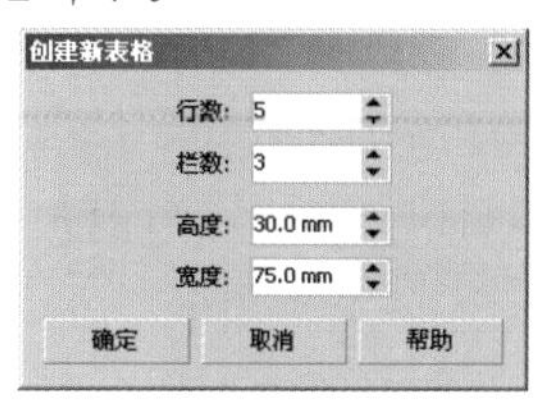

图6-82 【创建新表格】对话框

19. 单击 确定 按钮，创建的表格如图6-83所示。

20. 选取工具，用与6.2.2节绘制表格中步骤3～4相同的方法，将右侧2列单元格分别合并为1个单元格，效果如图6-84所示。

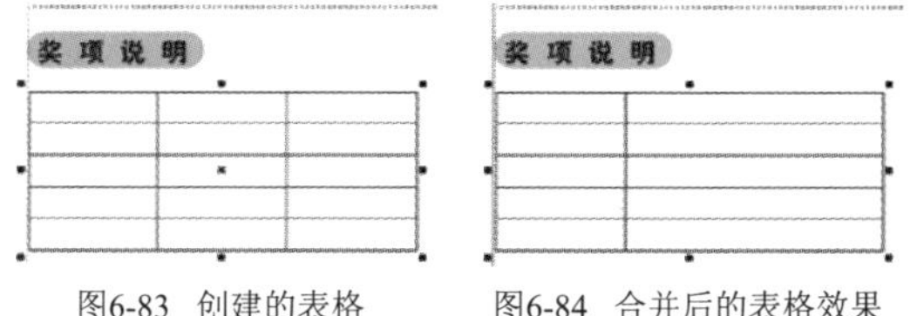

图6-83 创建的表格　　图6-84 合并后的表格效果

21. 将表格移动复制1个，并将复制出的表格水平向右移动至图6-85所示的位置。

图6-85 复制出的表格放置的位置

22. 用与6.2.2节步骤19相同的方法，为表格分别填充上淡绿色（C:30, Y:40）和淡紫色（C:10, M:25），然后用与6.2.2节步骤13～17相同的方法，依次输入图6-86所示的黑色文字。

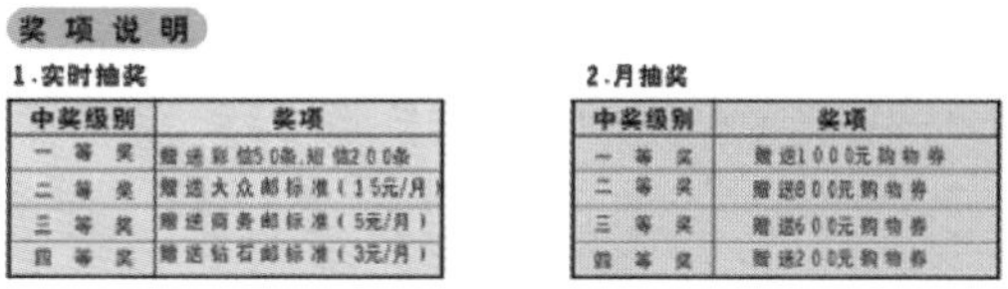

奖 项 说 明

1.实时抽奖

中奖级别	奖项
一 等 奖	赠送彩信50条，短信200条
二 等 奖	赠送大众邮标准（15元/月）
三 等 奖	赠送商务邮标准（5元/月）
四 等 奖	赠送钻石邮标准（3元/月）

2.月抽奖

中奖级别	奖项
一 等 奖	赠送1000元购物券
二 等 奖	赠送800元购物券
三 等 奖	赠送600元购物券
四 等 奖	赠送200元购物券

图6-86 输入的文字

23. 将浅绿色圆角矩形图形垂直向下移动复制1个，然后利用字工具，依次输入图6-87所示的黑色文字。

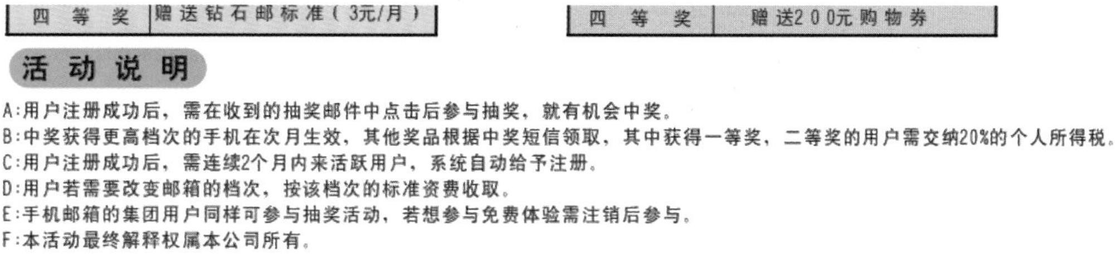

四 等 奖 赠送钻石邮标准（3元/月）　　四 等 奖 赠送200元购物券

活 动 说 明

A:用户注册成功后，需在收到的抽奖邮件中点击后参与抽奖，就有机会中奖。
B:中奖获得更高档次的手机在次月生效，其他奖品根据中奖短信领取，其中获得一等奖、二等奖的用户需交纳20%的个人所得税。
C:用户注册成功后，需连续2个月内来活跃用户，系统自动给予注册。
D:用户若需要改变邮箱的档次，按该档次的标准资费收取。
E:手机邮箱的集团用户同样可参与抽奖活动，若想参与免费体验需注销后参与。
F:本活动最终解释权属本公司所有。

图6-87 输入的文字

24. 利用工具，在页面的最下方绘制出图6-88所示的浅绿色（C:45, Y:90）无外轮廓的矩形图形。

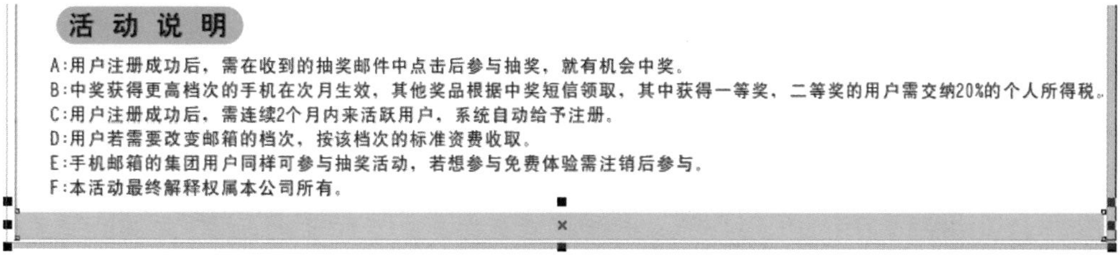

活 动 说 明

A:用户注册成功后，需在收到的抽奖邮件中点击后参与抽奖，就有机会中奖。
B:中奖获得更高档次的手机在次月生效，其他奖品根据中奖短信领取，其中获得一等奖、二等奖的用户需交纳20%的个人所得税。
C:用户注册成功后，需连续2个月内来活跃用户，系统自动给予注册。
D:用户若需要改变邮箱的档次，按该档次的标准资费收取。
E:手机邮箱的集团用户同样可参与抽奖活动，若想参与免费体验需注销后参与。
F:本活动最终解释权属本公司所有。

图6-88 绘制的矩形图形

至此，手机广告已设计完成，其整体效果如图6-63所示。

25. 按<Ctrl>+<S>键，将文件命名为“设计手机广告.cdr”保存。

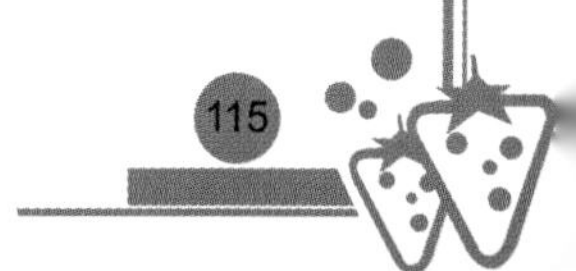

6.4 课后作业

1. 灵活运用本章学过的【表格】工具▦、【文本】工具字和前面学过的【图样填充】工具▩绘制出图6-89所示的个性课程表。

图6-89 绘制的个性课程表

2. 主要利用【文本】工具及【文本】/【使文本适合路径】命令来设计图6-90所示的手机广告。

图6-90 设计的手机广告

第7章 常用菜单命令

本章主要讲解CorelDRAW X5中的一些常用菜单命令的应用，主要包括视图菜单下的标尺、网格和辅助线设置，以及效果菜单下的【透镜】、【添加透视】及【图框精确剪裁】等命令。这些命令是工作过程中最基本、最常用的，将这些命令熟练掌握也是进行图形绘制及效果制作的关键。

【本章课时】

本章课时为3小时。

【教学目标】

- 掌握标尺、网格和辅助线的设置方法。
- 掌握辅助线的应用。
- 熟悉【透镜】命令的运用。
- 掌握制作透视效果的方法。
- 掌握【图框精确剪裁】命令的运用。

7.1 标尺、网格和辅助线

视图菜单下的标尺、网格和辅助线命令是在CorelDRAW中绘制图形的辅助工具，在绘制和移动图形时，利用这3个命令可以帮助用户精确地对图形进行定位和对齐。

7.1.1 功能讲解

下面分别来讲解标尺、网格和辅助线的有关内容。

一、 标尺

标尺的用途就是给当前图形一个参照，用于度量图形的尺寸，同时对图形进行辅助定位，使图形的设计更加方便、准确。

（1）显示与隐藏标尺

执行【视图】/【标尺】命令，即可将标尺显示。当标尺处于显示状态时，执行此命令，可将其隐藏。

（2）移动标尺

- 按住<Shift>键，将鼠标指针移动到水平标尺或垂直标尺上，按下鼠标左键并拖曳，即可移动标尺的位置。
- 按住<Shift>键，将鼠标指针移动到水平标尺和垂直标尺相交图图标上，按下鼠标左键并拖曳，可以同时移动水平和垂直标尺的位置。

当标尺在绘图窗口中移动位置后，按住<Shift>键，双击标尺或水平标尺和垂直标尺相交的图图标，可以恢复标尺在绘图窗口中的默认位置。

（3）更改标尺的原点

将鼠标指针移动到水平标尺和垂直标尺相交的图图标上，按下鼠标左键沿对角线向下拖曳。此时，跟随鼠标指针会出现一组十字线，释放鼠标后，标尺上的新原点就出现在刚才释放鼠标的位置。移动标尺的原点后，双击图图标，可将标尺原点还原到默认位置。

二、 网格

网格是由显示在屏幕上的一系列相互交叉的虚线构成的，利用它可以精确地在图形之间、图形与当前页面之间进行定位。

（1）显示与隐藏网格

执行【视图】/【网格】命令，即可将网格在绘图窗口中显示，当再次执行此命令，即可将网格隐藏。

（2）网格的间距设置

执行【视图】/【设置】/【网格和标尺设置】命令，在弹出的【选项】对话框中，设置右侧【自定义网格】选项下的参数，可以设置水平和垂直方向上每毫米网格的数量或网格之间的距离（单位为毫米）。参数设置完成后，单击 确定(O) 按钮，参数设置就会反映在显示的网格上。

三、 辅助线

利用辅助线也可以帮助用户准确地对图形进行定位和对齐。在系统默认状态下，辅助线是浮在整个图形上不可打印的线。

（1）显示与隐藏辅助线

执行【视图】/【辅助线】命令，即可将添加的辅助线在绘图窗口中显示，当再次执行此命令，即可将辅助线隐藏。

（2）添加辅助线

执行【视图】/【设置】/【辅助线设置】命令，然后在弹出【选项】对话框的左侧窗口中选择【水平】或【垂直】选项。在【选项】对话框右侧上方的文本框中输入相应的参数后，单击 添加(A) 按钮，然后再单击 确定(O) 按钮，即可添加一条辅助线。

利用以上的方法可以在绘图窗口中精确地添加辅助线。如果不需太精确，可将鼠标指针移动到水平或垂直标尺上，按下鼠标左键并向绘图窗口中拖曳，这样可以快速地在绘图窗口中添加一条水平或垂直的辅助线。

（3）移动辅助线

利用工具在要移动的辅助线上单击，

将其选择（此时辅助线显示为红色），当鼠标指针显示为双向箭头时，按下鼠标左键并拖曳，即可移动辅助线的位置。

（4）旋转辅助线

将添加的辅助线选择，并在选择的辅助线上再次单击，将出现旋转控制柄，将鼠标指针移动到旋转控制柄上，按下鼠标左键并旋转，可以将添加的辅助线进行旋转。

（5）删除辅助线

将需要删除的辅助线选择，然后按<Delete>键；或在需要删除的辅助线上单击鼠标右键，并在弹出的右键菜单中选择【删除】命令，也可将选择的辅助线删除。

7.1.2 范例解析——添加辅助线

灵活运用辅助线的设置及应用绘制出图7-1所示的伞图形。

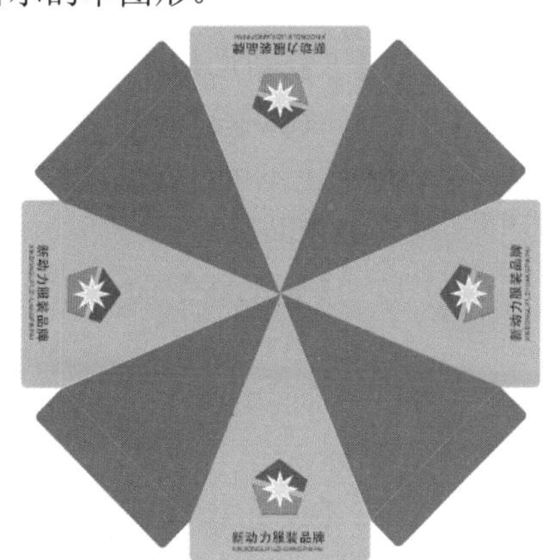

图7-1 绘制的伞图形

首先在页面中添加辅助线，然后根据添加的辅助线绘制出单个伞片图形，依次旋转复制，即可绘制出太阳伞图形。具体操作方法如下。

1. 新建一个页面宽度和高度都为“200mm”的图形文件，然后执行【视图】/【设置】/【辅助线设置】命令，弹出【选项】对话框。
2. 单击左侧列表中的【水平】选项，然后在右侧【水平】选项下方的文本框中输入“100”，如图7-2所示。

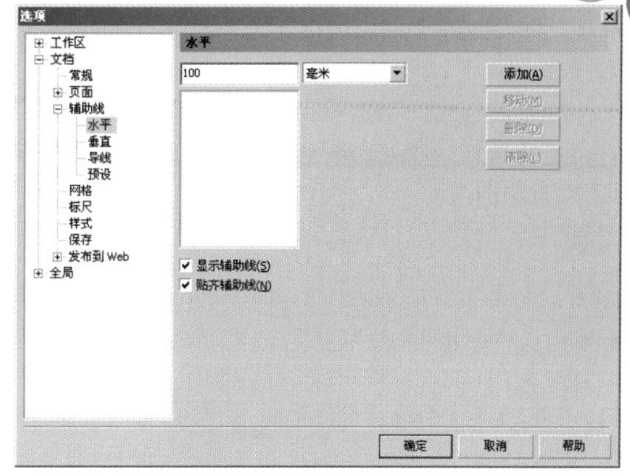

图7-2 输入的数值

3. 单击 添加(A) 按钮，即可在页面中添加一条水平的辅助线。
4. 在【选项】对话框中，单击左侧列表中的【垂直】选项，然后用与步骤2～3相同的方法，在页面中添加一条垂直的辅助线，单击 确定 按钮，添加的辅助线如图7-3所示。

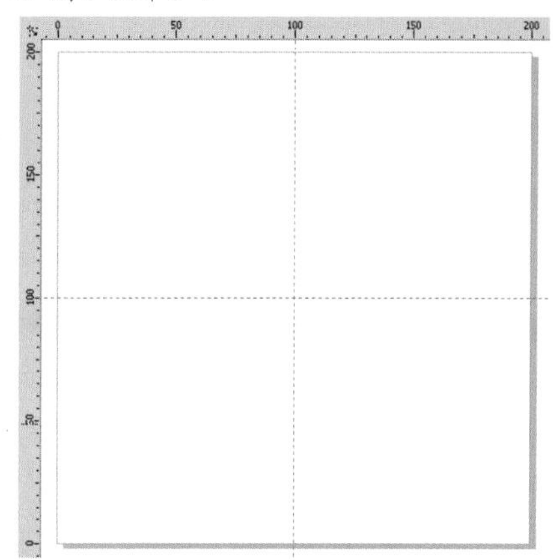

图7-3 添加的辅助线

5. 选取工具，按住<Shift>键，将鼠标光标移动到水平方向的辅助线上，当鼠标光标显示为上下的双向箭头时单击，使两条辅助线都显示为红色，即将两条辅助线同时选择。
6. 按键盘数字区中的<+>键，将辅助线复制，然后将属性栏中 45.0 选项的参数设置为“45”，复制辅助线旋转角度后的效果如图7-4所示。

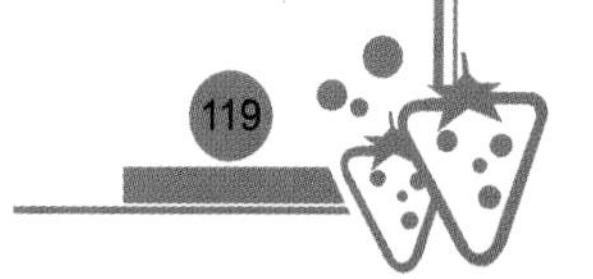

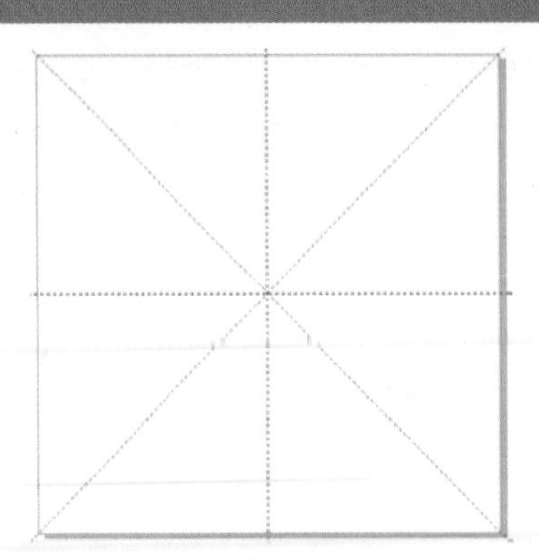
图7-4 复制出的辅助线

7. 按住<Shift>键，依次单击水平和垂直辅助线，将4条辅助线同时选择，然后将属性栏中 22.5 ° 的选项参数设置为“22.5”，辅助线旋转后的形态如图7-5所示。

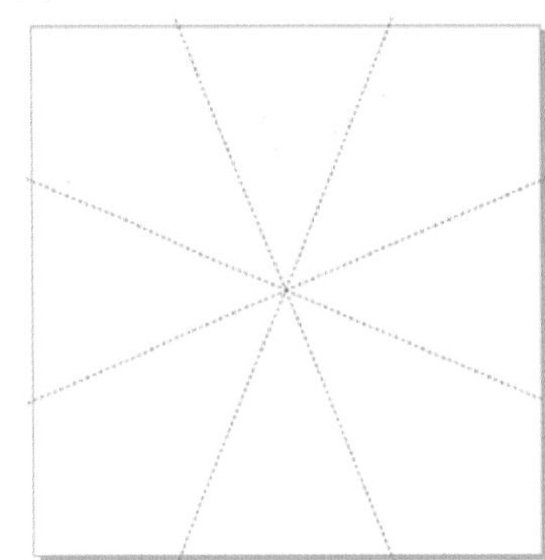
图7-5 辅助线旋转后的形态

8. 执行【视图】/【贴齐辅助线】命令，启用该功能。如该命令前有选中图标，可不执行此操作。

9. 选取工具，根据添加的辅助线绘制出图7-6所示的倒三角图形。

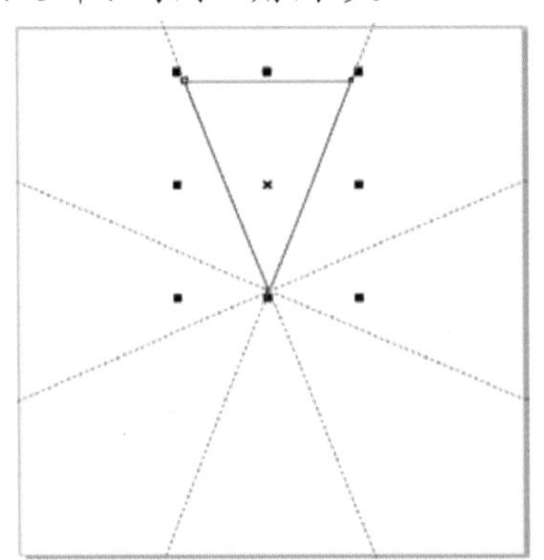
图7-6 绘制的倒三角图形

10. 为绘制的图形填充天蓝色（C:55），然后去除外轮廓。

11. 选取工具，将鼠标光标移动到三角形图形的左上角位置按下并拖曳，绘制出图7-7所示的矩形图形。

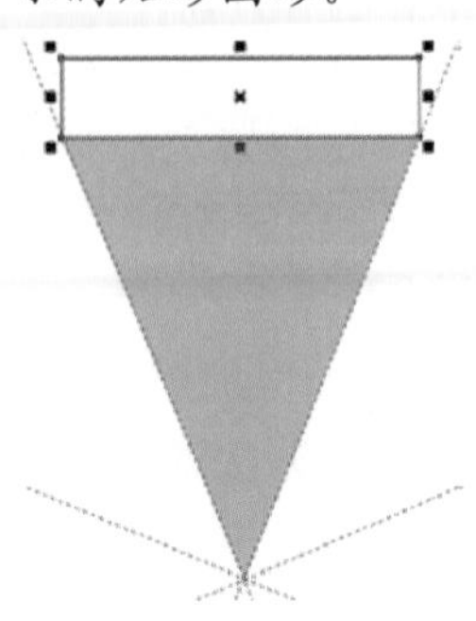
图7-7 绘制的矩形图形

12. 激活属性栏中的按钮，然后单击【圆角半径】选项中间的按钮，将锁定取消，再分别设置【圆角半径】选项的参数为 2.0 mm .0 mm 2.0 mm .0 mm。

13. 执行【编辑】/【复制属性自】命令，在弹出的【复制属性】对话框中分别勾选图7-8所示的选项。

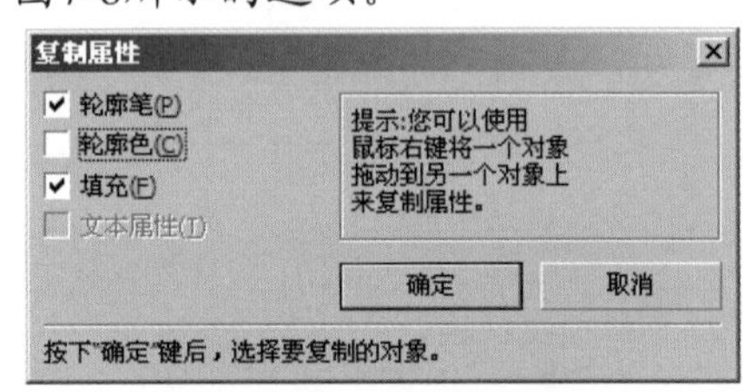

图7-8 【复制属性】对话框

14. 单击 确定 按钮，然后将鼠标光标移动到三角形图形上单击，为圆角矩形复制三角形图形的填充色并去除外轮廓，效果如图7-9所示。

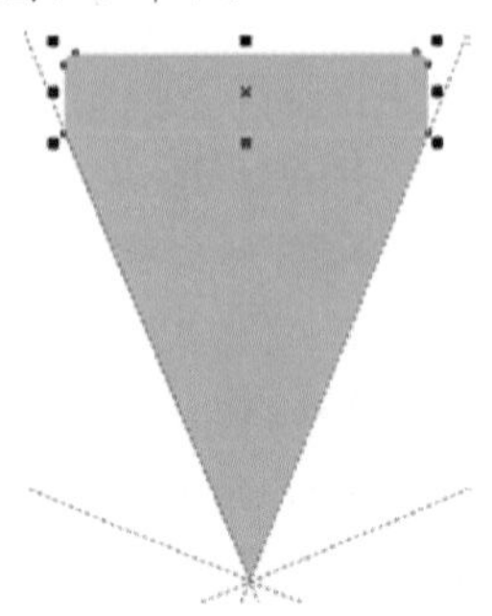
图7-9 复制属性后的效果

15. 将圆角矩形图形和三角形图形同时选择，单击属性栏中的按钮群组。
16. 在群组图形上再次单击，使其出现旋转和扭曲符号，然后将旋转中心向下调整至辅助线的交点位置，如图7-10所示。

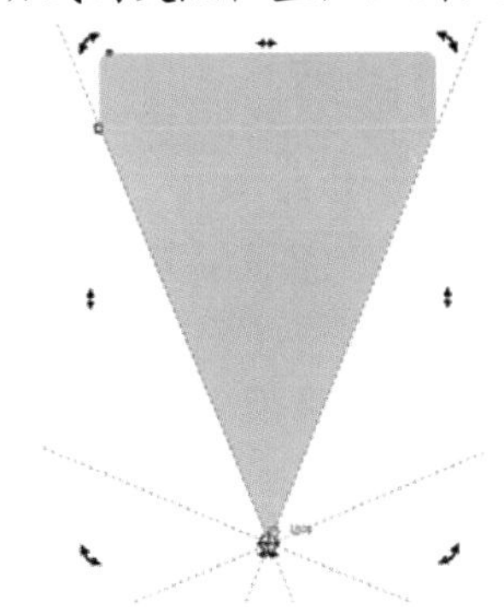

图7-10 旋转中心调整后的位置

17. 将鼠标光标移动到右上角的旋转符号处，按下并向下拖曳，按住<Ctrl>键，图形旋转跳跃一次后，在不释放鼠标左键的情况下单击鼠标右键，旋转复制群组图形。
18. 将复制出图形的填充色修改为深蓝色（C:90, M:50），如图7-11所示。

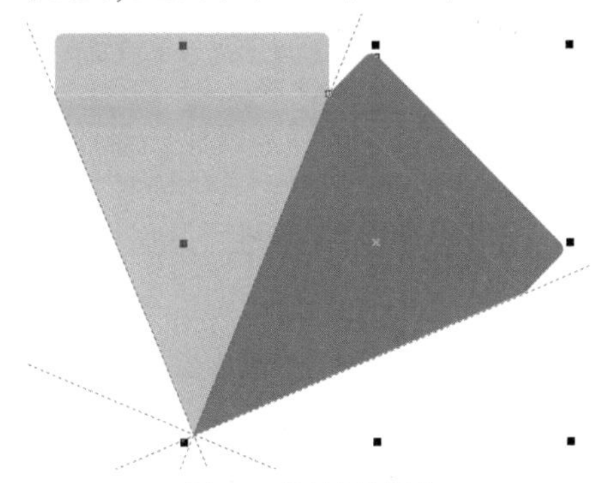

图7-11 复制出的图形

19. 按<Ctrl>+<I>组合键，将“图库\第07章”目录下名为“标志.cdr”的文件导入，然后按<Ctrl>+<U>组合键取消标志的群组。
20. 选择标志图形，单击属性栏中的按钮，将其在垂直方向上镜像，然后调整至合适的大小移动到图7-12所示的位置。

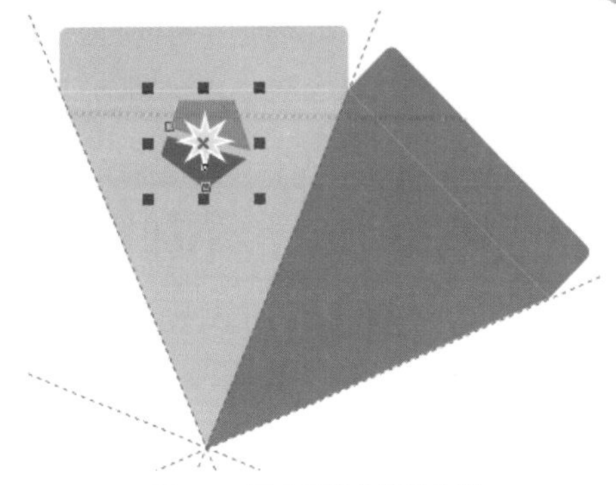

图7-12 标志图形放置的位置

21. 选择文字，将其旋转180°，然后调整至图7-13所示的大小及位置。

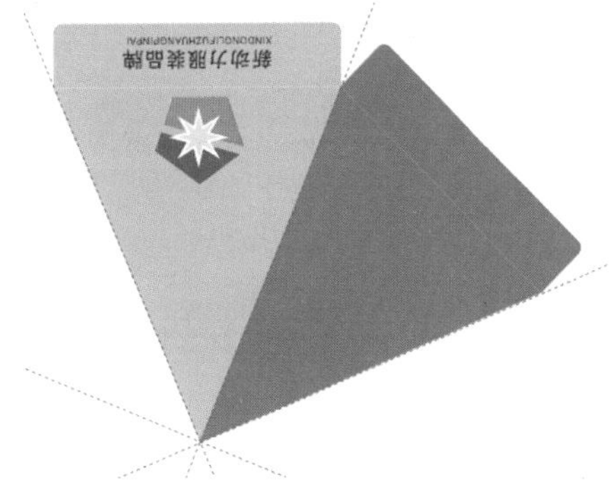

图7-13 文字调整后的大小及位置

22. 双击工具，将所有图形及文字同时选择，然后按<Ctrl>+<G>组合键群组。
23. 用与步骤16～17相同的旋转复制图形操作，将群组图形旋转复制，然后依次按两次<Ctrl>+<R>组合键，重复复制图形，最终效果如图7-14所示。

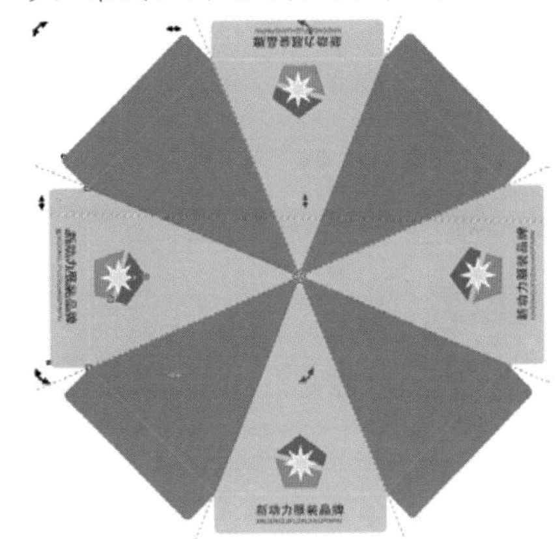

图7-14 复制出的图形

24. 执行【视图】/【辅助线】命令，将辅助

线隐藏，即可完成太阳伞的制作。

25. 按<Ctrl>+<S>组合键，将此文件命名为“太阳伞.cdr”保存。

7.1.3 课堂实训——添加裁切线

下面灵活运用【辅助线设置】命令为设计的化妆品广告添加裁切线，如图7-15所示。

图7-15 添加的裁切线

【步骤提示】

1. 将“作品\第06章”目录下名为“化妆品广告.cdr”的文件打开。
2. 选择最下方的白色矩形，观察其大小为 376.0 mm 266.0 mm，由于裁切线的位置最好位于距作品各边缘的3mm位置处，因此得出辅助线的位置分别如图7-16所示。

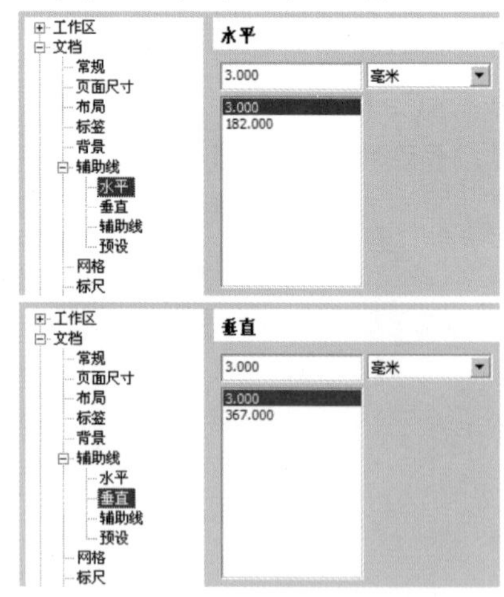

图7-16 设置的辅助线位置

3. 选择工具，根据添加的辅助线绘制裁切线，然后将其依次复制，制作出其他各边的裁切线即可。

7.2 效果菜单命令

本节来分别讲解效果菜单下的【透镜】命令、【添加透视】命令和【图框精确剪裁】命令的使用方法。

7.2.1 功能讲解

利用【透镜】命令可以改变位于透镜下面的图形或图像的显示方式，而不会改变其原有的属性；利用【添加透视】命令可以给矢量图形制作各种形式的透视形态；利用【图框精确剪裁】命令可以将图形或图像置于指定的图形或文字中，使其产生蒙版效果，并可以对其进行提取或编辑。

一、【透镜】命令

CorelDRAW X5共提供了11种透镜效果。图形应用不同的透镜样式时，产生的特殊效果对比如图7-17所示。

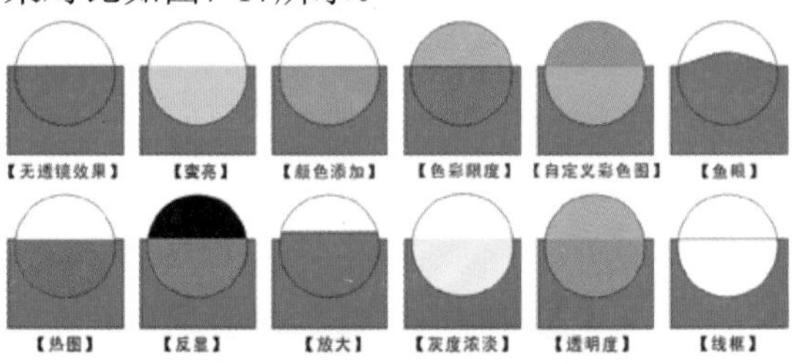

图7-17 应用不同透镜样式后的图形效果对比

【透镜】泊坞窗如图7-18所示，其中各选项和按钮的含义分别如下。

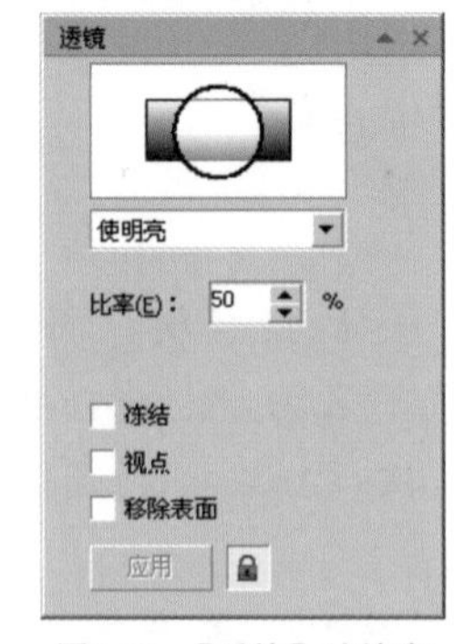

图7-18 【透镜】泊坞窗

- 【冻结】选项：可以固定透镜中当前的内容。当再移动透镜图形时，不会改变其显示的内容。

- 【视点】选项：可以在不移动透镜的前提下显示透镜下面图形的一部分。
- 【移除表面】选项：透镜只显示它覆盖其他图形的区域，而不显示透镜所覆盖的空白区域。
- 按钮：单击此按钮，该按钮将显示为状态，且前面的 应用 按钮即变的可用。单击 应用 按钮，可将设置的透镜效果添加到图形或图像中。在按钮上单击使其显示状态。所设置的透镜效果将直接添加到图形或图像中，无须再单击 应用 按钮。

二、【添加透视】命令

【添加透视】命令的使用方法非常简单，首先将要添加透视点的图形选择，然后执行【效果】/【添加透视】命令，此时在选择的图形上即会出现红色的虚线网格，且当前使用的工具会自动切换为工具。将鼠标指针移动到网格的角控制点上，按住鼠标左键拖曳，即可对图形进行任意角度的透视变形调整。

三、【图框精确剪裁】命令

【图框精确剪裁】命令的使用方法为：确认绘图窗口中有导入的图像及作为容器的图形存在，然后利用工具将图像选择，执行【效果】/【图框精确剪裁】/【放置在容器中】命令，此时鼠标指针将显示为➡形状，将鼠标指针放置在绘制的图形上单击，释放鼠标左键后，即可将选择的图像放置到指定的图形中。

在想要放置到容器内的图像上按下鼠标右键，然后向作为容器的图形上拖曳，当鼠标指针显示为形状时释放，在弹出的菜单中选择【图框精确剪裁内部】命令，也可将图像放置到指定的容器内。如果容器是文字也可以，只是当鼠标指针显示为A形状时释放。

（1）精确剪裁效果的编辑

默认状态下，执行【图框精确剪裁】命令是将选取的图像放置在容器的中心位置。当选取的图像比容器小时，图像将不能完全覆盖容器；当选取的图像比容器大时，在容器内只能显示图像中心的局部位置，并不能一步达到想要的效果，此时可以进一步对置入容器内的图像进行位置、大小以及旋转等编辑，来达到想要的效果。具体操作如下。

1. 选择需要编辑的图框精确剪裁图形，执行【效果】/【图框精确剪裁】/【编辑内容】命令。此时，图框精确剪裁容器内的图形将显示在绘图窗口中，其他图形将在绘图窗口中隐藏。
2. 按照需要来调整容器内的图片，如大小、位置或方向等。
3. 调整完成后，执行【效果】/【图框精确剪裁】/【结束编辑】命令，或者单击绘图窗口左下角的 完成编辑对象 按钮，即可应用编辑后的容器效果。

如果需要将放置到容器中的内容与容器分离，可以执行【效果】/【图框精确剪裁】/【提取内容】命令，就可以将放置入容器中的图像与容器分离，使容器和图片恢复为以前的形态。

（2）锁定与解锁精确剪裁内容

在默认的情况下，执行【图框精确剪裁】命令后，图像内容是自动锁定到容器上的，这样可以保证在移动容器时，图像内容也能同时移动。将鼠标指针移动到精确剪裁图形上单击鼠标右键，在弹出的右键菜单中选择【锁定图框精确剪裁的内容】命令，即可将精确剪裁内容解锁，再次执行此命令，即可锁定精确剪裁内容。

当精确剪裁的内容是非锁定状态时，如果移动精确剪裁图形，则只能移动容器的位置，而不能移动容器内容的图像位置。利用这种方法可以方便地改变容器相对于图像内容的位置。

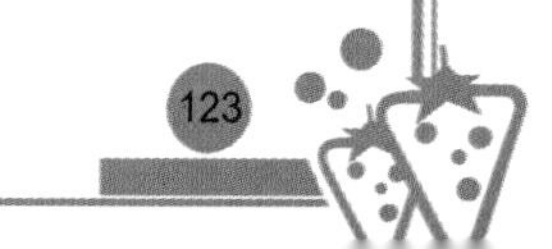

7.2.2 范例解析——设计候车亭广告

本节主要利用【添加透视】命令和【图框精确剪裁】命令来设计图7-19所示的候车亭广告。

图7-19 设计的候车亭广告

【步骤提示】

1. 新建一个图形文件，利用□工具绘制矩形，然后为其自左向右填充由黄色到红色的线性渐变色。
2. 灵活运用□和□工具绘制出图7-20所示的图形，其填充色可参见作品，也可自行设置。

图7-20 绘制的图形

3. 用在7.1.2节中学习的旋转复制操作绘制出图7-21所示的图形，其填充色为淡黄色（Y:20）。
4. 将步骤3中绘制的图形选择并群组，然后调整至图7-22所示的大小及位置。

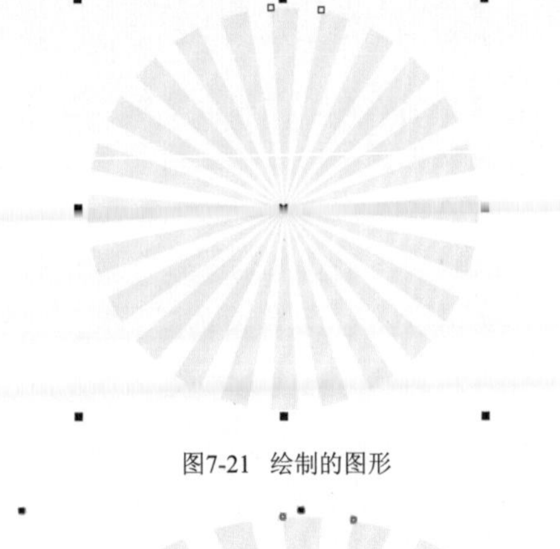

图7-21 绘制的图形

图7-22 调整的形态

5. 利用□工具为图形添加图7-23所示的交互式透明效果，然后根据最下方矩形的大小再绘制一个相同大小的矩形。

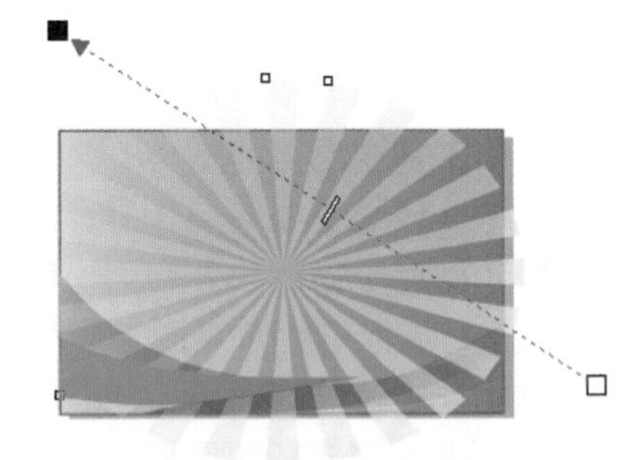

图7-23 添加的交互式透明效果

6. 选择添加透明效果的图形，执行【效果】/【图框精确剪裁】/【放置在容器中】命令，当鼠标指针显示为➡形状时，将鼠标指针放置在绘制的矩形图形上单击，释放鼠标左键后，即可将选择的图形置入矩形图形中，如图7-24所示。

图7-24 置入矩形中的效果

7. 依次按<Shift>+<PageDown>组合键，将置入图形后的矩形调整至最下方矩形的上面、其他图形的后面。
8. 按<Ctrl>+<I>组合键，将“图库\第07章”目录下名为“红飘带.psd”和“汉堡包.psd”的图片文件导入，调整大小后分别放置到图7-25所示的位置。

图7-25 置入的图片

9. 将“汉堡包”图片向左上方移动复制，并将复制出的图形缩小调整，然后将两个“汉堡包”图片调整至下方图形的后面，效果如图7-26所示。

图7-26 调整堆叠顺序后的效果

10. 利用字工具输入图7-27所示的文字，注意各文字颜色及字体的设置。

图7-27 输入的文字

11. 选择上面一行文字，然后利用【添加透视】命令将其调整至图7-28所示的形态。

图7-28 变形后的形态

12. 选择下面一行文字，利用【添加透视】命令将其调整至图7-29所示的形态。

图7-29 文字调整后的透视形态

13. 利用工具绘制红色的五角星形，然后利用工具为其添加到中心的轮廓图效果，轮廓图的填充色为黄色，如图7-30所示。

图7-30 制作的轮廓图效果

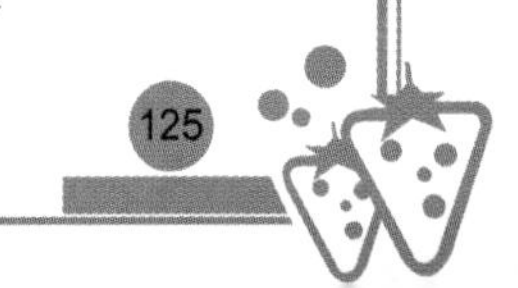

14. 用与步骤13相同的方法，依次制作出图7-31所示的五角星图形，然后将其同时选择并群组。

图7-31 绘制出的五角星图形

15. 将群组的五角星图形向下方移动复制，调整大小后放置到图7-32所示的左下角位置。
16. 利用□工具绘制出图7-33所示的矩形，然后将复制出的群组星形图形置入矩形中，并将矩形的外轮廓去除。

图7-32 复制出的星形

图7-33 绘制的矩形

17. 至此，候车亭广告设计完成，按<Ctrl>+<S>组合键，将此文件命名为"候车亭广告.cdr"保存。

7.2.3 课堂实训——书籍装帧

灵活运用前面学过的工具及本章学习的【图框精确剪裁】命令和【添加透视】命令进行书籍装帧设计，效果如图7-34所示。

【步骤提示】

1. 新建图形文件，灵活运用前面学过的工具设计出图7-35所示的书籍封面效果。

图7-34 书籍装帧效果

图7-35 设计的封面效果

2. 将封面图形全部选择并移动复制，然后将复制出的图形群组，并利用【添加透视】命令将其调整至图7-36所示的形态。
3. 将侧面图形选择并移动复制，然后将复制出的图形群组，并利用【添加透视】命令对其进行调整，效果如图7-37所示。

图7-36 变形后的形态

图7-37 变形后的形态

4. 利用工具依次绘制黑色和灰色（K:70）的图形，制作出书籍封底及书的厚度，即可完成书籍装帧设计，注意【排列】/【顺序】命令的灵活运用。

7.3 综合案例——包装设计

本节综合运用各种工具按钮及菜单命令来设计图7-38所示的咖啡包装平面展开图。

图7-38 设计的包装平面展开图

【步骤提示】

在设计包装平面展开图之前，首先根据包装盒要求的尺寸添加辅助线。

1. 新建一个图形文件。
2. 执行【布局】/【页面设置】命令，在弹出的【选项】对话框中设置各选项如图7-39所示，然后单击 确定 按钮。

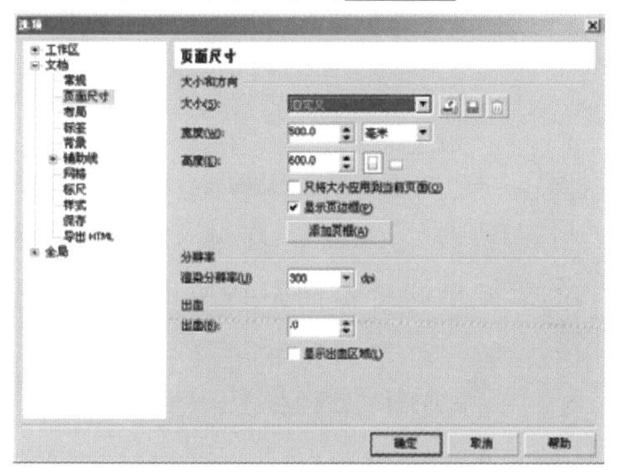

图7-39 【选项】对话框

3. 执行【视图】/【设置】/【辅助线设置】命令，在弹出的【选项】对话框左侧栏中单击【水平】选项，然后在右侧【水平】下方的文本框中输入“16.5”，如图7-40所示。

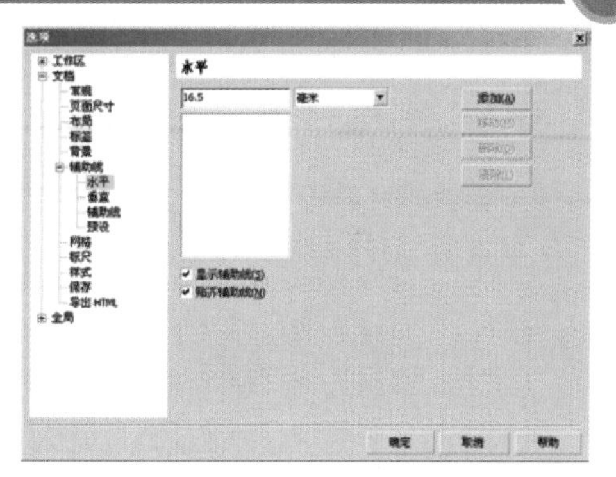

图7-40 设置的水平辅助线位置参数

4. 单击 添加(A) 按钮，在绘图窗口中水平方向的“3mm”位置处添加一条辅助线。
5. 用与步骤3～4相同的方法，分别设置水平和垂直辅助线参数如图7-41所示。

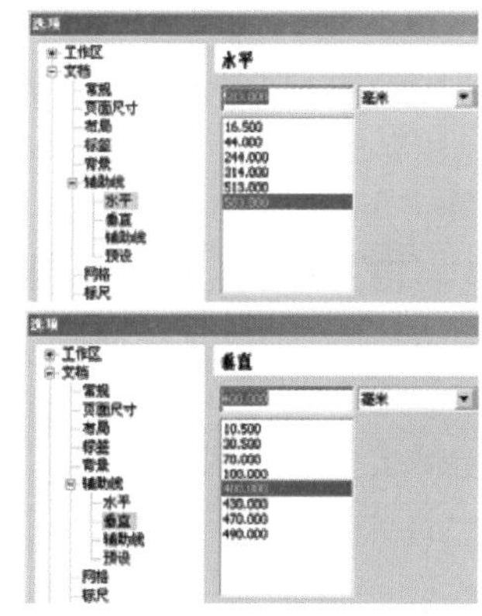

图7-41 设置的辅助线参数

6. 单击 确定 按钮，添加的辅助线如图7-42所示，然后利用□工具，根据添加的辅助线绘制出图7-43所示的矩形图形。

图7-42 添加的辅助线

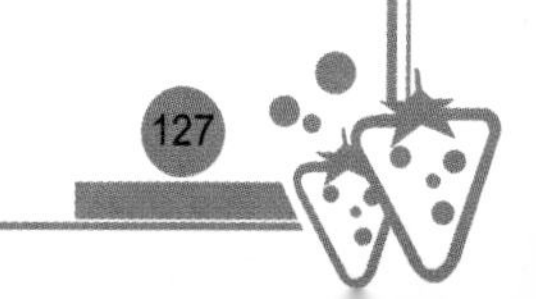

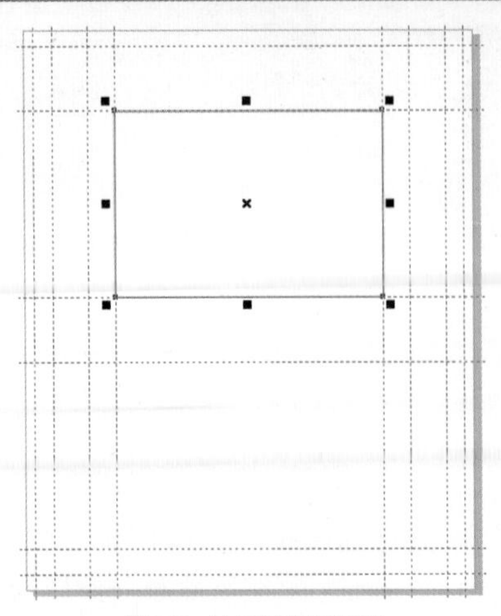

图7-43 绘制的矩形图形

7. 选取工具，弹出【渐变填充】对话框，设置各项参数如图7-44所示，然后单击 确定 按钮，填充渐变色后的图形效果如图7-45所示。

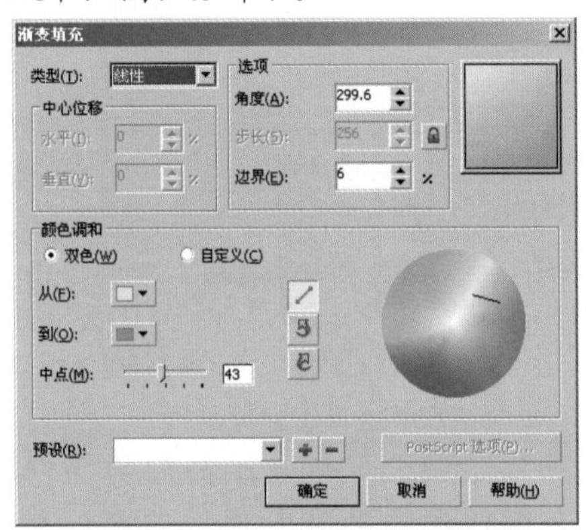

图7-44 【渐变填充】对话框

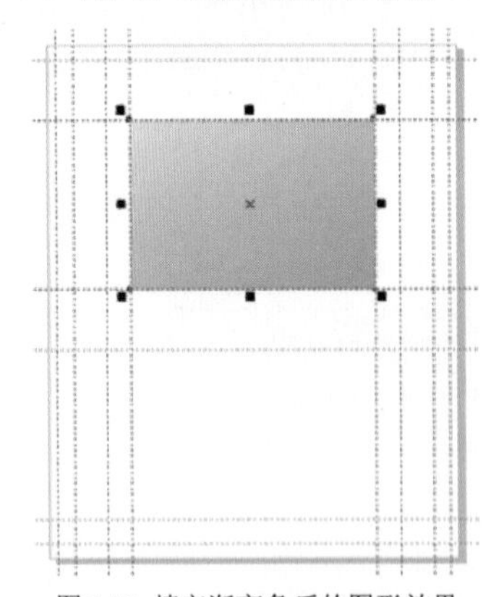

图7-45 填充渐变色后的图形效果

8. 利用工具，在矩形图形的左上角绘制出图7-46所示的三角形图形。

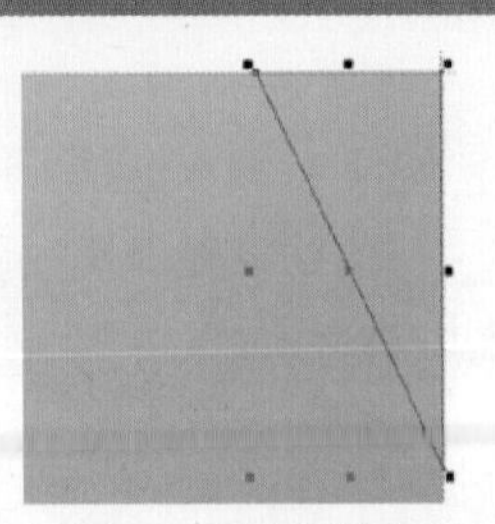

图7-46 绘制的图形

9. 选取工具，弹出【渐变填充】对话框，设置各项参数如图7-47所示。

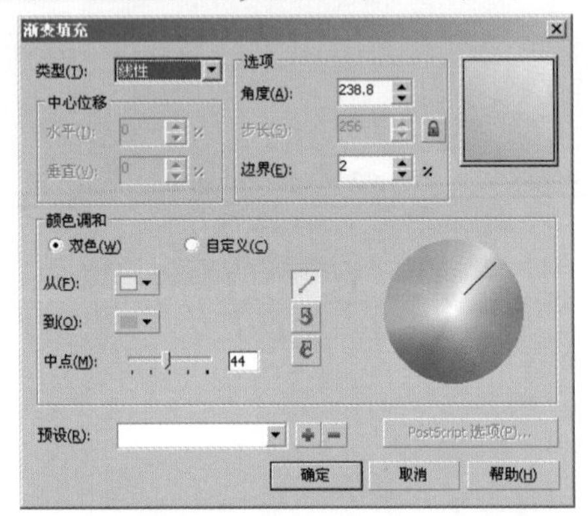

图7-47 【渐变填充】对话框

10. 单击 确定 按钮，填充渐变色后的图形效果如图7-48所示。

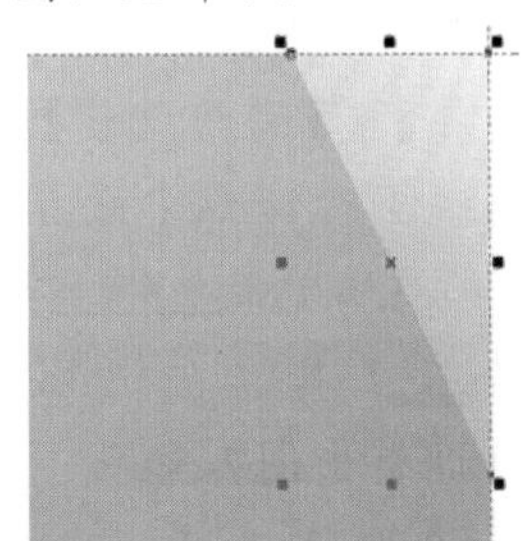

图7-48 填充渐变色后的图形效果

11. 利用和工具，在矩形图形的左上角绘制并调整出图7-49所示的不规则图形。

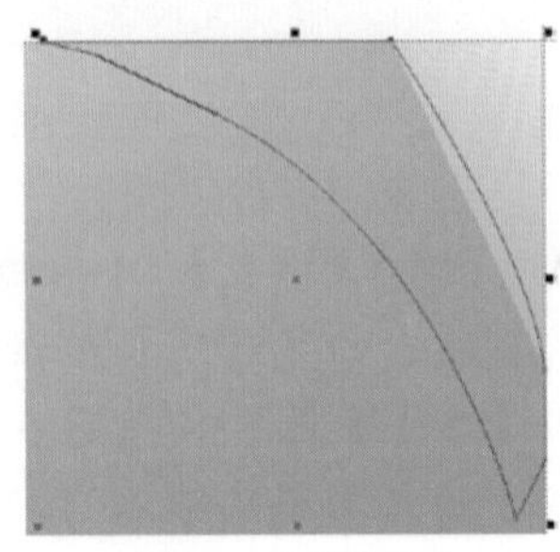

图7-49 绘制的图形

12. 选取工具，弹出【渐变填充】对话框，设置各项参数如图7-50所示，然后单击 确定 按钮，填充渐变色后的图形效果如图7-51所示。

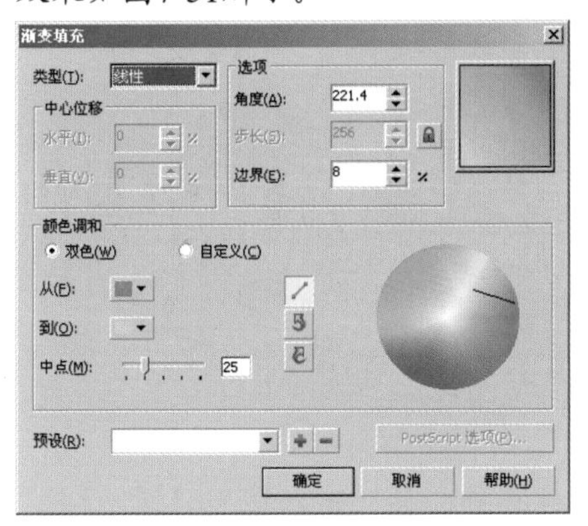

图7-50 【渐变填充】对话框

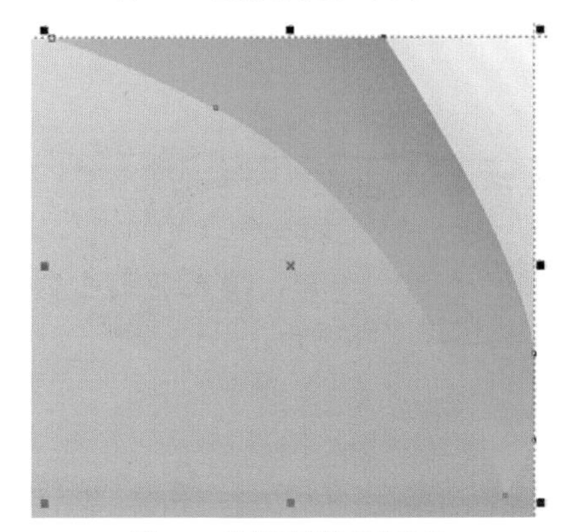

图7-51 填充渐变色后的效果

13. 利用和工具，在矩形图形的左上角绘制并调整出图7-52所示的不规则图形，然后选取工具，弹出【渐变填充】对话框，设置各项参数如图7-53所示。

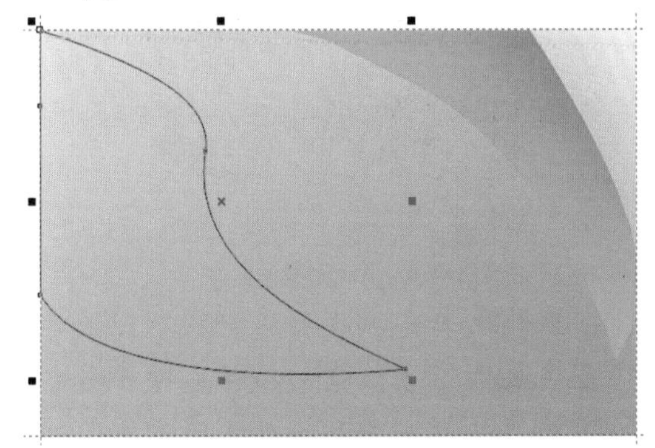

图7-52 绘制的图形

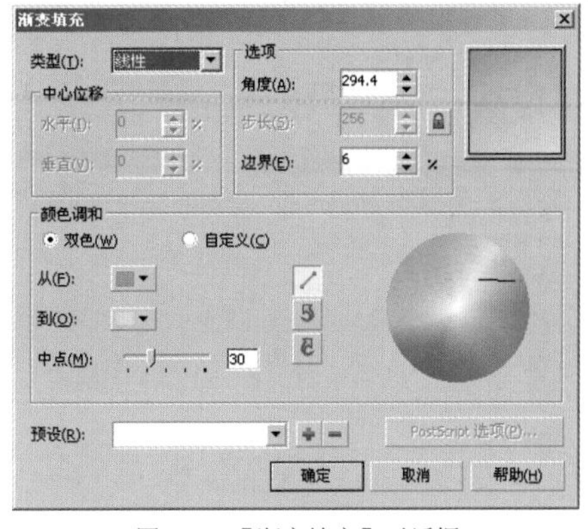

图7-53 【渐变填充】对话框

14. 单击 确定 按钮，填充渐变色后的图形效果如图7-54所示。

15. 利用和工具，在矩形图形的左上角绘制并调整出图7-55所示的不规则图形。

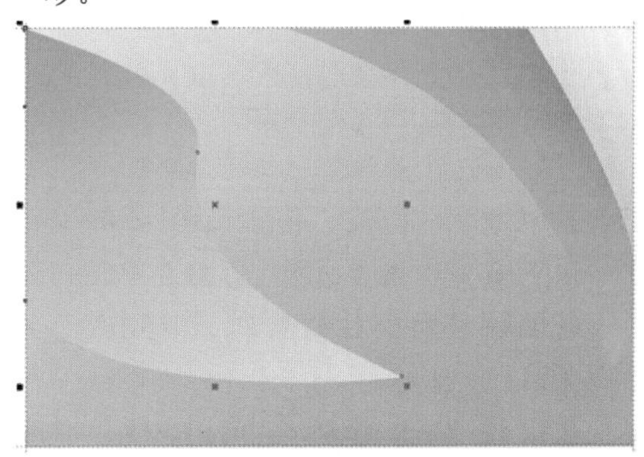

图7-54 填充渐变色后的图形效果

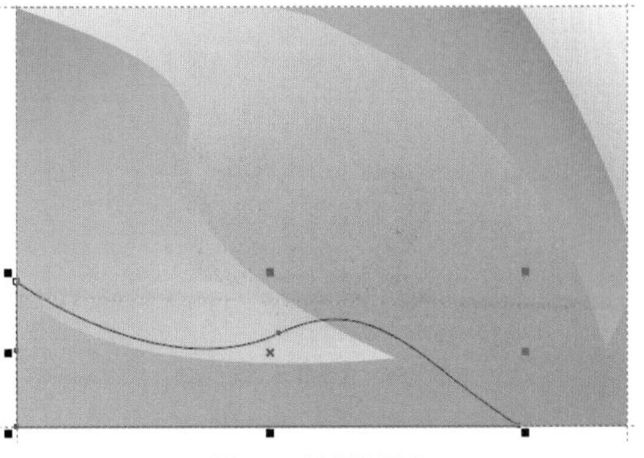

图7-55 绘制的图形

16. 选取工具，弹出【渐变填充】对话框，设置各项参数如图7-56所示，然后单击 确定 按钮，填充渐变色后的图形效果如图7-57所示。

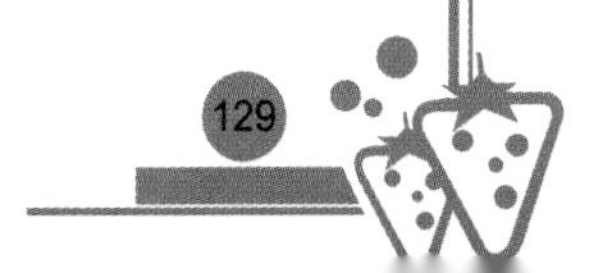

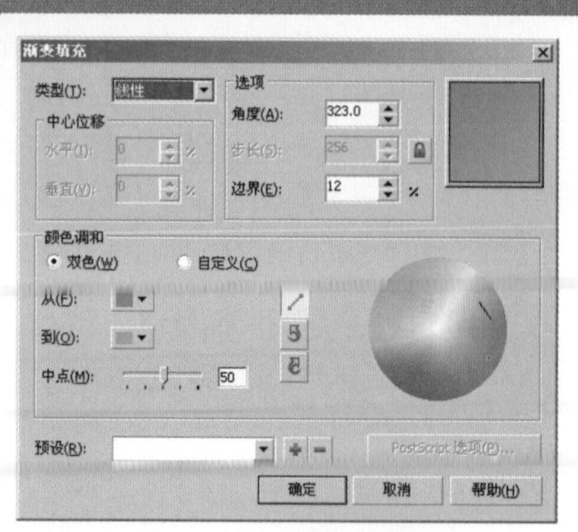

图7-56 【渐变填充】对话框

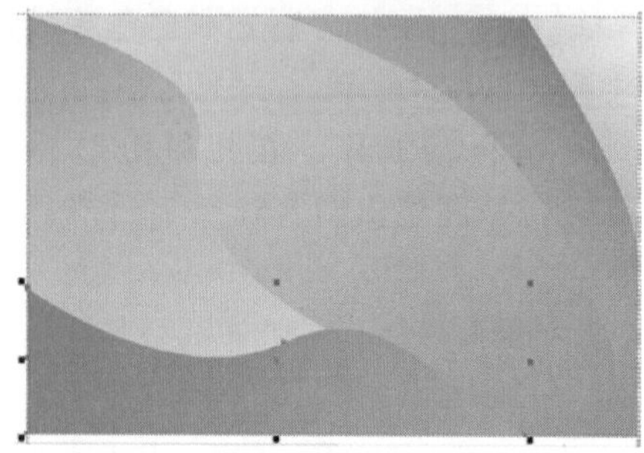

图7-57 填充渐变色后的图形效果

17. 按<Ctrl>+<I>键，将“图库\第07章”目录下名为“咖啡.jpg”的图片导入，然后将其调整大小后放置到图7-58所示的位置。
18. 依次按<Ctrl>+<PageDown>键，将咖啡图片调整至不规则图形的下方位置，效果如图7-59所示。

图7-58 图片放置的位置

图7-59 调整图形堆叠顺序后的效果

19. 选取工具，将鼠标光标移动到咖啡图片的上方位置，按住左键并向上拖曳鼠标，为其添加透明效果，如图7-60所示。

图7-60 添加交互式透明后的效果

20. 利用字工具，输入图7-61所示的暗红色（C:30, M:85, Y:100）英文字母。

图7-61 输入的文字

21. 按<Ctrl>+<I>键，将“图库\第07章”目录下名为“咖啡豆.psd”的图片导入，然后将其调整大小后放置到图7-62所示的位置，注意图形堆叠顺序的调整。

图7-62 图片放置的位置

22. 选取工具，将鼠标光标移动到咖啡豆图片的右下方位置，按住左键并向右上方拖曳鼠标，为其添加透明效果，如图7-63所示。

图7-63 添加交互式透明后的效果

23. 按<Ctrl>+<I>键，将“图库\第07章”目录下名为“咖啡标志.psd”的图片导入，然后将其调整大小后放置到图7-64所示的位置。

图7-64 图片放置的位置

24. 选取工具，将鼠标光标移动到咖啡标志图形的中间位置，按住左键并向右拖曳鼠标，为其添加阴影效果。

25. 将属性栏中 59 14 选项的参数分别设置为“59”和“14”，修改阴影的不透明度和羽化参数，阴影效果如图7-65所示。

图7-65 添加交互式阴影后的效果

26. 利用工具，绘制出图7-66所示的红色（M:100, Y:100）椭圆形图形，其轮廓宽度为“1mm”，轮廓颜色为浅黄色（C:5, M:5, Y:25）。

27. 利用字工具，输入图7-67所示的白色英文字母。

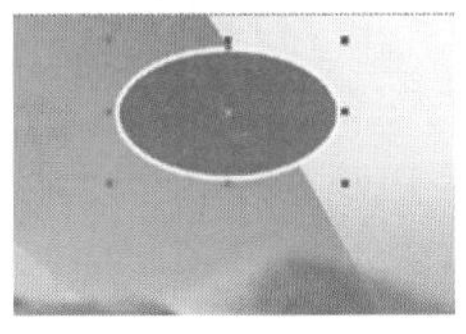

图7-66 绘制的图形

图7-67 输入的文字

至此，咖啡包装的正面已设计完成，其整体效果如图7-68所示，接下来设计咖啡包装的侧面。

图7-68 设计完成的包装正面

28. 利用工具，绘制出图7-69所示的矩形图形。

图7-69 绘制的图形

29. 选取工具，弹出【渐变填充】对话框，设置各项参数如图7-70所示，然后单击 确定 按钮，填充渐变色后的图形效果如图7-71所示。

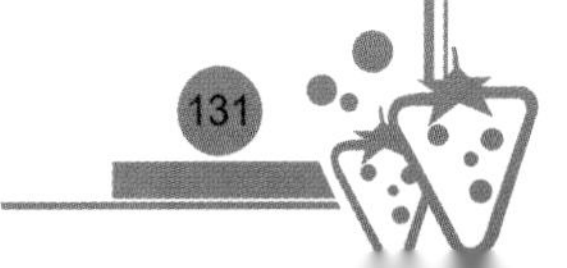

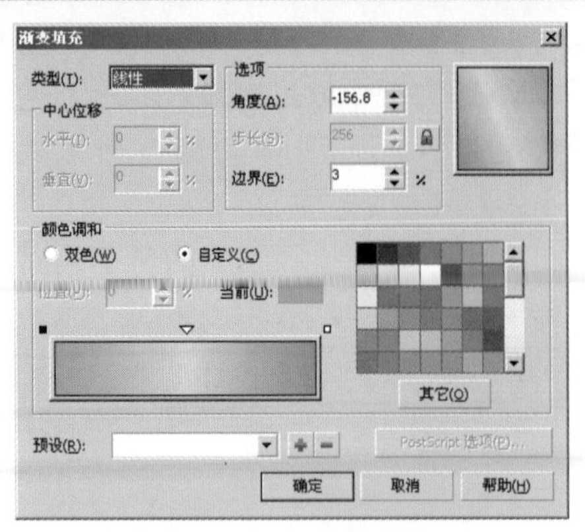

图7-70 【渐变填充】对话框

图7-71 填充渐变色后的图形效果

30. 利用和工具，绘制并调整出图7-72所示的不规则图形，然后选取工具，弹出【渐变填充】对话框，设置各项参数如图7-73所示。

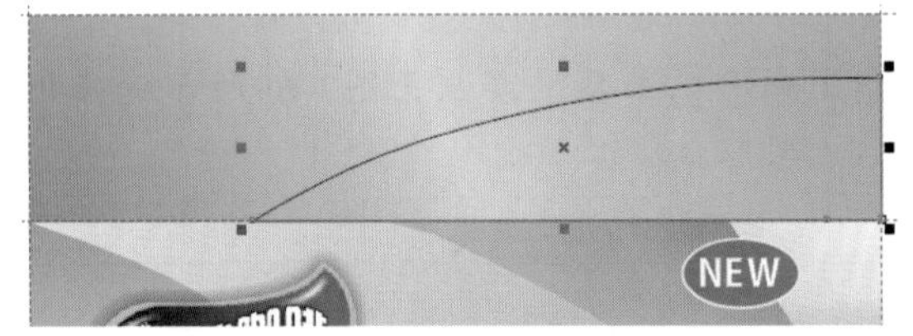

图7-72 绘制的图形

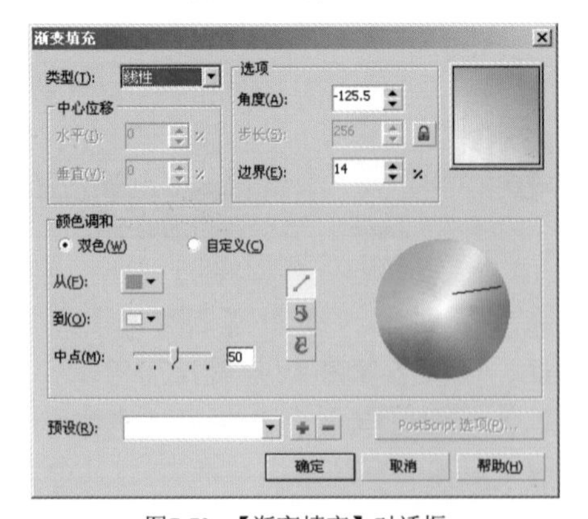

图7-73 【渐变填充】对话框

31. 单击确定按钮，填充渐变色后的图形效果如图7-74所示。

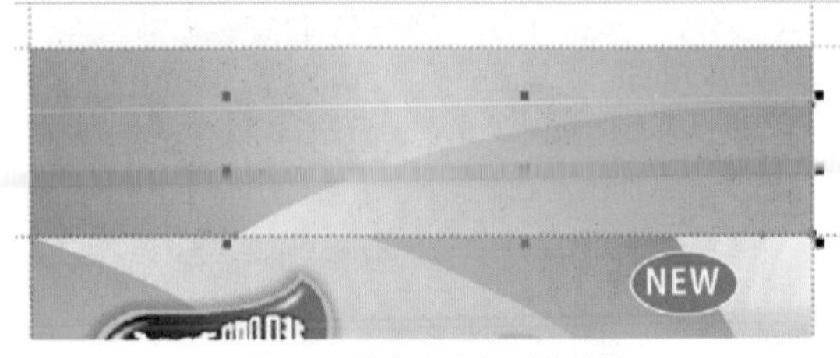

图7-74 填充渐变色后的效果

32. 选取工具，将鼠标光标移动到不规则图形的右侧中间位置，按住左键并向左拖曳鼠标，为其添加透明效果，如图7-75所示。

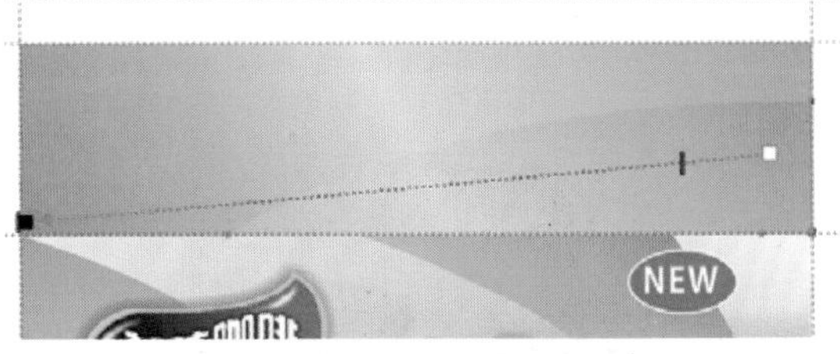

图7-75 添加交互式透明后的图形效果

33. 利用和工具，绘制并调整出图7-76所示的不规则图形，然后选取工具，弹出【渐变填充】对话框，设置各项参数如图7-77所示。

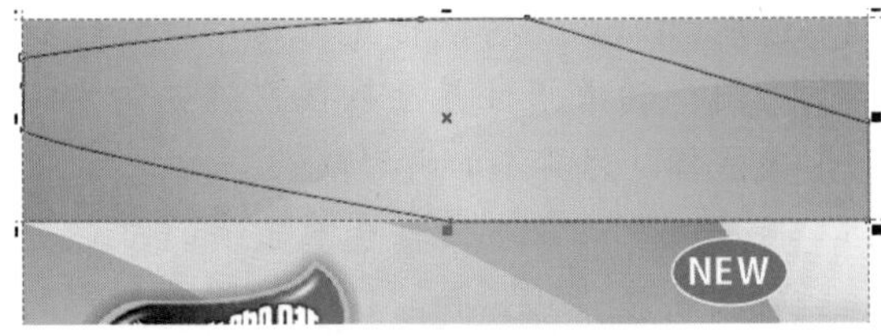

图7-76 绘制的图形

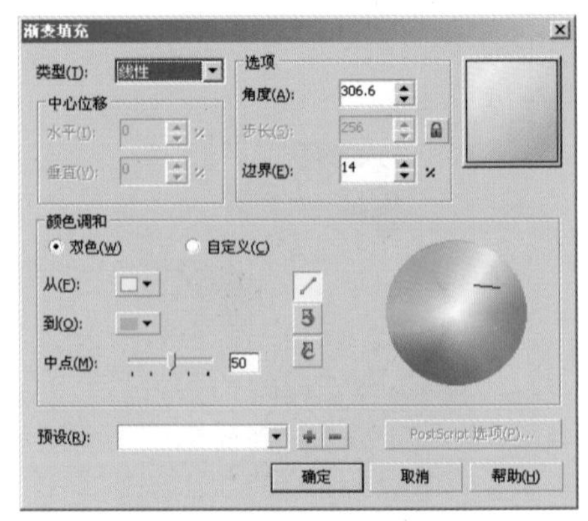

图7-77 【渐变填充】对话框

34. 单击 确定 按钮，然后按<Ctrl>+<PageDown>键，将其向下调整一层，填充渐变色后的图形效果如图7-78所示。

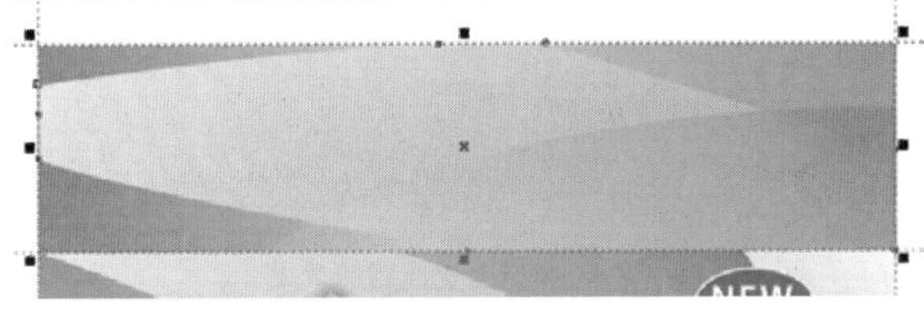

图7-78 填充渐变色后的效果

35. 选取工具，将鼠标光标移动到不规则图形的中间位置，按住左键并向左拖曳鼠标，为其添加透明效果，如图7-79所示。

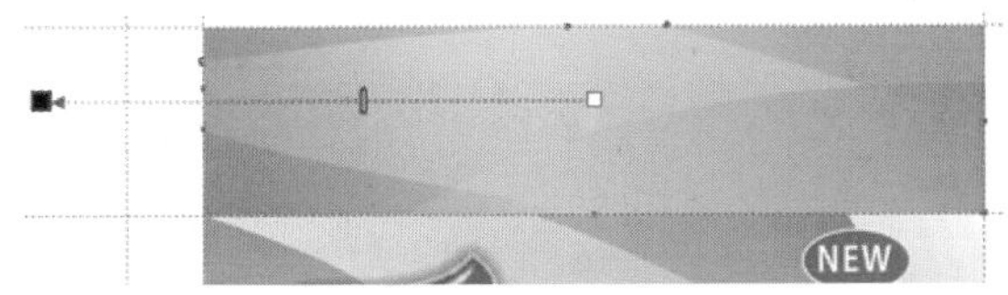

图7-79 添加交互式透明后的图形效果

36. 利用工具，绘制一浅黄色（C:5, M:5, Y:43）矩形图形，然后将属性栏中 5.0 mm 5.0 mm 5.0 mm 5.0 mm 选项的参数都设置为“5”，将矩形图形调整为圆角矩形图形，效果如图7-80所示。

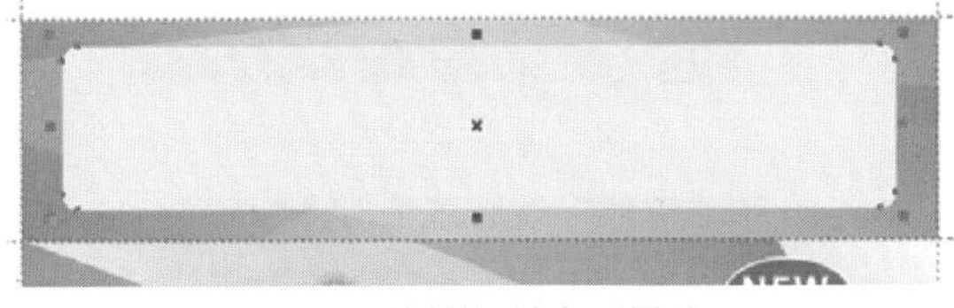

图7-80 绘制的圆角矩形图形

37. 选取工具，将属性栏中 标准 设置为“标准”，为圆角矩形图形添加交互式透明效果，如图7-81所示。

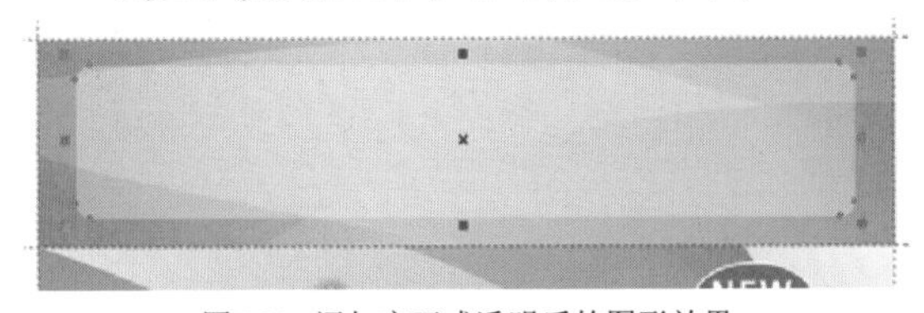

图7-81 添加交互式透明后的图形效果

38. 利用字工具，依次输入图7-82所示的黑色文字，完成包装侧面的设计。

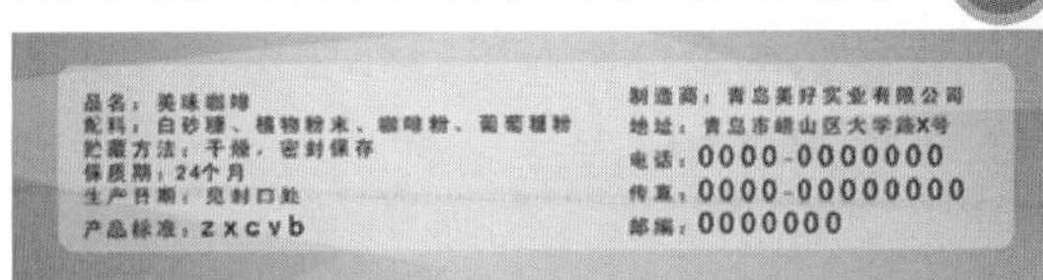

图7-82 输入的文字

39. 用移动复制图形的方法，依次复制出咖啡包装盒的底面和另一侧面，效果如图7-83所示。

图7-83 复制出的底面和侧面

40. 利用工具及移动复制图形的方法，依次绘制并复制出图7-84所示的橘红色（M:65, Y:100）矩形图形。

图7-84 绘制的图形

41. 选取字工具，激活属性栏中的按钮，

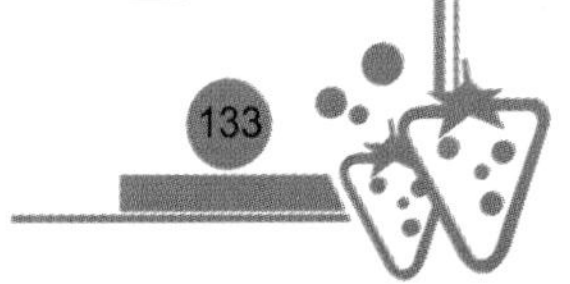

然后在画面中输入图7-85所示的浅黄色（M:18, Y:53）英文字母。

42. 将“咖啡标志”图形移动复制1个，再设置属性栏中 90.0 选项的参数为“90”，将复制出的图形旋转角度，然后将其调整大小后放置到图7-86所示的位置。

图7-85 输入的字母　　图7-86 标志调整的位置

43. 利用工具，绘制出图7-87所示的矩形图形。

44. 按<Ctrl>+<Q>键，将矩形图形转换为曲线图形，然后利用工具，将其调整至图7-88所示的形态。

图7-87 绘制的矩形图形　　图7-88 调整后的图形形态

45. 用与步骤43～44相同的方法，依次绘制出咖啡包装的其他各面，即可完成咖啡包装的设计。最终效果如图7-38所示。

46. 按<Ctrl>+<S>键，将文件命名为“咖啡包装设计.cdr”保存。

7.4 课后作业

1. 利用【透镜】命令、【图框精确剪裁】命令来制作图7-89所示的图案字。

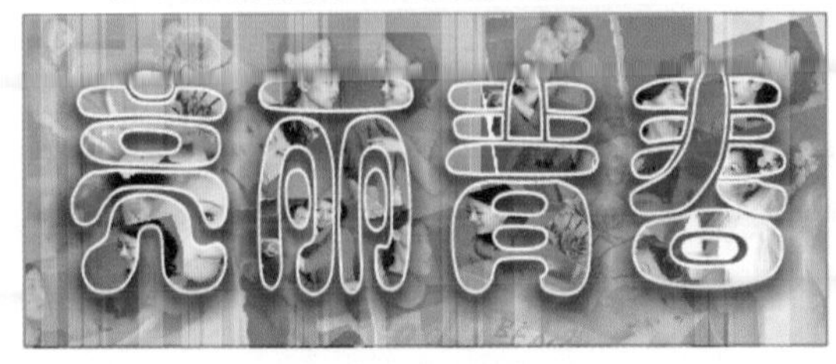

图7-89 制作的图案字

2. 综合运用各种工具及命令绘制出图7-90所示的月饼包装平面图，然后灵活运用【添加透视】命令制作出图7-91所示的包装盒效果。

图7-90 设计的包装平面图

图7-91 制作的包装盒效果

第8章 位图特效

【位图】菜单是CorelDRAW图像效果处理中非常精彩的一部分内容，利用其中的命令制作出的图像艺术效果可以与Photoshop中的【滤镜】命令相媲美。本章就来讲解【位图】菜单命令，并通过给出的效果来加以说明每一个命令的作用和功能。需要注意的是，【位图】菜单下面的大多数命令只能应用于位图，要想应用于矢量图形，只有先将矢量图形转换成位图。

【本章课时】

本章课时为3小时。

【教学目标】

- 掌握矢量图与位图相互转换的方法。
- 了解各种位图效果命令的功能。
- 熟悉位图命令的运用。

8.1 矢量图与位图相互转换

在CorelDRAW中可以将矢量图形与位图图像互相转换。通过把含有图样填充背景的矢量图转化为位图，图像的复杂程度就会显著降低，且可以运用各种位图效果；通过将位图图像转化为矢量图，就可以对其进行所有矢量性质的形状调整和颜色填充。

一、 转换位图

选择需要转换为位图的矢量图形，然后执行【位图】/【转换为位图】命令，弹出的【转换为位图】对话框如图8-1所示。

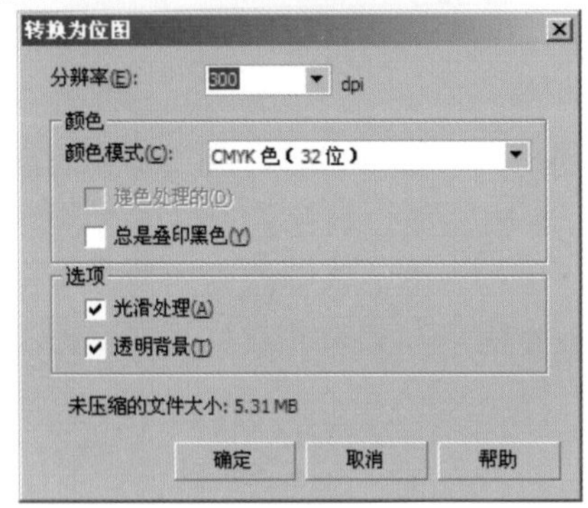

图8-1 【转换为位图】对话框

- 【分辨率】选项：设置矢量图转换为位图后的清晰程度。在此下拉列表中选择转换成位图的分辨率，也可直接输入。
- 【颜色模式】选项：设置矢量图转换成位图后的颜色模式。
- 【递色处理的】选项：模拟数目比可用颜色更多的颜色。此选项可用于使用 256 色或更少颜色的图像。
- 【总是叠印黑色】选项：勾选此复选项，矢量图中的黑色转换成位图后，黑色就被设置了叠印。当印刷输出后，图像或文字的边缘就不会因为套版不准而出现露白或显露其他颜色的现象发生。
- 【光滑处理】选项：可以去除图像边缘的锯齿，使图像边缘变得平滑。
- 【透明背景】选项：可以使转换为位图后的图像背景透明。

在【转换为位图】对话框中设置选项后，单击 确定 按钮，即可将矢量图转换为位图。当将矢量图转换成位图后，使用【位图】菜单中的命令，可以为其添加各种类型的艺术效果，但不能够再对其形状进行编辑调整，针对矢量图使用的各种填充功能也不可再用。

二、 描摹位图

描摹位图的命令主要有3种：一是【快速描摹】命令，该命令可用系统预设的选项参数快速对位图图像进行描摹，适用于要求不高的位图描摹；二是【中心线描摹】命令，该命令可用未填充的封闭和开放曲线（笔触）描摹位图，适用于描摹技术图解、地图、线条画和拼版等；三是【轮廓描摹】命令，该命令使用无轮廓的曲线对象进行描摹图像，适用于描摹剪贴画、徽标和相片图像。

选择要矢量化的位图图像后，执行【位图】/【轮廓描摹】/【高质量图像】命令，将弹出图8-2所示的【Power TRACE】对话框。

在【Power TRACE】对话框中，左边是效果预览区，右边是选项及参数设置区。

- 【描摹类型】选项：用于设置图像的描摹方式。
- 【图像类型】选项：用于设置图像的描摹品质。

（1）【设置】选项卡

- 【细节】选项：设置保留原图像细节的程度。数值越大，图形失真越小，质量越高。
- 【平滑】选项：设置生成图形的平滑程度。数值越大，图形边缘越光滑。
- 【拐角平滑度】选项：该滑块与平滑滑块一起使用并可以控制拐角的外观。值越小，则越保留拐角外观；

值越大，则越平滑拐角。

- 【删除原始图像】选项：勾选此复选项，系统会将原始图像矢量化；反之会将原始图像复制，然后进行矢量化。
- 【移除背景】选项：用于设置移除背景颜色的方式和设置移除的背景颜色。
- 【移除整个图像的颜色】选项：从整个图像中移除背景颜色。
- 【合并颜色相同的相邻对象】选项：勾选此复选项，将合并颜色相同的相邻像素。
- 【移除对象重叠】选项：勾选此复选项，将保留通过重叠对象隐藏的对象区域。
- 【根据颜色分组对象】选项：当【移除对象重叠】复选框处于选择状态时，该复选框才可用，可根据颜色分组对象。
- 【跟踪结果详细资料】栏：显示描绘成矢量图形后的细节报告。

（2）【颜色】选项卡

其下显示矢量化后图形的所有颜色及颜色值。

- 【颜色模式】选项：用于设置生成图形的颜色模式，包括【CMYK】、【RGB】、【灰度】和【黑白】等模式。
- 【颜色数】选项：用于设置生成图形的颜色数量。数值越大，图形越细腻。

将位图矢量化后，图像即具有矢量图的所有特性，可以对其形状进行调整，或填充渐变色、图案及添加透视点等。

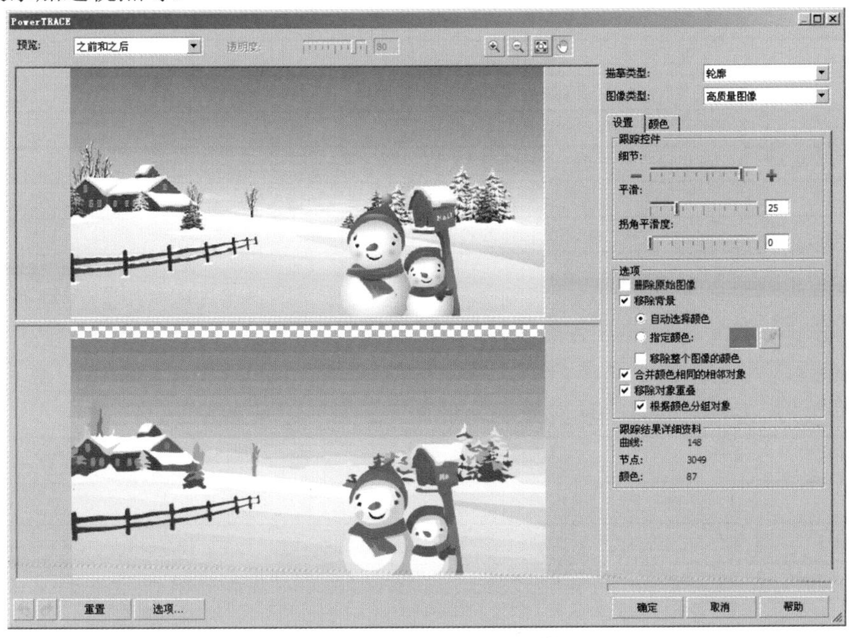

图8-2 【Power TRACE】对话框

8.2 位图效果

利用【位图】命令可对位图图像进行特效艺术化处理。CorelDRAW X5的【位图】菜单中共有70多种（分为10类）位图命令，每个命令都可以使图像产生不同的艺术效果，下面以列表的形式来介绍每一个命令的功能。

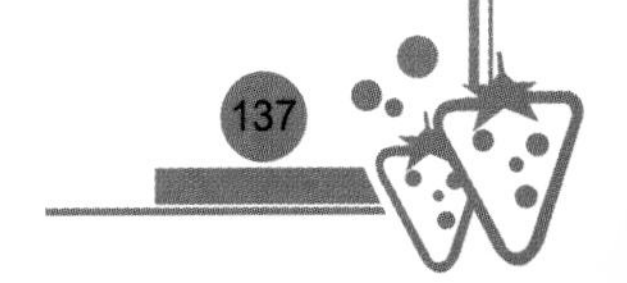

一、【三维效果】命令

【三维效果】命令可以使选择的位图产生不同类型的立体效果。其下包括7个菜单命令，每一种滤镜所产生的效果如图8-3所示。

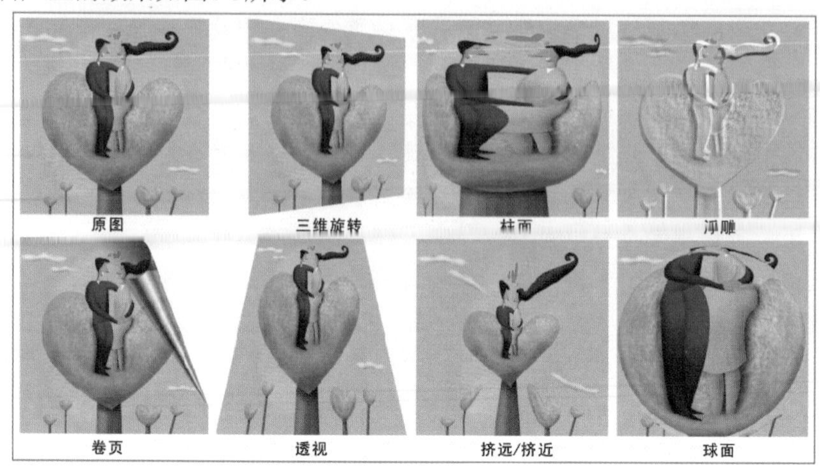

图8-3 执行【三维效果】命令产生的各种效果

【三维效果】菜单中的每一种滤镜的功能如下。

滤镜名称	功 能
【三维旋转】	可以使图像产生一种景深效果
【柱面】	可以使图像产生一种好像环绕在圆柱体上的突出效果，或贴附在一个凹陷曲面中的凹陷效果
【浮雕】	可以使图像产生一种浮雕效果。通过控制光源的方向和浮雕的深度还可以控制图像的光照区和阴影区
【卷页】	可以使图像产生有一角卷起的卷页效果
【透视】	可以使图像产生三维的透视效果
【挤远/挤近】	可以以图像的中心为起点弯曲整个图像，而不改变位图的整体大小和边缘形状
【球面】	可以使图像产生一种环绕球体的效果

二、【艺术笔触】命令

【艺术笔触】命令是一种模仿传统绘画效果的特效滤镜，可以使图像产生类似于画笔绘制的艺术特效。其下包括14个菜单命令，每一种滤镜所产生的效果如图8-4所示。

【艺术笔触】菜单中的每一种滤镜的功能如下。

滤镜名称	功 能
【炭笔画】	使用此命令就好像是用炭笔在画板上画图一样，可以将图像转化为黑白颜色
【单色蜡笔画】	可以使图像产生一种柔和的发散效果，软化位图的细节，产生一种雾蒙蒙的感觉
【蜡笔画】	可以使图像产生一种熔化效果。通过调整画笔的大小和图像轮廓线的粗细来反映蜡笔效果的强烈程度，轮廓线设置得越大，效果表现越强烈，在细节不多的位图上效果最明显
【立体派】	可以分裂图像，使其产生网印和压印的效果
【印象派】	可以使图像产生一种类似于绘画中的印象派画法绘制的彩画效果
【调色刀】	可以为图像添加类似于使用油画调色刀绘制的画面效果
【彩色蜡笔画】	可以使图像产生类似于粉性蜡笔绘制出的斑点艺术效果
【钢笔画】	可以产生类似使用墨水绘制的图像效果，此命令比较适合图像内部与边缘对比比较强烈的图像
【点彩派】	可以使图像产生看起来好像由大量的色点组成的效果
【木版画】	可以在图像的彩色或黑白色之间生成一个明显的对照点，使图像产生刮涂绘画的效果

续表

【素描】	可以使图像生成一种类似于素描的效果
【水彩画】	此命令类似于【彩色蜡笔画】命令，可以为图像添加发散效果
【水印画】	可以使图像产生斑点效果，使图像中的微小细节隐藏
【波纹纸画】	可以为图像添加细微的颗粒效果

图8-4 执行【艺术笔触】命令产生的各种效果

三、【模糊】命令

【模糊】命令通过不同的方式柔化图像中的像素，使图像得到平滑的模糊效果。其下包括9个菜单命令。图8-5所示为部分模糊命令制作的模糊效果。

图8-5 执行【模糊】命令产生的各种效果

【模糊】菜单中的每一种滤镜的功能如下。

滤镜名称	功 能
【定向平滑】	可以为图像添加少量的模糊，使图像产生非常细微的变化，主要适用于平滑人物皮肤和校正图像中细微粗糙的部位
【高斯式模糊】	此命令是经常使用的一种命令，主要通过高斯分布来操作位图的像素信息，从而为图像添加模糊变形的效果
【锯齿状模糊】	可以为图像添加模糊效果，从而减少经过调整或重新取样后生成的参差不齐的边缘，还可以最大限度地减少扫描图像时的蒙尘和刮痕

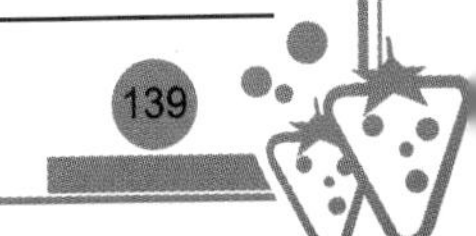

续表

【低通滤波器】	可以抵消由于调整图像的大小而产生的细微狭缝，从而使图像柔化
【动态模糊】	可以使图像产生动态速度的幻觉效果，还可以使图像产生风雷般的动感
【放射式模糊】	可以使图像产生向四周发散的放射效果，离放射中心越远放射模糊效果越明显
【平滑】	可以使图像中每个像素之间的色调变得平滑，从而产生一种柔软的效果
【柔和】	此命令对图像的作用很微小，几乎看不出变化，但是使用此命令可以在不改变原图像的情况下再给图像添加轻微的模糊效果
【缩放】	此命令与【放射式模糊】命令有些相似，都是从图形的中心开始向外扩散放射。但使用此命令可以给图像添加逐渐增强的模糊效果，并且可以突出图像中的某个部分

四、【相机】命令

【相机】命令下只有【扩散】1个子命令，主要是通过扩散图像的像素来填充空白区域、消除杂点，类似于给图像添加模糊的效果，但效果不太明显。

五、【颜色转换】命令

【颜色转换】命令类似于位图的色彩转换器，可以给图像转换不同的色彩效果。其下包括4个菜单命令，每一种滤镜所产生的效果如图8-6所示。

图8-6 执行【颜色转换】命令产生的各种效果

【颜色转换】菜单中的每一种滤镜的功能如下。

滤镜名称	功 能
【位平面】	可以将图像中的色彩变为基本的RGB色彩，并使用纯色将图像显示出来
【半色调】	可以使图像变得粗糙，生成半色调网屏效果
【梦幻色调】	可以将图像中的色彩转换为明亮的色彩
【曝光】	可以将图像的色彩转化为近似于照片底色的色彩

六、【轮廓图】命令

【轮廓图】命令是在图像中按照图像的亮区或暗区边缘来探测、寻找勾画轮廓线。其下包括3个菜单命令，每一种滤镜所产生的效果如图8-7所示。

图8-7 执行【轮廓图】命令产生的各种效果

【轮廓图】菜单中的每一种滤镜的功能如下。

滤镜名称	功 能
【边缘检测】	可以对图像的边缘进行检测显示
【查找边缘】	可以使图像中的边缘彻底地显现出来
【描摹轮廓】	可以对图像的轮廓进行描绘

七、【创造性】命令

【创造性】命令可以给位图图像添加各种各样的创造性底纹艺术效果。其下包括14个菜单命令，每一种滤镜所产生的效果如图8-8所示。

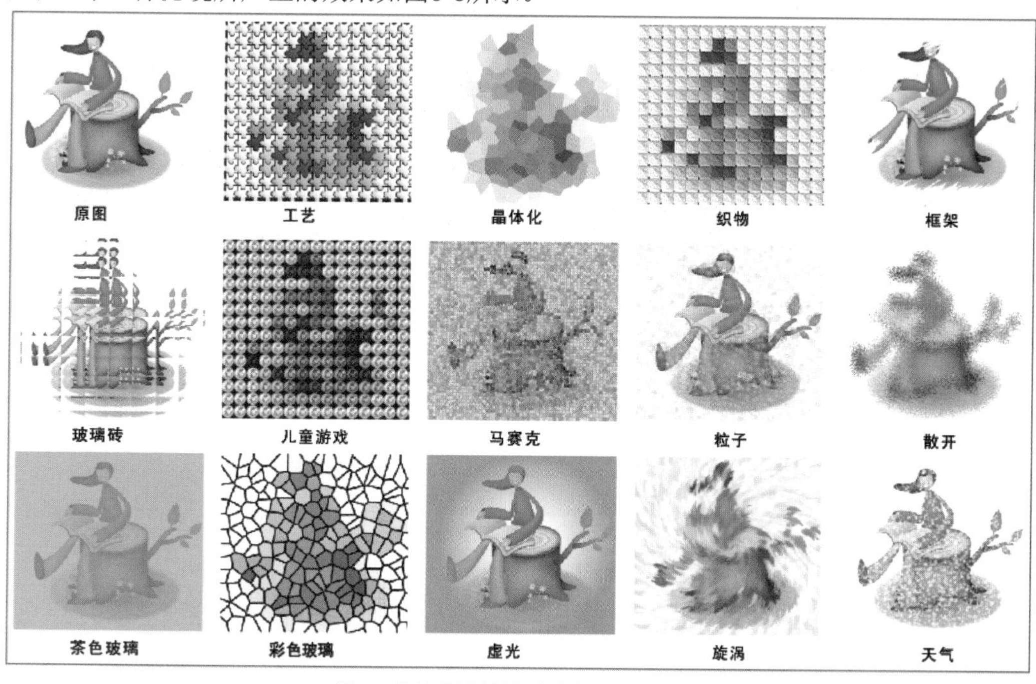

图8-8 执行【创造性】命令产生的各种效果

【创造性】菜单中的每一种滤镜的功能如下。

滤镜名称	功 能
【工艺】	可以为图像添加多种样式的纹理效果
【晶体化】	可以将图像分裂为许多不规则的碎片
【织物】	此命令与【工艺】命令有些相似，可以为图像添加编织特效
【框架】	可以为图像添加艺术性的边框
【玻璃砖】	可以使图像产生一种玻璃纹理的效果
【儿童游戏】	可以使图像产生很多意想不到的艺术效果
【马赛克】	可以将图像分割成类似于陶瓷碎片的效果
【粒子】	可以为图像添加星状或泡沫效果
【散开】	可以使图像在水平和垂直方向上扩散像素，使图像产生一种变形的特殊效果
【茶色玻璃】	可以使图像产生一种透过雾玻璃或有色玻璃看图像的效果
【彩色玻璃】	可以使图像产生彩色玻璃效果，类似于用彩色的碎玻璃拼贴在一起的艺术效果
【虚光】	可以使图像产生一种边框效果，还可以改变边框的形状、颜色、大小等内容
【旋涡】	可以使图像产生旋涡效果
【天气】	可以给图像添加如下雪、下雨或雾等天气效果

八、【扭曲】命令

【扭曲】命令可以对图像进行扭曲变形，从而改变图像的外观，但在改变的同时不会增加图像的深度。其下包括10个菜单命令，每一种滤镜所产生的效果如图8-9所示。

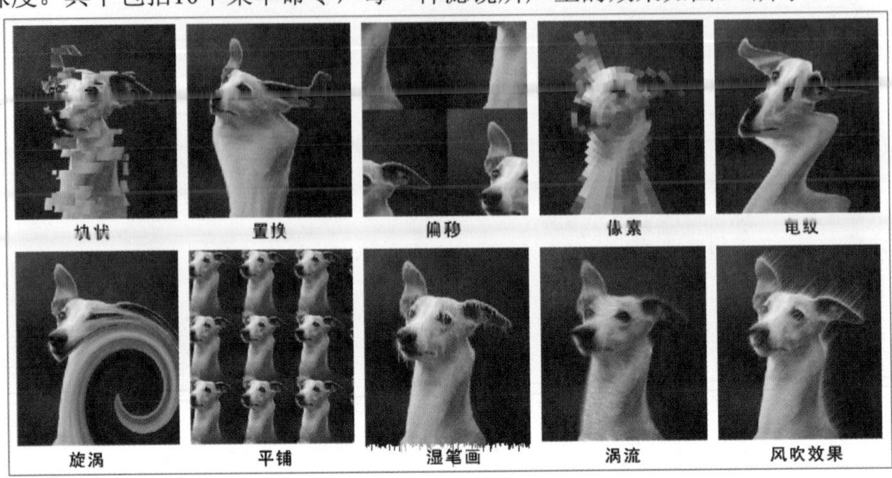

图8-9 执行【扭曲】命令产生的各种效果

【扭曲】菜单中的每一种滤镜的功能如下。

滤镜名称	功 能
【块状】	可以将图像分为多个区域，并且可以调节各区域的大小以及偏移量
【置换】	可以将预设的图样均匀置换到图像上
【偏移】	可以按照设置的数值偏移整个图像，并按照指定的方法填充偏移后留下的空白区域
【像素】	可以按照像素模式使图像像素化，并产生一种放大的位图效果
【龟纹】	可以使图像产生扭曲的波浪变形效果，还可以对波浪的大小、幅度、频率等进行调节
【旋涡】	可以使图像按照设置的方向和角度产生变形，生成按顺时针或逆时针旋转的旋涡效果
【平铺】	可以将原图像作为单个元素，在整个图像范围内按照设置的个数进行平铺排列
【湿笔画】	可以使图像生成一种尚未干透的水彩画效果
【涡流】	此命令类似于【旋涡】命令，可以为图像添加流动的旋涡图案
【风吹效果】	可以使图像产生起风的效果，还可以调节风的大小以及风的方向

九、【杂点】命令

【杂点】命令不仅可以给图像添加杂点效果，而且还可以校正图像在扫描或过渡混合时所产生的缝隙。其下包括6个菜单命令，部分滤镜所产生的效果如图8-10所示。

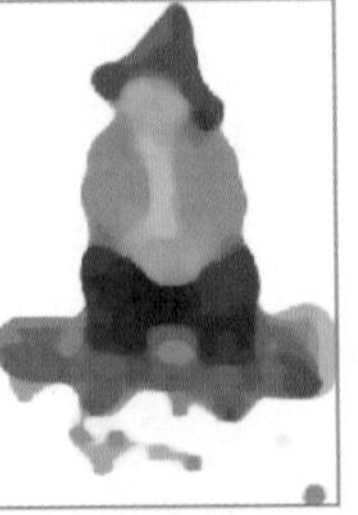

图8-10 执行【杂色】命令产生的各种效果

【杂点】菜单中的每一种滤镜的功能如下。

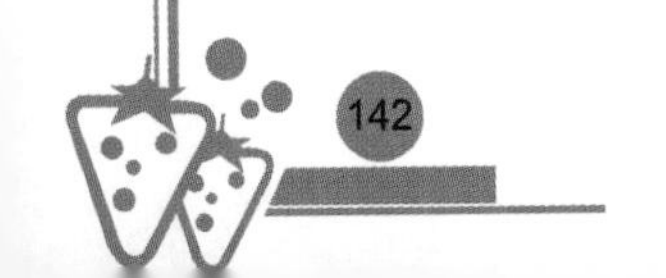

滤镜名称	功 能
【添加杂点】	可以将不同类型和颜色的杂点以随机的方式添加到图像中，使其产生粗糙的效果
【最大值】	可以根据图像中相临像素的最大色彩值来去除杂点，多次使用此命令会使图像产生一种模糊效果
【中值】	通过平均图像中的像素色彩来去除杂点
【最小】	通过使图像中的像素变暗来去除杂点，此命令主要用于亮度较大和过度曝光的图像
【去除龟纹】	可以将图像扫描过程中产生的网纹去除
【去除杂点】	可以降低图像扫描时产生的网纹和斑纹强度

十、【鲜明化】命令

【鲜明化】命令可以使图像的边缘变得更清晰。其下包括5个菜单命令，部分滤镜所产生的效果如图8-11所示。

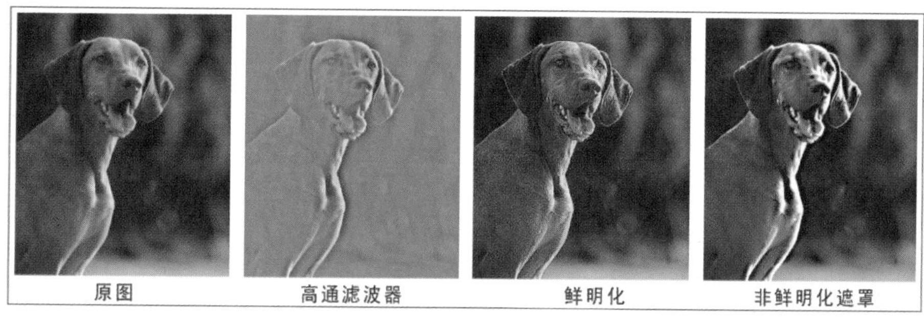

图8-11 执行【鲜明化】命令产生的各种效果

【鲜明化】菜单中的每一种滤镜的功能如下。

滤镜名称	功 能
【适应非鲜明化】	可以通过分析图像中相临像素的值来加强位图中的细节，但图像的变化极小
【定向柔化】	可以根据图像边缘像素的发光度来使图像变得更清晰
【高通滤波器】	通过改变图像的高光区和发光区的亮度及色彩度，从而去除图像中的某些细节
【鲜明化】	可以使图像中各像素的边缘对比度增强
【非鲜明化遮罩】	通过提高图像的清晰度来加强图像的边缘

8.3 范例解析

下面将以几个在实际工作中常见的效果为例，来学习【位图】效果的使用方法。通过本节的学习，希望能够起到抛砖引玉的作用，同时也希望读者通过学习能够熟练掌握这些命令，以便在将来的实际工作中灵活运用。

8.3.1 制作卷页效果

下面主要利用【位图】/【三维效果】/【卷页】命令，来对图像进行卷页设置，效果如图8-12所示。

图8-12 制作的卷页效果

1. 新建一个图形文件，然后按<Ctrl>+<I>键，将“图库\第08章”目录下名为“叶子.jpg”的图片导入，如图8-13所示。

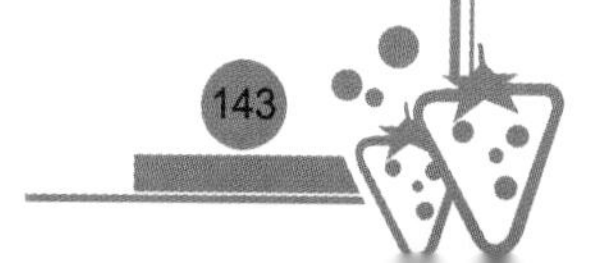

图8-13 导入的图片

2. 执行【位图】/【三维效果】/【卷页】命令，弹出【卷页】对话框，设置参数如图8-14所示。

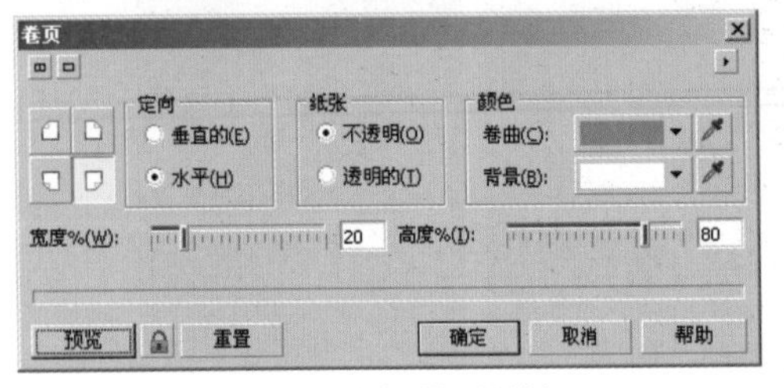

图8-14 【卷页】对话框

3. 单击 确定 按钮，执行【卷页】命令后的图像效果如图8-15所示。

图8-15 执行【卷页】命令后的效果

4. 按<Ctrl>+<S>键，将文件命名为“卷页效果.cdr”保存。

8.3.2 制作各种天气效果

下面主要利用【位图】/【创造性】/【天气】命令来制作下雪、下雨和雾天气效果。

1. 新建一个图形文件，然后按<Ctrl>+<I>键，将“图库\第08章”目录下名为“冬日.jpg”、“城市.jpg”和“风景.jpg”的图片导入，如图8-16所示。

图8-16 导入的图片

2. 将“冬日”图片选择，然后执行【位图】/【创造性】/【天气】命令，弹出【天气】对话框，设置各项参数如图8-17所示。

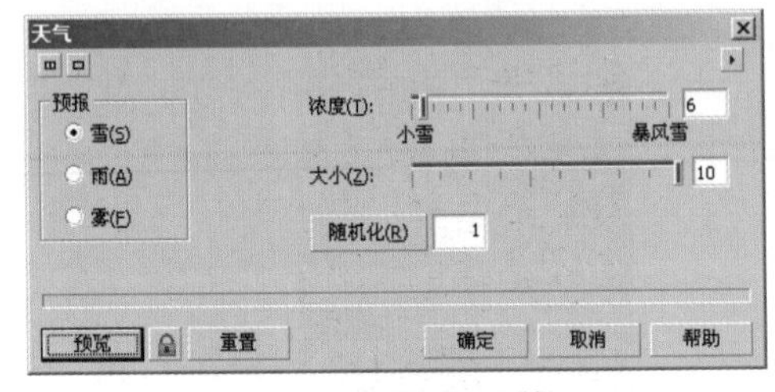

图8-17 【天气】对话框

3. 单击 确定 按钮，完成雪天气制作，效果如图8-18所示。

图8-18 制作的雪天气

4. 将“城市”图片选择，然后执行【位图】/【创造性】/【天气】命令，弹出【天气】对话框，设置各项参数如图8-19所示。

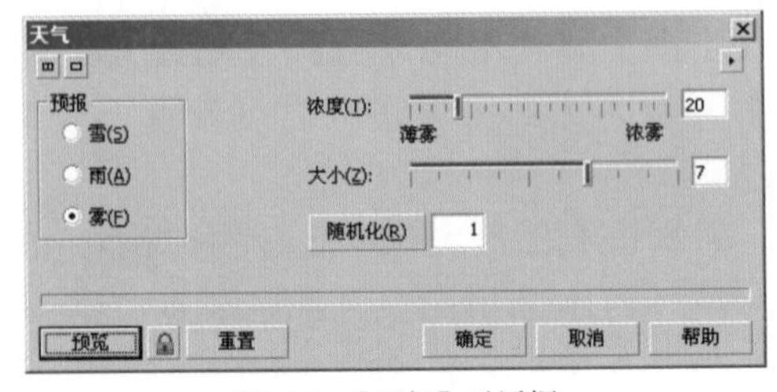

图8-19 【天气】对话框

5. 单击确定按钮，完成雾天气制作，效果如图8-20所示。

图8-20 制作的雾天气

6. 将“风景”图片选择，然后执行【位图】/【创造性】/【天气】命令，弹出【天气】对话框，设置各项参数如图8-21所示。

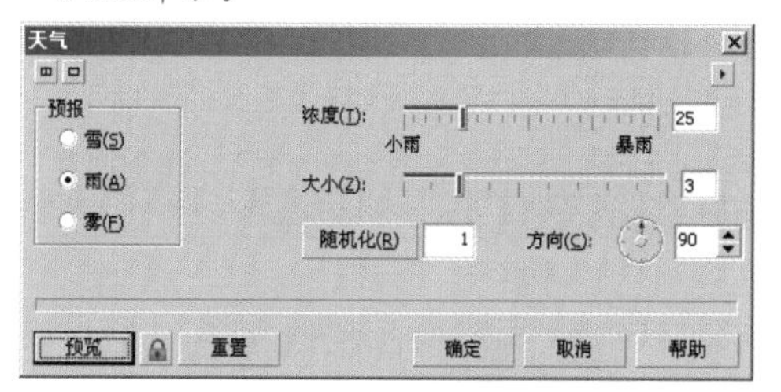

图8-21 【天气】对话框

7. 单击确定按钮，完成雨天气制作，效果如图8-22所示。

图8-22 制作的雨天气

8. 按<Ctrl>+<S>键，将文件命名为“天气效果.cdr”保存。

8.4 综合案例——制作旋涡效果

下面主要利用【矩形】工具和【底纹填充】工具及【位图】菜单中的各种命令，来制作图8-23所示的旋涡效果。

图8-23 制作的旋涡效果

1. 新建一个图形文件。
2. 利用工具，绘制一个矩形图形，然后选取工具，弹出【底纹填充】对话框，设置各项参数如图8-24所示。

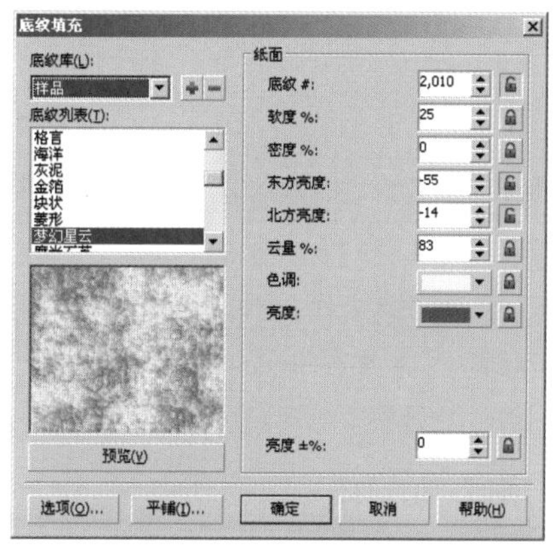

图8-24 【底纹填充】对话框

3. 单击确定按钮，填充底纹后的图形效果如图8-25所示。

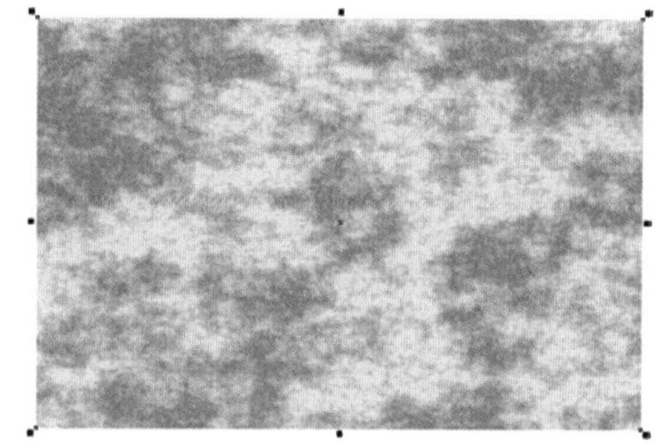

图8-25 填充底纹后的图形效果

4. 执行【位图】/【转换为位图】命令，弹出【转换为位图】对话框，设置各项参数如图8-26所示。

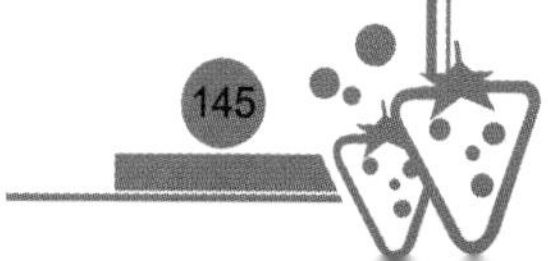

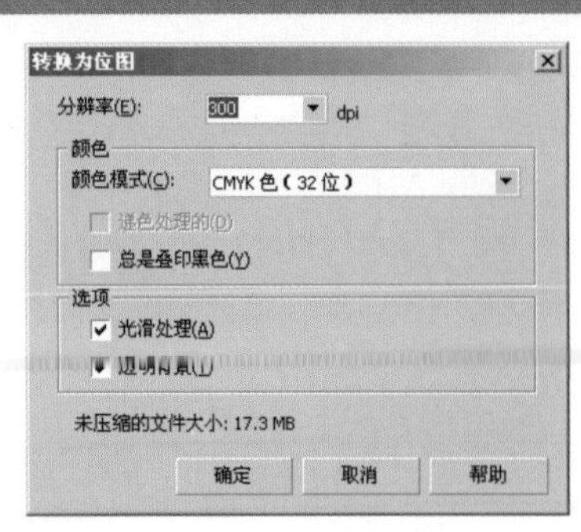

图8-26 【转换为位图】对话框

5. 单击 确定 按钮，将图形转换为位图。
6. 执行【位图】/【三维效果】/【挤远/挤近】命令，弹出【挤远/挤近】对话框，设置参数如图8-27所示。

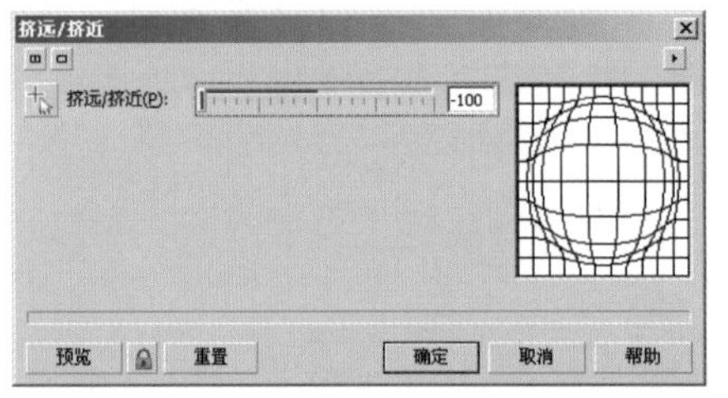

图8-27 【挤远/挤近】对话框

7. 单击 确定 按钮，执行【挤远/挤近】命令后的图像效果如图8-28所示。

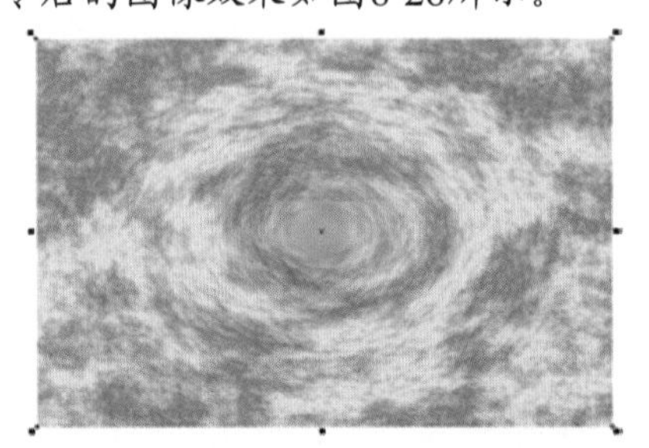

图8-28 执行【挤远/挤近】命令后的图像效果

8. 执行【位图】/【扭曲】/【漩涡】命令，弹出【漩涡】对话框，设置参数如图8-29所示。

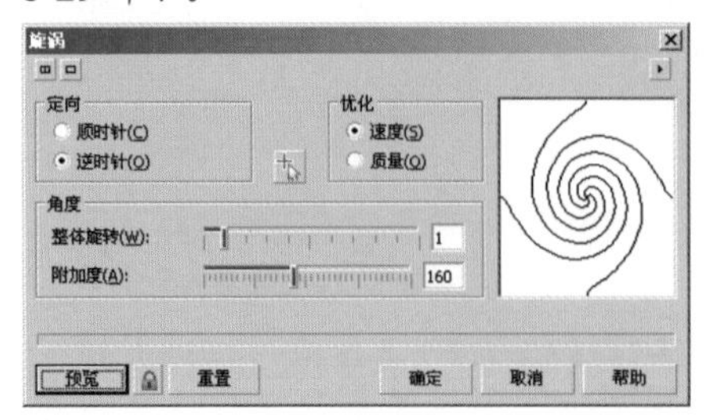

图8-29 【漩涡】对话框

9. 单击 确定 按钮，执行【漩涡】命令后的图像效果如图8-30所示。

图8-30 执行【漩涡】命令后的图像效果

10. 执行【位图】/【三维效果】/【透视】命令，在弹出的【透视】对话框中调整透视框形态如图8-31所示。

图8-31 【透视】对话框

11. 单击 确定 按钮，执行【透视】命令后的图像效果如图8-32所示。

图8-32 执行【透视】命令后的图像效果

12. 执行【效果】/【调整】/【颜色平衡】命令，弹出【颜色平衡】对话框，设置参数如图8-33所示。

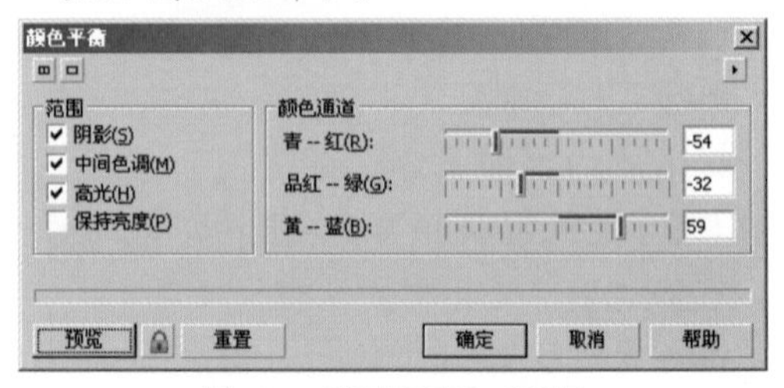

图8-33 【颜色平衡】对话框

13. 单击 确定 按钮，调整后的图像颜色如

图8-34所示。

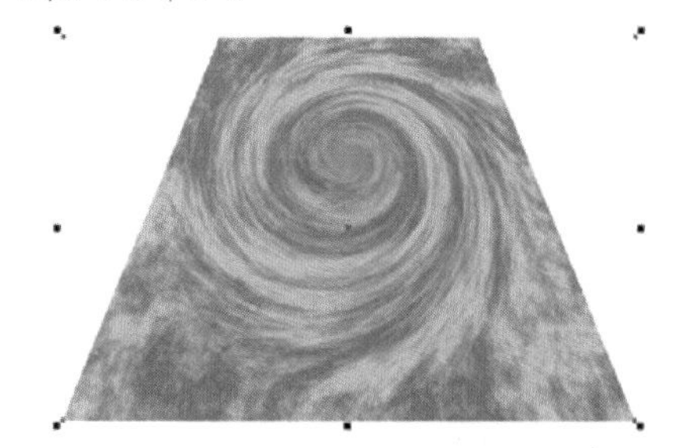

图8-34 调整后的图像颜色

14. 执行【效果】/【调整】/【调和曲线】命令，在弹出的【调和曲线】对话框中调整曲线形态如图8-35所示。

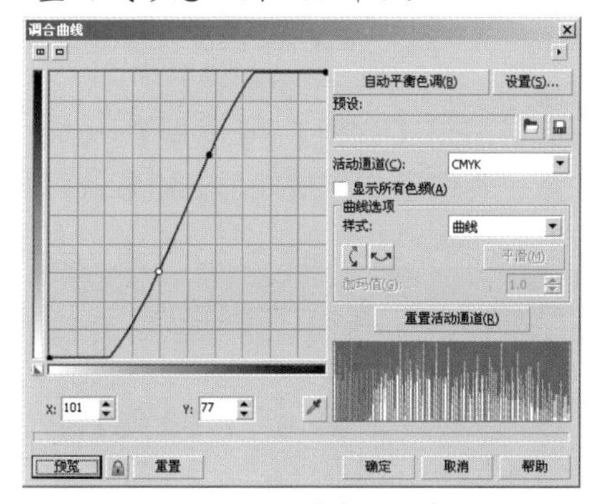

图8-35 【调和曲线】对话框

15. 单击 确定 按钮，调整后的图像颜色如图8-36所示。

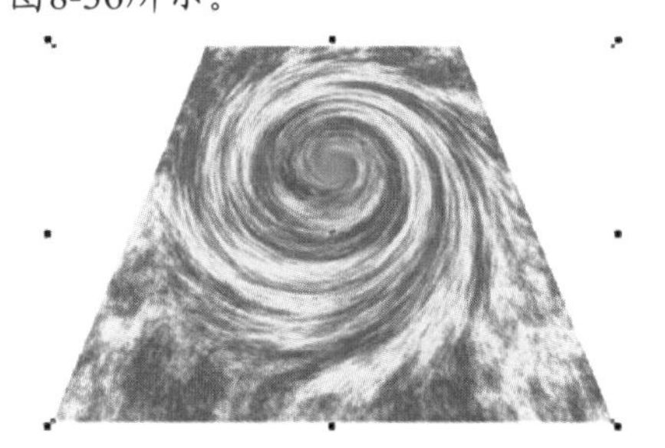

图8-36 调整颜色后的图像

16. 利用工具，绘制出图8-37所示的矩形图形。

17. 将下方的梯形图像选择，然后利用【效果】/【图框精确剪裁】/【放置到容器中】命令，将其放置到矩形图形中。

18. 执行【效果】/【图框精确剪裁】/【编辑内容】命令，进入图形编辑模式，然后将图形移动至图8-38所示的位置。

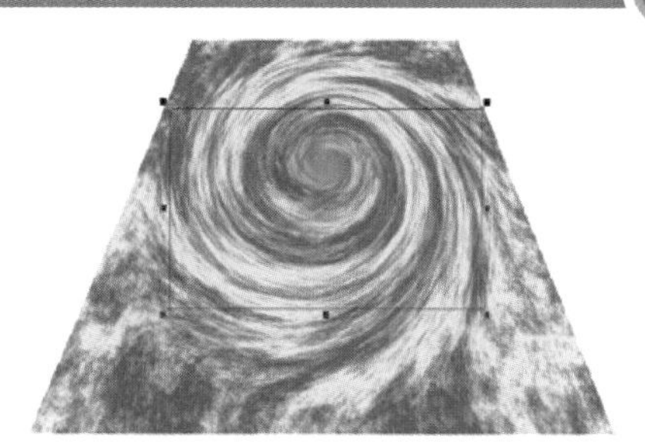

图8-37 绘制的矩形图形

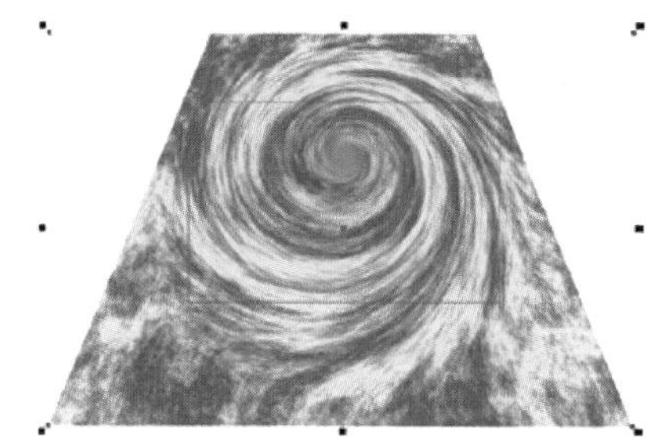

图8-38 图形放置的位置

19. 单击绘图窗口左下角的 完成编辑对象 按钮，完成对图形的编辑，然后利用工具，在画面的左上角位置绘制出图8-39所示的白色圆形图形。

图8-39 绘制的图形

20. 选取工具，将属性栏中 标准 设置为“标准”，添加交互式透明效果后的图形效果如图8-40所示。

图8-40 添加交互式透明后的图形效果

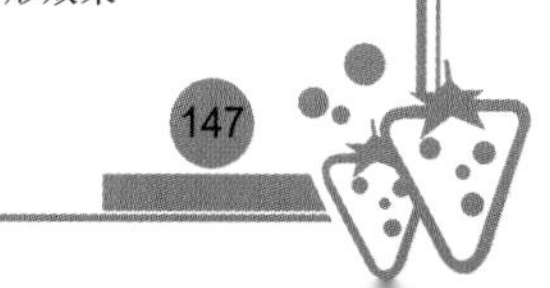

21. 利用和工具，依次绘制出图8-41所示的白色不规则图形和圆形图形，然后用与步骤20相同的方法，为其添加交互式透明效果，如图8-42所示。

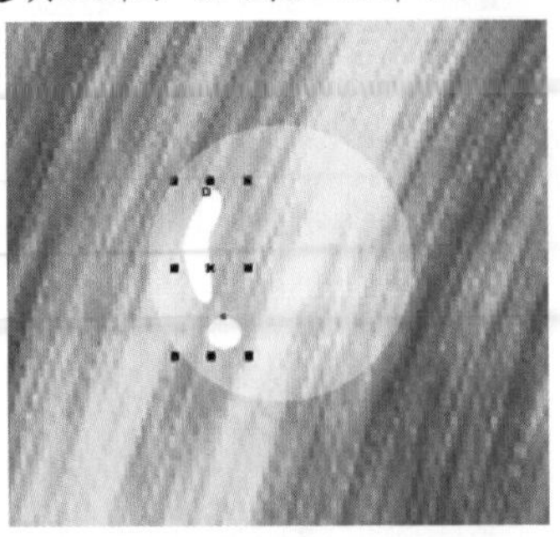

图8-41 绘制的图形

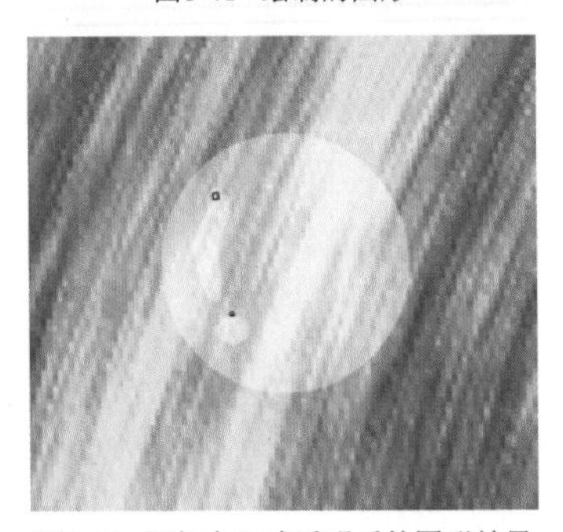

图8-42 添加交互式透明后的图形效果

22. 将白色气泡图形全部选择后按<Ctrl>+<G>键群组，然后将其依次复制，并将复制出的图形调整大小后分别放置到图8-43所示的位置。

图8-43 复制出的图形放置的位置

23. 按<Ctrl>+<S>键，将文件命名为“旋涡效果.cdr”保存。

8.5 课后作业

1. 利用【位图】/【创造性】/【粒子】命令为星空图片添加图8-44所示的星光效果。

图8-44 添加的星光效果

2. 灵活运用【位图】/【模糊】/【缩放】命令将图像制作成发射光线效果，如图8-45所示。

图8-45 制作的发射光线效果

3. 综合运用各种位图命令来制作图8-46所示的球形字效果。

图8-46 制作的球形字效果